JN168558

KYOTO UNIVERSITY
DESIGN SCHOOL
TEXTBOOK SERIES
1

デザイン学概論

INTRODUCTION TO
DESIGN STUDIES

石田　亨［編］

共立出版

まえがき

本書は京都大学デザインスクールが編纂する最初のテキストです。内容をご覧になると，「デザイン」という言葉から思い浮かぶものと，イメージが違うと思われるかもしれません。このテキストでは，「デザイン」を意匠ではなく，広義の概念を意味するものとして用いています。たとえば，道路交通システムをデザインする，カリキュラムをデザインする，震災からの復興をデザインするなどです。また，本書では，特に断らない限り，「デザイン」と「設計」を区別していません。ニュアンスの違いはあるものも，「デザイン」も「設計」も広義のデザインに含まれるものと考えます。

私たちがデザイン学の議論を始めたのは，2011年3月に開催した「デザインスクールのデザイン」ワークショップでした。情報学，機械工学，建築学を中心に，経営学や心理学など多様な専門領域の教員が集まり，小グループに分かれて討論を行いました。大学院生がその議論を160枚余のスライドにまとめています。それから数日後，わが国は東日本大震災に見舞われました。社会のシステムとアーキテクチャをデザインの対象とすることの重要性を改めて感じ，デザインスクールの設立を決意しました。

まず，異なる専門の教員・学生が協働するサマーデザインスクールを同年9月に試みました。テーマの内容は，教員の研究を演習化した本格的なもので，減災・復興，都市の再設計などの社会的課題や，高級寿司店のグローバル展開などの未来に向けての課題がありました。会場は100名近い参加者の熱気に溢れ，専門の違う多くの教員と学生が相互に学ぶ，新しい教育の形が生まれました。今では250名を超えるイベントに成長しています。京都大学デザインスクールがイメージされたのもこの時でした。

時期を同じくして，産業界を中心にデザインの重要さが見直されていました。技術が倍々で進歩しているときには，性能向上がユーザに新しい体験をもたらします。言い換えれば，性能向上が製品の成功を導く間は，研究者は技術革新に集中します。しかし，技術がある程度飽和すると，性能向上の速度が鈍り，ユーザの関心を得ることはできなくなります。そこで，ユーザの生活や心理に分け入り，新しい体験をデザインすることが必要となります。デザイン思考をビジネスに展開する企業も現れ始めました。

では，デザイン思考は大学の教育研究にどのような影響を与えるのでしょうか。先の議論の裏を返せば，技術革新が続いている専門領域では，教員も学生もデザインにかかわる必要性を感じません。技術が飽和しても，研究を志す学生はデザインに向かわず，進歩が期待できる新しい専門領域に移ってしまいます。わが国はオーバースペックの製品を作り過ぎているという指摘も聞こえますが，こうした議論を，大学の教育研究にどのように反映すべきでしょうか。大学院生に研究の手を休めさせ，ユーザを理解するためのデザインリテラシー教育を受講させるのでしょうか。

インターネットと無線通信が地球の隅々まで覆い，世界中のあらゆる活動がネットワーク化され，相互に依存するようになりました。手のひらに載るスマートフォンをデザインするチームは，世界を覆うサービスプラットフォームを同時に考えなければなりません。つまり，製品をどう作るかではなく，またその製品単体がどう使われるかでもなく，社会のシステムやアーキテクチャをどうデザインするかが求められています。このように，デザインは異なる領域の専門家が協働すべき新たな課題となりました。

世界に目を転じると，これまでの技術では解決が困難な問題に溢れています。環境，資源，経済，人口，災害などは，どれをとっても個々の専門では解決できません。1つの問題が他の多くの問題とかかわる複合的な課題に対応するには，異なる専門を理解し，自らの専門を深めると共に，異なる専門を理解し実践の場で協働ができる人材が必要です。つまり，深い専門に根ざしたデザインコンピテンシー教育が求められています。

京都大学デザインスクールは，5年一貫の博士課程として，2013年4月に開設されました。異なる専門を背景とする約70名の教員が教育に参加しています。本書は，その内の30名の協働によるテキストで，4部14章からなります。デザイン学の基礎，方法，実践について解説し，最後にデザインスクールについて述べています。デザイン学は確立途上ですので，概論を書くのは時期尚早との指摘もありましたが，3年間を通じて蓄積された知識や知見をまとめることも大学人の務めと考えました。どの学問も初期においては，さまざまにテキストが執筆され，やがてバイブルと呼ばれるテキストへと体系化されていきます。本書が，デザイン学におけるそうしたプロセスに貢献できればと思います。

本書の出版に当っては，執筆者をはじめ多くの方々に協力いただきました。特に各章を執筆いただいた方々には，全体としての整合性を保つために繰り返し修正をお願いしました。編者の力不足により出版が大幅に遅れましたが，共立出版には忍耐強くお付き合いいただきました。お世話になったすべての方々に，心から感謝いたします。

2016年3月

石田　亨

CONTENTS

INTRODUCTION TO DESIGN STUDIES

PART

1 デザインの基礎

CHAPTER 1 デザイン学の基礎理論

CHAPTER 2 デザインと認知

デザインの基礎には 2 つの側面がある。1つは，デザインにかかわる概念を体系化し，学問的基礎を確立するという側面である。デザインの理論と手法は，さまざまな専門領域で進化し実践されてきた。そのため，それらを統合し新たな展開を期するには，基本となる概念の共有を図る必要がある。もう1つの側面は，デザインという活動を人の認知から理解することである。優れたデザイナーの認知を理解することは，デザインの専門家となるために必要である。デザインの基礎を本書の冒頭に置いたのは，テキストとして知識や知見を体系的に配列するためであるが，その結果，読者は最も抽象度の高い章から読み始めることになる。本書を通読した後に，第1部に戻り読み返すことを勧めたい。

CHAPTER

1

デザイン学の基礎理論

21世紀を生きる人類には，地球環境問題，資源・エネルギー問題，コミュニティの脆弱化，災害リスクの増大，社会・経済のグローバル化などの困難な問題への対応が求められている。20世紀の工業生産を主導してきたデザインの営みは，こうした人類の未来に深刻な影響を及ぼす問題群を前にして大きな質的転換を迫られているが，本書の目的は，そのような社会的要請に応えるデザイン概念を定式化し，デザイン学の確立を目指すことである。本章では，新たなデザイン概念を踏まえて，デザイン対象，デザイン方法，デザイン行為，デザイン方法論のあり方を検討し，より良い未来の創造に資するデザイン学の基礎理論を展望する。

（門内 輝行）

1
拡大するデザインの世界

デザイン概念の成立

「デザイン」(design) の語源は，遠くラテン語の designare にまで遡る伝統を有する。designare は de＋sign であり，de は from, out of, descended from, derived from, according to などを表すことから，デザインは sign（記号）や designate（示す）と同じ由来をもつ語であり，記号を表出する，際立たせる，区別する，指示する，といった意味をもつことがわかる。

この言葉の意味に示されているように，デザインの決定的な特色は，問題解決に当たって「計画」と「実行」を分離することであり，この実行に先立つ計画をデザインと呼ぶのである[1]。このことは，実は人間の想像力の発達にとって計り知れない意義をもっている。造形を例にとると，実行には手と素材からの強い抵抗が伴い，それが自由な想像力の働きを妨げるが，実行から分離された計画は実行に伴う手と素材の抵抗から解放されて，設計図を描いたり，模型を制作したりすることで，創造的な造形を生成することが可能になるからである。ここで留意すべき事実は，いくら簡便でも計画を具体的に表現する必要があり，想像力の深奥にはそのような表現を創り出す手や身体の働きが息づいているということである。

こうした計画と実行という 2 段階が峻別されたのは，近代の工業化が起こってからのことである。そこでは実行過程に機械が導入され，事物とデザインがはっきり分離されるようになったのである。原理的には，デザインは道具や言語を使用して事物を制作する人類の始まりとともにあったが，明確にデザイン概念が成立するのは，19 世紀から 20 世紀にかけての産業革命を駆動した工業技術を基盤とするモダン・デザインの時代である。それゆえ，デザイン概念を検討するには，モダン・デザインの歴史を深く理解する必要がある[2]。

工業社会から知識社会へ

20 世紀は，科学技術の飛躍的発展に伴い，人類の生活が大きく変化した時代である。そこでは，多くの人々が物質的に恵まれていると感じる社会が構築されてきたが，その反面，大量に供給された人工物が日常生活のあらゆる場面に入り込み，美しい景観やかけがえのない地球環境の破壊といった深刻な問題群が顕在化してきたのである。それに対して，21 世紀を迎えて，わが国では政治・経済・社会のシステムが至るところで綻びを見せているが，これらは経済的な豊かさを追求する「工業社会」の行き詰まりとみなすことができる。大量生産・大量消費の時代が終わり，工場も安価な労働力と豊かな自然を求めて海外にフライトし，わが国では地方都市のみならず大都市さえも荒廃し始めたのである。

こうして見てくると，大量採取・大量廃棄による環境の破壊や，大量生産・大量消費による文化の喪失をもたらす工業社会では，人間生活の持続可能性を維持することができないことがわかる。これに対して，21 世紀は失われた環境や文化の回復を図るべき時代という意味で「環境の世紀」と呼べるであろう。環境の世紀を主導する社会は，豊かな生命と暮らしを育むことをめざして，自然との共生や人間相互の絆を大切にする社会であり，情報・知識が重要な役割を果たす「知識社会」である。

このように，大量生産・大量消費を基調とした工業社会の時代が終わり，環境を深く意識し，人間の生活世界を再生していくためのデザインを模索することが，知識社会の重要な課題として浮かび上がっている。私たちはいま，こうした社会の大きな変革期を生きており，社会のシステムやアーキテクチャを組み替えることが強く求められているのである。

デザイン概念の拡張

20 世紀の工業化の進展に伴い，人工物の生産能力は飛躍的に増大し，身の回りにはさまざまな人工物があふれ，生活上の基本的ニーズは量的にほぼ充足されている。むろん，今後とも新たな“機能・性能”を備えた人工物は必要であるが，多くの人々の関心は人工物の“意味・価値”に向かっており，量的充足よりも質的満足がデザインの目標となっている。

生活の質を高める人工物のデザインでは，“与条件を満たす”だけでなく，安全性・健康性・利便性から快適性・持続可能性に至る多層に及ぶ“隠れた条件を扱う”ことが求められる。ユニバーサルデザインやライフサイクルデザインなどはその事例である。

また，“個々の人工物”をデザインするだけでは解決しない問題も少なくない。自然環境への配慮を欠いた製品，大気汚染を引き起こし，子どもたちの安全な遊び場を奪う自動車，都市景観の調和を乱す建物などの多くの困難な問題が，“人工物相互の関係や人工物と人間・環境との関係”がデザインされていないところから生じているからである。こうした人工物をめぐるさまざまな関係をデザインすることが社会の重要課題として浮かび上がっている。

このように，21 世紀を迎えてデザインの世界は，機能・性能から意味・価値へ，安全性・健康性・利便性から快適性・持続可能性へ，事物から関係へと拡張され，人工物をめぐるデザイン概念を大きく拡張しなければならない事態に直面しているのである。

こうした拡大するデザインの世界への対応については，第 18 期日本学術会議の人工物設計・生産研究連絡委員会設計工学専門委員会の対外報告である「21 世紀における人工物設計・生産のためのデザインビジョン提言」が示唆に富む[3]。本書におけるデザインの考え方とも響き合うものであることから，以下に提言の本文を示す。

【提言 1】 ポスト工業化社会では，デザイン概念の質的転換を図るべきである。そこでは，いかにつくるかということとともに，何をつくるかが問われる。

【提言 2】 優れた人工物は，つくること（設計・

生産）と使うこと（生活）が密接に関連付けられた持続的なプロセスから生み出される。21 世紀のデザインプロセスは，つくることから育てることへと大きく拡張していく必要がある。

【提言 3】 21 世紀のデザインは，個々の人工物にとどまらず，人工物や自然物の集合を含む環境・社会システムを生成し，生活の質を向上させていく役割を果たすべきである。そこでは，デザインの対象はハードな事物からソフトなサービスを含む環境・社会システムへと大きく拡大していく。

【提言 4】 今日のデザイン問題は，非常に複雑で，曖昧かつ不安定なものである。問題解決に向けて，多種多様な主体のコラボレーションによるデザインを積極的に推進していく必要がある。

【提言 5】 21 世紀のデザインビジョンを実践するためには，明示化されていない要求を含む複雑な条件を扱うことができる高度なデザイン支援システムを積極的に開発し，活用していく必要がある。

【提言 6】 最終的にデザインの質を評価するのはユーザであり，今後のデザインは，設計者・生産者だけでなく，ユーザも含めて考える必要がある。そのためには，デザイン教育やデザイン倫理の普及，適切なデザイン情報の発信などを積極的に推進する必要がある。

【提言 7】 デザイン行為の本質を探求する設計工学は，21 世紀の科学が求める総合化の方法を解明する学術研究のフロンティアであり，その研究体制の整備を積極的に推進すべきである。

社会のシステムやアーキテクチャのデザインを目指して

21 世紀の知識社会を迎えて，ICT（Information and Communication Technology；情報通信技術）の飛躍的発展に伴い，環境や社会のシステムは大きく変わろうとしている。

たとえばドイツでは，政府，企業，大学や研究所が共同して，2013 年から第 4 の産業革命を意味する「インダストリー 4.0」の実現に取り組んでいる[4]。18 世紀末にイギリスで始まった機械生産による第 1 次産業革命，20 世紀初頭にアメリカで起こった大量生産による第 2 次産業革命，1970 年代に始まったエレクトロニクスを活用した自動生産による第 3 次産業革命に対して，第 4 次産業革命は，工場を中心にインターネットを通じてモノやサービスが連携することで，製品のライフサイクルを通じて新しい価値の創出を目指す取り組みである。

このように知識社会では，仮想世界としてのサイバーシステム（cyber system）と現実世界としてのフィジカルシステム（physical system）の融合が進行し，人工物相互の関係や人工物と人間・環境との関係をデザインすることが喫緊の課題となっているのである。

そこで本書では，拡張されたデザイン概念を定式化するために，単に意匠を意味するだけではなく，「与えられた環境で目的を達成するために，さまざまな制約下で利用可能な要素を組み合わせて，要求を満足する人工物を生み出すこと」としてデザインを定式化している[5]。デザイン対象として，個々のミクロな人工物にとどまらず，それらを要素として含むマクロな人工物である社会のシステムやアーキテクチャを設定することにより，幅広い人工物を創り出すデザインの営みを把握することが可能になるからである。

2
デザイン方法論の展開

デザイン方法研究の潮流

工業社会から知識社会への移行に伴い，デザイン概念の質的転換が求められていることを指摘してきたが，「デザイン方法」(design method) や「デザインプロセス」(design process) に関する理論的研究は1950年代の後半から始まっている。

ジョーンズ (J.C. Jones) は，“ゴールに向かっての問題解決行動”，“誤れば大きな損失の生じる不確実性に対しての意思決定”，“満足できるような状況に製品を関連付けること”，“状況の特殊な組合せにおいて要求全部に対する最適解”，“現状から将来への創造的飛躍” など，多くの定義を概観した上で，デザインを「人間がつくったものに変化を起こすこと」として定式化し，製品，市場，都市地域，公共サービス，世論，法規，マーケティング，制度組織などの変革にかかわる広範な活動に適用できることを指摘した[6]。

また，サイモン (H.A. Simon) は，「現在の状態をより好ましいものに変えるべく行為の道筋を考案するものは，だれでもデザイン活動をしている。物的な人工物をデザインする知的活動は，基本的には，病人のために薬剤を処方する活動や，会社のために新規の販売計画を立案し，あるいは国家のために社会福祉政策を立案する活動と，なんら異なるところはない」と指摘し，デザインがすべての専門教育の核心をなすものであると述べ，人工物の創造にかかわる「デザインの科学」(science of design) を提唱し，人工物に関心をもつ人たちの中心問題はデザインプロセスそれ自体であることを指摘している[7]。

こうした新たなデザイン概念に基づいて，1960年代の高度経済成長の時代に，機能の複雑化，規模の拡大化，デザイン対象の広域化が要請され，一方では生産の合理化が求められるようになったことを背景として，経験と勘に基づくデザイン行為を客観的に体系化することをめざして，「デザイン方法論」(design methodology) の研究が展開されてきた。そこでは，デザイナーは合理的に思考するという暗黙の仮定の下に，分析－総合－評価のプロセスに基づく「システマティックなデザイン」の方法が提案されたのである。

1970年代に入ると，都市化，情報化，国際化が進む社会的状況の下で，デザイン問題は多次元的で複雑な様相を見せ始め，デザイン方法研究も大きな転換点を迎えた。すなわち，①「技術的合理性」に根ざして問題解決を図る「システマティックなデザイン」によっては，現実の複雑で不確実な問題に対応できないことが明らかにされ，②状況からの応答や他者からの応答に耳を傾けながら柔軟にデザインを進める「対話によるデザイン」が展開されるようになったのである。社会のシステムやアーキテクチャのデザインを目指すデザイン学の基礎理論は，対話によるデザインの方法論を基底として構想する必要がある。

デザインの世界の構造

デザイン方法の進化の段階を振り返ってみると，最初は使う人がつくる人でもあり，そこからつくる人が「クラフトマン」として分化し，近代以降の科学技術の発展に伴い，つくることから考えることが分離し，考える役割を担う「デザイナー」が現れたことがわかる。

ここで注目すべきは，デザイナーが特定できない無名のデザインに優れたものが多いという事実である。「図面によるデザイン」が成立する以前に作られた町家や集落の機能的で美しい造形を目の当たりにするとき，現代のデザイン行為に大きな問題が潜んでいるのではないかと思えてくる。これらのデザインは，長い時間をかけて，実際に多くの人々に使用され，環境に適応するように少しずつ進化をとげた結果なのである（図 1-1）。

それに対して，デザイナー（および生産者）とユーザの立場が分離した現代の仕組みでは，人工物がいかなる帰結（生活様式や都市景観の変化など）をもたらしているかということを，フィードバックする回路が欠落しているのである。時の経過とともに魅力的になるデザインは，デザイン行為の帰結をふまえた維持・保存・再生・創造という「つくること（デザイン・生産）」と「使うこと（生活）」とが融合した持続的プロセスから生み出されるものである。

以上のデザインの世界の構造は，「生活－生産－デザインの場の連鎖」としてモデル化される[8]。すなわち，「生活」の場では，デザインされた対象（製品・建築など）は生活行為を通じて生活目標を実現する手段となり，「生産」の場では，デザイン（図面・模型など）が生産行為を通じてデザインされたものをつくり出す手段となり，「デザイン」の場では，デザイン方法がデザイン行為を通じてデザインを生成する手段となる。一般に主体は，道具・言語・記号などの手段を使用して目標・対象に働きかけるが，そのような関係は目標（対象）－手段（記号）－行為（主体の解釈や創造）という三項関係として記述できる。そこで，この関係を用いると，デザインの世界の構造は図 1-2 のように図示できる。

歴史的には「生活」→「生活－生産」→「生活－生産－デザイン」と分化が進み，つくる側と使う側の立場が分離してきたのである。ここで留意すべきは，原理的に図のような包摂関係が成立していること，すなわち，生産者は生活のプロセスを，デザイナーは生活と生産のプロセスを理解する必要があるということである。最近の興味深い動きは，これらの分化したプロセスを相互に関連付けていくところに認められる。たとえば，生活と生産を結び付ける“Do it yourself”（DIY），生活とデザインを結ぶ“ユーザ参加のデザイン”，デザインと生産を重ね合わせた“アーキテクト・ビルダー”などの職能がそれである。3D プリンタなどを活用したカスタム製造を武器にガレージでものづくりに励む人々が推進する“メイカーズ革命”も，生活－生産－デザインの関係に変化をもたらす試みである[9]。また，インダストリー 4.0 では，サイバー・フィジカル・システム用いて“オーダーメイド”や“アフターサービス”を含む生産・流通を統合する革新的なデザインプロセスが構想されている。

図 1-1　伝統的な人工物のデザイン
（上）荷馬車，（下）近江八幡の街並み

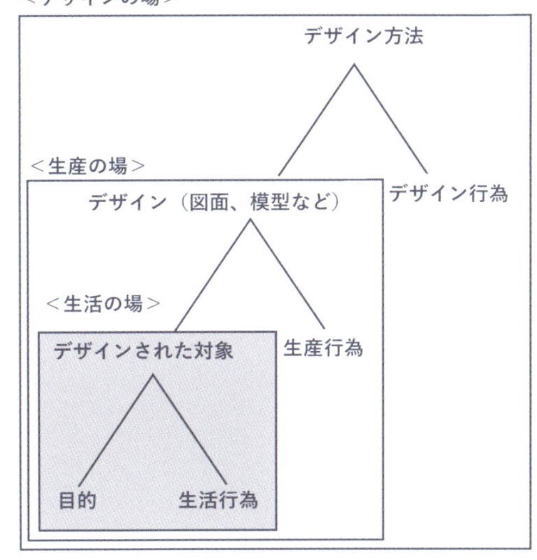

図 1-2　デザインの世界の構造

人間中心のデザイン

デザインとは人工物に意味を与える活動であり，デザインされた人工物はユーザが理解できるものでなければならない。意味付けられた人工物をデザインすることはデザインの実践に大きな変革をもたらす。そのような変革をクリッペンドルフ（C. Krippendorf）は，「意味論的転回（semantic turn）」と呼んでいるが [10]，それは「技術中心のデザイン」から「人間中心のデザイン」（human centered design）への展開にほかならない [11]。

こうした人間中心デザインへのシフトについては，パイン（B.J. Pine II）らの経済価値モデルの観点からも見ておく必要がある [12]。彼らによると，経済価値は，“コモディティ”（代替可能な自然界からの産物）から，“製品”（原材料であるコモディティから生み出されたもので，用途に応じて規格化された物品），“サービス”（個々の具体的な顧客の要求に応じてカスタマイズされた形のない活動），そして“経験［エクスペリエンス］”（顧客を魅了し，サービスを思い出に残る出来事に変えることで生じる）へと進化する。すると，デザインの世界の変化は，デザインの対象がコモディティから，製品，サービス，経験へ進化することとして説明できる。最近の「サービスデザイン」や「ユーザエクスペリエンス（UX）デザイン」への関心の高まりは，この経済価値モデルから見るとよく理解できる。

さらに，今日大きな注目を集めている「デザイン思考」（design thinking）は，イノベーションを導く新しい考え方の必要性を背景として，対話によるデザインを前提として提示されたものである。特に有名なモデルは，スタンフォード大学の d.school で用いられているもので，①共感（empathize；意味あるイノベーションを起こすには，ユーザを理解し，彼らの生活に関心をもつ必要がある），②問題定義（definition；正しい問題設定こそが，正しい解決策を生み出す），③創造（ideate；可能性を最大限に広げる），④プロトタイプ（prototype；考えるために作り，学ぶために試す），⑤テスト（test；自分の解決策とユーザについて学ぶ）という5つの段階を循環的に進めていくプロセスが推奨されている[13]。このモデルで興味深い点は，プロセスの最初に「共感」が位置付けられていることである。これは，ユーザが気付いていないニーズを探り出し，飛躍的な発想で生活を豊かにすることが，デザイン思考の最大の役割であるという，人間中心デザインの考え方に基づくものである。

本章では，人間中心の視点から，多主体の対話による創造的なデザイン活動を支援する方法（デザイン方法）を媒介として，意味付けられた人工物（デザイン対象）を生成し解釈する（デザイン行為）ためのデザイン方法論をデザイン学の基礎理論として探求する。

3
要素のデザインから関係のデザインへ

デザイン対象の拡大

人工物のデザインを考えるとき，デザイン対象となる「領域」（domain）の設定が重要な意味をもつ。プロダクト，グラフィック，環境，といった領域設定がデザインのあり方に大きな影響を及ぼすからである。人工物という広い領域設定では，デザインの共通特徴を明らかにすることはできるが，実践上重要となる領域固有の知識を蓄積することが難しくなる。それに対して，建築，機械，情報，といった狭い領域設定では，デザインの本質に迫ることが難しくなるのである。そこで，京都大学デザインスクールでは，アーティファクトデザイン，情報デザイン，組織・コミュニティデザインといった中間領域を設定しているが，これは実践にも役立つ領域固有の知識とそれらを相互に関係付ける領域横断的な知識を同時に蓄積しつつ，両者を統合してデザイン学の確立を目指すための戦略である。

本章では，広い意味でのデザインを「人工物と人間・環境との関係や人工物相互の関係に変化をもたらす」営みとして理解し，その拡張されたデザインを「人間－環境系のデザイン」と呼ぶ（“環境”には人間を取り巻くすべてのものが含まれる）。そして，ある特定の状況の中で，時とともに変化する人間と環境との関係を適切に把握し，それを踏まえて意味付けられた人工物をデザインする可能性について考察する[14]。

デザインの対象を単体の人工物から人間－環境系へとシフトすることにより，デザインの営みは大きく拡張される。既存のものの保存・再生，新たな使い方や価値の発見も，デザインの営みとして位置付けられるし，何もつくらないことも，既存のものを撤去することさえもデザインの選択肢に含まれるからである。

人間－環境系のデザインでは，人工物を単体として眺めることをしない。人工物はいつも周辺の自然環境，社会－文化環境，他の人工物を含む人工環境，情報環境と関連付けられており，決して孤立しては存在し得ない（図 1-3）。人間の生命と暮らしは，多層に及ぶ環境の広がりの中で，歴史的な連続性をもって展開されるからである。人間－環境系のデザインでは，デザイン対象を要素から関係へと大きく拡大することが求められている。今日のデザインの重要な役割は，要素としての人工物をデザインするだけでなく，人工物相互の関係や人工物と人間・環境との関係を含むシステムをデザインすることにより，人間の豊かな生

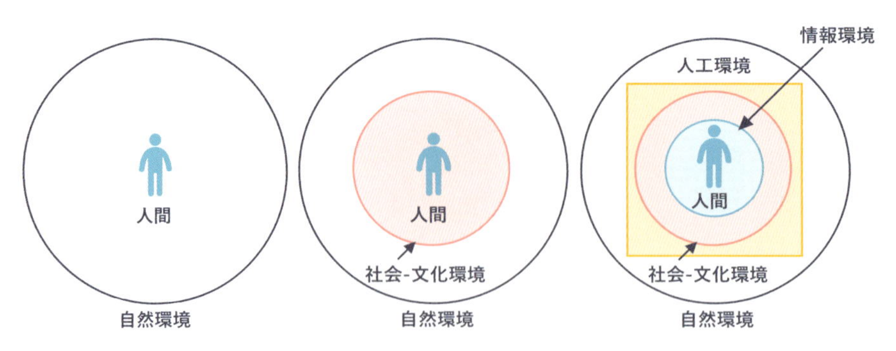

図 1-3　人間－環境系の多層性

命と暮らしを育む社会のシステムやアーキテクチャの創造に貢献することである。

具体的には，循環型社会の構築をめざすエコロジカルデザイン，限られた数の要素の組合せから無限の景観のバリエーションを生成する都市景観デザイン，人工物をデバイスとして実現されるサービスのデザイン，ICT を活用したスマートなものづくりの仕組みのデザインなど，ソフトなシステムに焦点を結ぶ多様なデザインが推進されている。

意地悪な問題としてのデザイン問題

一般にデザインという営みは未来の世界の創造にかかわるがゆえに，デザイナーは疑いや不確かさから逃れるわけにはいかない。今日，デザイン対象は個々の要素からさまざまな要素間の関係を含む人間－環境系というシステムへと拡張しており，「デザイン問題」は多層に及ぶ問題を含む，複雑，曖昧，不安定な問題となっている。こうしたデザイン問題の特徴を考察したリッテル（H. Rittel）は，明確に定式化できる「おとなしい問題」(tame problem) に対して，うまく定義できない「意地悪な問題」(wicked problem) としてデザイン問題を特徴付けている[15]。それは次のような特徴をもつ。すなわち，①明確に定式化できない，②問題の定式化は解についての考え方から決まってくる，③終了規則をもたない，④解について言えるのは真か偽かではなく，良いか悪いかである，⑤解に対する決定的なテストは存在しない，⑥問題にはいくつもの説明が可能で，問題の説明の仕方が解の性質を規定する，⑦すべての問題は他の問題の徴候とみなしうる（1 つの問題を解くと次の問題が現れる），⑧問題を解く手続きの完全なリストはあり得ない，⑨すべての解は，1 回きりの操作である，⑩すべての問題はユニークである，⑪間違いは許されず，責任はもたなければならない，というものである。

このような問題にあっては，与えられた問題を解決する（problem-solving）だけでなく，問題を設定する（problem-setting）プロセスが重要な意味をもつことになる。すなわち，デザイン問題では，問題を解くことができなければ問題そのものを設定し直したり，潜在している問題を発見したりするデザイン主体の役割が問われているのである。というのは，デザイン行為の本質は，新たな価値を発見し創造することにあると考えられるからである。

部分最適化から全体最適化へ

デザイン対象を要素のデザインから関係のデザ

インへシフトすることは，デザインのレベルを部分から全体へとシフトすることを意味する。そこでは，さまざまな要素（部分）をデザインするだけでなく，要素間の関係をデザインし，要素の集合からなるシステム（全体）を生成することが課題となる。すなわち，デザインの役割は，部分最適化を超えて，全体最適化を実現し，新たな全体としてのシステムを創発することにある[16]。

特に，社会のシステムやアーキテクチャを対象とするデザインでは，時間の経過の中で，要素や要素間の関係に思いがけない変化が生じたり，システムを取り巻く状況が大きく変化したりすることも少なくない。伝統的街並みの中に高層建築が建設されたり，津波で目の前の景観が突然姿を消したり，ICT によって社会システムが劇的に変化したりするような場合がそれである。それゆえ，マクロな人間－環境系を対象とするデザインでは，デザイン主体には，意地悪な問題に立ち向かい，驚くべき事実や想定外の出来事さえも手がかりとして，全体としての複雑なシステムを創造することが求められる。

4

つくることから育てることへ

デザインプロセスの拡張

デザインにおいて何をつくるのかを問うためには，デザインプロセスを，与条件から解を導き出す「ミクロなプロセス」にとどまらず，その与条件を問い直すところから始めて，つくられたものが実際に使用され，その結果がデザインにフィードバックされていくプロセスを含む「マクロなプロセス」として理解する必要がある。

生活の質の向上をめざす知識社会では，ユーザの経験をデザインにフィードバックする回路を回復し，つくる側と使う側の対話によるデザインプロセスを展開することが不可欠となる。たとえば，保存・再生・転用のデザイン，プロダクト・ファミリーのデザイン，地球環境への負荷を軽減するライフサイクルデザインなどは，時間をかけて持続的に展開していくべきものである。これらのデザインプロセスでは，新しいものを「つくる」だけでなく，既存のものを「育てる」ことが重要な意味をもつことになる。

デザインを「育てる」概念と明確に結び付けたのはグラッツ（R.B. Gratz）である。彼女は都市に生命を与える秩序を生成するには「都市の養育」（urban husbandry）が不可欠であると主張し，「都市の養育の基本原理は，ゆるやかで自然な，過激でない変化，本当の社会的，経済的要求に応えるような変化である。多くの参加者が少しずつ力を出し，小さな変化から大きな違いを作っていくとき，都市はもっとも確実に応える。……都市の養育は，何よりも存在している生命に配慮し，それを評価し，それを大切な資産と見なす」と述べている[17]。

実際，都市景観のように歴史性と総合性を備えたシステムは意図的に作れるものではなく，庭に咲く植物や花のように育てるべきものである。景観デザインの基本は，先行する世代から受け取ったものを大切にし，痛んだところは修復し，各時代の創造を付け加えて次の世代に渡すことである。したがって，育てるプロセスには，維持・保存・修復・再生・創造といった多様なデザインの営みが含まれることになる。

デザインプロセス（デザイン行為）への理論的アプローチ

デザイン方法研究の歴史をひも解いてみると，システムズ・アプローチ，意思決定理論，構造主義理論，パフォーマンス理論，参加理論，記号論など，実に多くの理論が導入されてきたことがわかる。建築・都市領域に限っても，デザイン方法を基礎付ける理論としては，システム工学，人工知能，知識工学，エクスパートシステム，ニューラルネットワーク，データマイニング，マルチエージェントシステム，CAD，BIM（Building Information Model），ネットワークコラボレーション，複雑系科学などが次々に導入され，最近では人間中心のイノベーションを促すワークショップ，エスノグラフィ，学習理論，活動理論などの人文社会科学領域の理論や手法まで導入されているのである。

技術合理性に基づくアプローチでは，デザインプロセスを「要求集合（機能）から解集合（属性）への写像」として定式化した吉川弘之の「一般設計学」（general design theory）[18]，“何を達成したいのか”と“どのように達成したいのか”の相互作用をデザインとみなし，それを顧客領域・機能領域・実体領域・プロセス領域の間の写像関係として定式化したスー（N.P. Suh）の「公理的設計」（axiomatic design）[19] などがよく知られている。いずれのアプローチも，創造の鍵を握るデザインプロセスを科学的に解明する試みとして興味深い。

しかし，デザイン問題は本質的に意地悪な問題であることから，状況や他者からの応答に耳を傾け，柔軟にデザインを進める「対話によるデザイン」の方法が注目されるようになっている。デザイン・ボキャブラリとして知られる「タイプ」（type）類似性に基づいてある事柄を別の事柄で理解する「メタファ（隠喩）」（metaphor），抽象概念を一瞬で理解させる「実例」（example）などを用いたデザイン方法がそれである。これらは，感性と理性を結び付けることによって，デザイン思考を生き生きとしたものにする働きを担う。

デザイン行為の創造性については，「アブダクション（仮説推論）」（abduction）の観点から探求が行われている。アブダクションとは，「驚くべき事実Cが観察される（C）。しかしもしAが真であれば，Cは当然の事柄である（A → C）。よって，Aが真であると考えるべき理由がある（A）」という推論である。たとえば，「内陸で魚の化石のようなものが見つかった」という驚くべき事実Cは，「もしその辺一帯の陸地がかつては海であった」（A）と仮定すれば，事実Cは当然の事柄であり，Aと考えるべき理由がある，ということになる[20]。この形式から明らかなように，アブダクションは後件から前件への推論であり，大いに誤りの可能性がある「弱い種類の論証」である（ちなみに，誰かが化石を置いたとしても，驚くべき事実は成立する）。しかしこのアブダクションの概念によって，デザイン行為の本質が端的に浮かび上がるのである。たとえば，建築に対するユーザの要求Cが与えられたときに，A → Cとなる建築Aを導出することがデザインなのである（C → Aではない）。

対話によるデザイン

デザインとは計画と実行を区別するところに成立した概念であるが，同時に両者をどのように関連付けるかということも絶えず意識されてきた問いである。計画と実行の区別は「知識」（knowledge）と「行為」（action），さらに一般化すれば「理論」（theory）と「実践」（practice）の区別につながるものであり，これらをどのように結び付けるかということが，デザインの本質に深くかかわっているのである。多数の主体の対話によるデザイン行為は，実はこうした知識と行為，理論と実践の関係について新しい認識論を提起しているのである。

この点については，実践者が現実に何をしているかをよく調べることによって，新しい実践の認識論を構築した哲学者ショーン（D.A. Schön）の研究が多くの示唆を与えてくれる[21]。それによれば，「技術合理性」に根ざして，科学的な理論や技術の適用によって問題解決を図る専門家の実践は，複雑・不確実・不安定・ユニーク・価値の衝突といった特質をもつ現代社会において大きな危機に直面している。実証主義の認識論の産物である技術合理性の観点からすれば，行為は知識から導き出されるものであり，状況に応じて変化する意地悪なデザイン問題に柔軟に対処することができないからである。そこでは「問題解決」が強調され，「問題設定」を行うプロセスが無視されているのである。

これに代わる新しい実践のモデルとして，「行為の中の省察」（reflection-in-action）が提案されている。すぐれたジャズミュージシャンが互いの音を聴きながら演奏を展開していくように，実践者は行為において暗黙のうちに多くのことを認識し判断しているのである。こうした実践の特質は「判断の背後にある規範や評価」，「定型化した行動に潜む戦略や理論」，「問題のフレームを設定する方法」，「状況に対する感情」，「自分自身の役割」など，実践する主体にかかわる内容が反省の対象となるところにある。

優れたデザイン主体は，フレームを設定して状況を把握し，その状況からの応答を聞くことによって新しいフレームを発見していくという「状況との対話」（reflective conversation with situation）によってデザインを進めていく。そこでは予期しない応答から潜在的な可能性を発見していく能力が求められているのであり，デザイン主体はたえず状況からの応答に自らを開いていなければならない。

デザインとは生来複雑なものである。どんな行為にも不測の事態は起こるもので，この予測不能性がデザインの核心的な性質なのである。問題に向かうとき，デザイナーはまさにその道を切り開き続けているのであり，新しいデザインを進めるに従って，新しい見方と理解を築いていくのである[22]。デザイナーは，素材，状況，他者から応答を受け，自分がデザインしたものを理解し，そのレベルで判断を下す。その際，予期しない反応である「バックトーク」（back-talk）に耳を傾けることが大切である。「行為の中の省察」は「驚く」という経験と密接に結び付いており，そこから創発的なデザインが生成されるからである。

5 デザイン学の構築に向けて

デザイン方法論

以上，21 世紀の知識社会では，デザイン概念を大きく拡張する必要があることを確認し，それに対応したデザイン方法論を構築するためには，人間中心のデザインの視点から，デザイン対象，デザイン方法，デザイン行為のいずれについても，大きく変革する必要があることを指摘してきた。またその過程で，デザインという営みを人工物に意味を与える活動として定式化するとともに，デザインの世界の構造やデザイン方法の仕組みをモデル化し，デザイン学の基礎理論としてのデザイン方法論のフレームワークを描き出してきた。

デザイン方法論については，日本建築学会建築計画委員会設計方法小委員会がデザイン方法論の 8 つのファセットとして，{適用対象，プロセス，目的と効果，設計主体，理論，表現言語，仕組み，背景} を提示しているのが注目される[23]。{適用対象，目的と効果} はデザイン対象，{プロセス，理論，表現言語，仕組み} はデザイン方法，{プロセス，設計主体，背景} はデザイン行為にかかわるファセットである。デザイン学を構築する上で，デザイン方法にとどまらず，デザイン対象やデザイン行為についても研究を深めていくことが不可欠であるが，その際，これらのファセットは研究を進める手がかりを与えてくれるはずである。

デザイン学の位置付け

今日，デザインに対する関心が大きな高まりを見せており，「デザイン学」を構築することが重要な課題となっている。デザイン学の関連用語については，クロス（N. Cross）が「デザイン科学」(design science)，「デザインの科学」(science of design,)，「デザインのための科学」(science for design）を区別している[24]。design science は，デザインに対する明示的に組織された合理的でシステマティックなアプローチである。すなわち，人工物の科学的知識の利用だけでなく，科学的活動そのものという意味でのデザインである。science of design は，科学的な（システマティックで信頼できる）探究の方法を通じて，デザインについての私たちの理解を改善しようとする研究のまとまりである。science for design は，成功したデザイン実践，デザイン方法，ならびにデザインの教訓の体系的な集成である。本章では，デザイン学をこれらの科学を包摂する用語として位置付けておく。

Design science という用語は 1963 年にフラー（B. Fuller）が最初に使用したと言われているが，デザイン対象を人工物に拡張して science of design を提唱したのは，*The Sciences of the Artificial* を出版したサイモンである。その後，機械工学分野における吉川弘之の「一般設計学」（general design theory）やフブカ（V. Hubka）の design science[25] などがそれに続く。

デザイン研究の流れを統合した学会連合としては，国際的には 2000 年に The Design Society[26] が，2005 年に IASDR（The International Association of Societies of Design Research）[27] が設立されているが，日本でも 2004 年から Design シンポジウム（日本機械学会，精密工学会，日本設計工学会，日本建築学会，日本デザイン学会，人工知能学会の共催）が 2 年ごとに開催されており，デザイン学の発展が期待されているところである[28]。

ところで，日本学術会議では，2003 年に「新しい学術の体系」をまとめており，そこでは「あるものの探究」を主な目的として発展してきた従来の科学を「認識科学」（science for science）と呼び，「あるべきものの探求」を目的とする知の営みを広い意味での「設計科学」（science for society）と呼ぶ（図 1-4）。人工物システムを対象とする設計科学は，目的や価値を正面から取り込む新しい科学であり，領域を横断する統合を強く志向するものである[29]。人工物システムには，物質的人工物，生物的人工物，社会的人工物，精神的人工物（価値観や様式や技法，宗教や芸術や科学知識など），人工物化された自然環境圏が含まれる。本書におけるデザイン学は，この学術体系における設計科学として位置付けることができる。

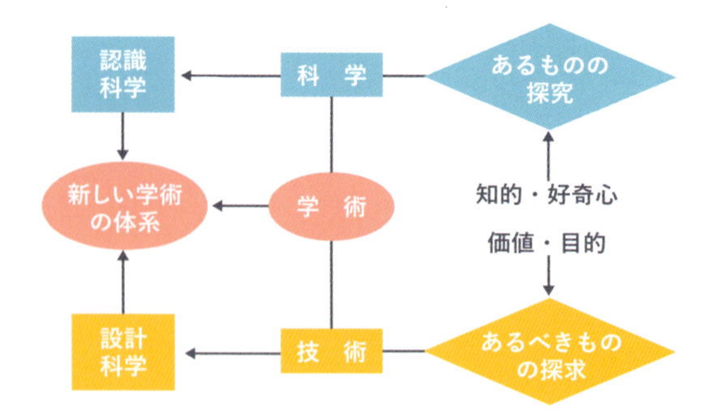

図 1-4　新しい学術の体系
（出典：http://www.scj.go.jp/ja/info/kohyo/pdf/kohyo-18-t995-60-2.pdf）

ギボンズ（M. Gibbons）らは，単一の領域の主として認知的なコンテクストの範囲内で問題が設定され解決される伝統的な知識生産の様態を「モード 1」，それに対して，アプリケーションのコンテクストの中で横断領域的な視点から問題が設定され解決される新しい知識生産の様態を「モード 2」と呼んで区別しているが[30]，この区別によるとデザイン学はモード 2 の知的生産に基づく科学と言える。また，デザイン学を社会的な役割から見ると，デマンド・サイド（生活者）から提示された問題をサプライ・サイド（科学者）から供給される科学・技術を総合して解決するための科学として位置付けることができる。

なお，「デザイン学」が日本学術振興会科学研究費助成事業の分科細目として位置付けられたのは 2013 年度である（時限付き分科細目としての設置は 2010 年）。そこでは，「生活環境を構成する事象の個々の要素をはじめ，それらの集合体やしくみ，それらと種々の文化からなる社会との組合せやシステムを対象として，人類の豊かな未来を創成するために文系・理系・芸術系融合型の領域を超えた連携による意欲的かつ創造性豊かな研究を期待する」として，広い意味でのデザイン学のビジョンが表明されている。

デザイン学のデザイン

20世紀の科学は，全体を部分に分解する分析（analysis）の方法を基盤として大きな発展を遂げてきたが，他方で諸部分の関係が分断され，全体が見失われてきたところがある。それに対して，21世紀の科学では，総合（synthesis）の方法を構築することが，学術研究の重要課題の1つとして浮上している。デザインでは問題に対する解は一意には定まらない。デザインという営みが，分析にとどまらず，総合に深くかかわっているからである。それゆえ，デザイン学は，総合のプロセスの解明を含む人間の本質に迫るエキサイティングな科学であると同時に，長期的に見れば，個々の人工物のデザインを相互に関連付け，より良い未来社会のビジョンを構想する役割を担う提案型の科学なのである。

第19期日本学術会議の人工物設計・生産研究連絡委員会設計工学専門委員会では，個々の人工物をデザインする「オブジェクトレベルのデザイン」とは別に，オブジェクトレベルのデザインをつなぐ「メタレベルのデザイン」の重要性を指摘している[31]。メタレベルのデザインによって，マクロなシステムのデザインを議論することが可能となるからである。京都大学デザインスクールが確立すべきデザイン学は，オブジェクトレベルのデザインだけでなく，メタレベルのデザインを基礎付けるものでなければならない。人間にとって望ましい社会のシステムやアーキテクチャをデザインするためには，メタレベルのデザインを含む広い意味でのデザインの本質を解明し，デザインが進むべき進路を指し示す「デザイン学」を構築すること，すなわち「デザイン学のデザイン」を推進することが不可欠となる[32]。

さらに，デザイン学もまたデザインされるべき対象であるとすれば，デザインプロセスにかかわるすべてのデザイン主体の価値観や世界観が問われるはずであり，デザイン教育やデザイン倫理の普及，デザイン文化の醸成もデザイン学の重要な課題となるであろう。

演習問題

（問1） 今日，デザイン問題は多次元的で複雑な様相を見せ始め，技術合理性に根ざして問題解決を図る「システマティックなデザイン」では対応できなくなっている。うまく定式化できないデザイン問題を例示し，その解決の難しさを説明しなさい。

（問2） 「要素のデザインから関係のデザインへ」とデザイン対象を拡大することが，革新的な人工物のデザインをもたらす可能性がある。あなたの専門領域において，そのような人工物の事例を示し，それについて分析しなさい。

（問3） 「つくることから育てることへ」とデザインプロセスを拡張することが求められている。あなたの専門領域において，育てるプロセスを考慮に入れた興味深い人工物の事例を示し，それについて分析しなさい。

（問4） 複雑なデザイン問題を解決し，創造的なデザインを生成するために，異なる立場や専門領域の人々が協働して問題に取り組む「対話によるデザイン」の方法が注目を集めている。その中で状況や他者からの応答に耳を傾けるリフレクションの重要性が指摘されている。デザイン実践におけるリフレクションの効果を示す事例を示し，それについて考察しなさい。

注

1 山崎正和：『装飾とデザイン』，中央公論新社，pp.106-111，2007.

2 海野弘：『モダン・デザイン全史』，美術出版社，2002.

3 日本学術会議人工物設計・生産研究連絡委員会設計工学専門委員会対外報告（2003年7月15日）．筆者がとりまとめを担当．http://www.scj.go.jp/ja/info/kohyo/18youshi/1804.html

4 インダストリー 4.0 実現戦略―プラットフォーム・インダストリー 4.0 調査報告，BITKOM（社）・VDMA（社）・ZVEI（社），2015.

5 Ralph, P., Wand, Y.: A Proposal for a Formal Definition of the Design Concept, *Design Requirements Engineering: A Ten-Year Perspective,* Springer, p. 108, 2009.

6 ジョーンズ，J.C.：『デザインの手法―人間未来への手がかり―』，丸善，pp.3-5，1973.

7 サイモン，H.A.：『システムの科学』，パーソナルメディア』，pp.175-179，1987.

8 門内輝行：関係性の視点からみた人間―環境系のデザイン，設計工学，Vol.43，pp.583-592，2008.12.

9 アンダーソン，C.：『MAKERS－21世紀の産業革命が始まる』，NHK出版，2012.

10 クリッペンドルフ，K.：『意味論的展開―デザインの新しい基礎理論―』，エスアイビー・アクセス，2009.

11 黒須正明：『人間中心設計の基礎』，HCDライブラリー第1巻，近代科学社，2013.

12 パインⅡ, B.J, ギルモア, J.H.：『[新訳] 経験経済―脱コモディティ化のマーケティング戦略―』，ダイヤモンド社, pp.10-51，2005.

13 スタンフォード大学 ハッソ・プラットナー・デザイン研究所：デザイン思考　5つのステップ―スタンフォード・デザイン・ガイド―，http://designthinking.or.jp/5steps.pdf

14 日本建築学会（編）：『人間―環境系のデザイン』，彰国社，1997.

15 Rittel, H.W.J.: On the Planning Crisis – Systems Analysis of the First and Second Generations, in Protzen, J-P. et al. (eds.): *The Universe of Design - Horst Rittel's Theories of Design and Planning*, Routledge, pp.151-165, 2010.

16 門内輝行：生命・意味に学ぶ環境親和型デザイン論，松岡由幸（編）：『もうひとつのデザイン―その方法論を生命に学ぶ―』，共立出版，pp. 87-114，2008.

17 Gratz, R.B.: *Cities Back from the Edge: New Life for Downtown*, Preservation Press, John Wiley & Sons, 1998.

18 吉川弘之：一般設計学，機械の研究，37巻1号，1985.

19 Suh, N. P.:『公理的設計―複雑なシステムの単純化設計』，森北出版，2004.

20 米盛裕二：『アブダクション―仮説と発見の論理』，勁草書房，2007.

21 Schön, D. A.: *The Reflective Practitioner: How Professionals Think in Action*, Basic Books, 1983.

22 ショーン, D.A.：素材との自省的対話，ウィノグラード，T.（編）：『ソフトウェアの達人たち―認知科学からにアプローチ　新装版』，ピアソン・エデュケーション，2002.

23 日本建築学会（編）：『設計方法Ⅳ－設計方法論』，彰国社，1982.

24 Cross, N.: *Designerly Ways of Knowing*, Springer-Verlag, pp.95-103, 2010.

25 Hubka, V. and Eder, W.E., *Design Science: Introduction to the Needs, Scope and Organization of Engineering Design Knowledge*, Springer-Verlag, 1996.

26 http://www.cadlab.fsb.hr/TheDesignSociety/index.php

27 http://www.designresearchsociety.org/joomla/about/iasdr.html

28 http://news-sv.aij.or.jp/keikakusub/s22/index.html

29 日本学術会議第19期学術の在り方常置委員会報告：新しい学術の在り方―真のscience for societyを求めて―，2005年8月29日．(http://www.scj.go.jp/ja/info/kohyo/pdf/kohyo-18-t995-60-2.pdf)

30 Gibbons, M. et al.: *The New Production of Knowledge: The Dynamics of Science and Research in Contemporary Societies*, Sage Publications, 1994.

31 http://www.scj.go.jp/ja/info/kohyo/pdf/kohyo-19-t1030-3.pdf

32 日本デザイン学会誌，デザイン学研究特集号「デザイン学：メタデザインへの挑戦」，18巻1号，2011.

CHAPTER

2

デザインと認知

本章では，デザインという営為における，人の気持ちや心の動きといった人の認知にかかわる知識の役割について解説する。デザインを構成する表現（representation）と，それを受容する人の認知的特性を説明する。望ましい心の動きやコミュニケーションを支える表現の事例をあげ，デザインの過程で使用される表現を紹介する。最後に，デザインという知的創造活動にかかわる人に求められる思考と認知的課題を説明する。

（中小路 久美代）

1

人の心の動きや振る舞いにかかわる知識

デザインされたものやことを使ったりそれに携わったりするのは人であり，またデザインという営為に携わるのも人である（図 2-1）。本節では，人の心の動きや振る舞いにかかわる知識がデザインという営為において果たす役割を解説する。

デザインと人

デザインの対象とみなされるものやことの範囲が広がりつつある。サービスのデザインやユーザ体験のデザインなど，ユーザの振る舞いや行為，ものやこととのインタラクションも含めて，デザインという営為の対象となる。

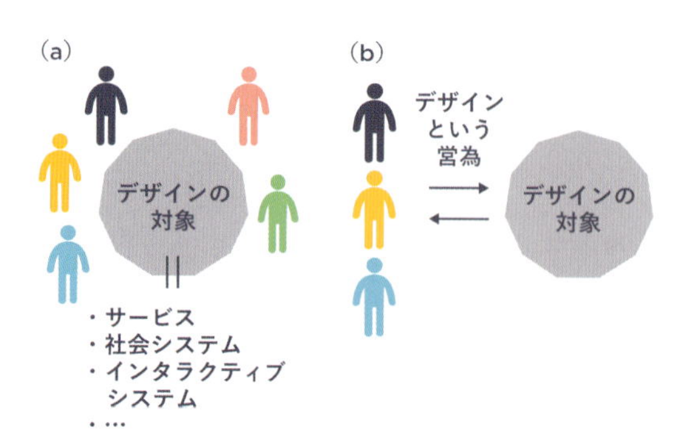

図 2-1　人とデザインとのかかわりには 2 種類がある

人間やその社会的集団としてのグループやコミュニティがデザインの対象のマテリアルと密接にかかわるようになると，「人がかかわるので予測できない」「人がかかわるので不確定な要素がある」などと言われることも少なくない。しかしながら実際のところ，人の反応というものにはそれほどには多様性はない。人の反応は，おおむね人間の認知的特性に従う。われわれはそれぞれ個性豊かな人間であるけれども，認知的な機構には大きなずれはないと考えられる。

人の心がどう動くのか，人の理解がどう進むのか，人は社会的なコンテキストでどう振る舞うのか，といったことに関する知識は，人としてデザインという営為に携わる上でも，またデザインされたものにかかわる上でも大いに役に立つ。

人の認知を対象とする認知科学

人間の認識や思考，理解といった，主に知能や感情にかかわる人間の機能やその側面を対象とする研究分野に，認知科学（cognitive science）がある。認知科学は，人の認知を研究対象とする，計算機科学（computer science）の発展に伴い生まれてきた比較的新しい学問分野である。認知科学は，計算機科学，心理学，言語学，教育科学，人類学，神経科学，哲学といった分野を融合した学際的な学問領域として発展してきた。認知心理学（cognitive psychology）とは重なる部分が多いが，別領域として区別される。計算機科学との関連が強く，主に人工知能（AI: Artificial Intelligence）や，ヒューマンコンピュータインタラクション（HCI: Human-Computer Interaction）の分野が深くかかわっている。

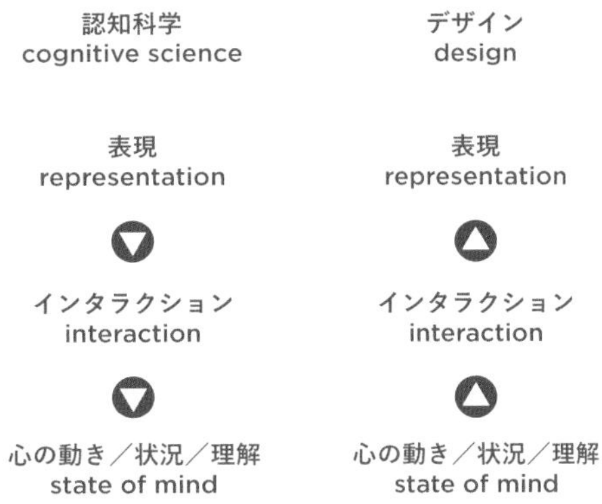

デザインへの認知科学のかかわり

デザイナーは，デザインするものやことを通して，デザインされたものやことにかかわる人はこうするようになる，こうなるはず，こうしてほしい，といったことを想定する。デザイナーには，デザインするものやことにかかわる人に対して，生じることを前提としていたり生じさせたいと思っている心の動きや現象がある。デザインという営為は，その狙いに向けて，人間にどのように振る舞ってもらうのがよいかということや，どのような状態になるのがよいかということを考え，それにつながる物理的，論理的な状況を作り出す営為であるとも言える。

人間の認知的な特性や社会認知的な特性にかかわる認知科学の知識を有していることは，これを考えるための有効な手段となる（図 2-2）。認知科学では基本的に，人間をある状況に置いて，その状況における人間の振る舞いや状態を観察し，その人間の心の動きや生じる現象をとらえ，その機構を解明してモデル化しようとする。デザイナーはこのモデルを踏まえて，表現を作り出していくことができる。このことは，腕がどのように動くか，身体の重心がどこにかかるのか，就学児の平均的な手の可動域はどれくらいであるか，といった人間の物理的，身体的特性を踏まえて，椅

図 2-2　認知科学とデザイン

子やランドセルのデザインを行うのと同じことである。

人の認知的な特性についての理解は，デザインという営為にかかわる人自身の思考のプロセスにおいても，強い助けとなる。5 節でも述べるように，デザインという営為は，高度に知識集約的な知的創造作業である。デザインのプロセスでは，多様な情報を概観したり詳細を見たりしながら状況を把握しつつ，自分の知識や他者の知識，それまでの体験や事例を踏まえ，個々人が頭の中でさまざまなシミュレーションを繰り返す。そして，言葉や図形，プログラムやアニメーション，物理的な物体，あるいは法律や法規などの概念といった表現を，創造的に作り出していく。デザインという営為を効果的に進めるということは，このような知的創造作業をいかに効果的に進めていくか，ということと同じことである。ランナーが自分にとって走りやすい靴を自分で選ぶように，デザイナー自らが，その認知的特性を踏まえて，ツールやプロセスを選び，作り出すことで，デザインのプロセスを，より効果的に進めることができる。

2

デザインを構成する要素としての表現

デザインされたものを構成する要素として作られていくものは，representation という語に対応する意味での「表現」である。Representation とは，外界に表出されている，表示や表象といったものを指す語である。

「表現」の意味

人がものやことがらとインタラクションを行うとき，必ずそれは何らかの表現（representation）を介して行われる。物理的なものであれ，ディスプレイ上に表示された表象であれ，印刷された文字や図形であれ，聞こえてくる音声であれ，それらはみな表現である。人は，その表現を感覚器で受容して，それに触れてみたり，それを真似てみたり，あるいは変えてみたりしながら，その意味を汲み取る。

デザインという営為は，それを受け取る人の思考が狙う方向へ進むような表現を作り出すことであるとも言えるであろう。

なお，英語の representation に対応する語として本章では「表現」という語を用いているが，日本語の「表現」という言葉に近い他の英単語としては，expression（感情など内にあるものを外に出す），depiction（モノやコトを描写，叙述する），description（機構や原理を説明，解説する），explanation（事情を釈明，説明する）などがある。デザインを構成する表現（representation）を作り上げていく過程で，人が意図を express したり，現状を depict したり，できあがったものを describe したり，またその理由を explain したりすることがある。

デザインの過程においてデザイナーによって作り出される表現には，デザインされたもの自体を構成する表現に加えて，デザイナーが思考する過程で利用する表現（スケッチやプロトタイプなど）や，デザインしたものを人に伝える表現（プレゼンテーションや説明など）などがある。

表現を介した情報のやりとり

人は，受け手に伝えたい情報を表現を介して伝える。人は，表現を介してそこに示されたものを情報として受け取る。

デザインという営為に携わる人は，デザインしたものの使い手に対して，デザインしたものやことがらという表現を介して，情報を伝えているととらえることができる[7]。しかしながら，同じ表

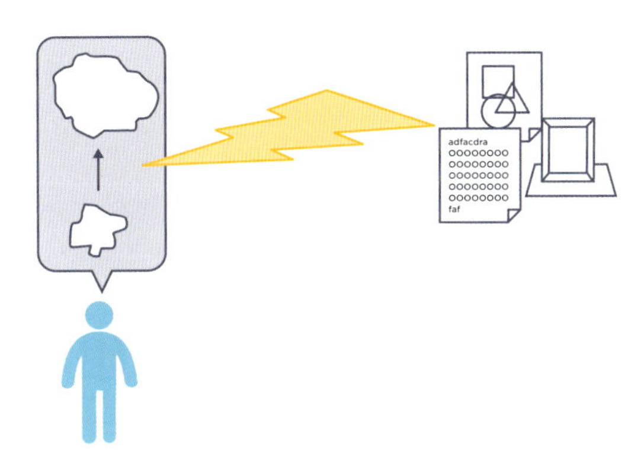

図 2-3　表現の受容と人の変化

現を受容しても，何を情報として受け取るかは，人や状況によって異なる。

表現を介して示された情報は，そのままの形で受け手である人の頭の中に蓄えられるわけではない（図 2-3）。表現を人が受容するとき，その表現から汲み取られた情報の一部あるいは全部が頭の中に入ってくることもあれば，そこから想起される何らかの想いが湧きあがってくることもあるかもしれない。

表現を受容したときに，受け手である人の認知的な状態がどのように変化するかは，その人間がそれまでに得た知識や体験，置かれている状況に依存する。このことは，人が情報を受け取るということを学習とみなすことによって説明できる。

マトゥラーナとヴァレラ（H.R. Maturana & F. J. Valela）は，生物の学習について以下のように述べている[3]。

> “for an organism to learn means that the structure of the organism changes. Such a change is triggered by perturbations caused by interacting with external environments. However, how the structure changes is not determined by the perturbations themselves but by the structure itself; a structure-determined system.”

> 「生物が学習するということは，その生物の構造が変化するということである。その変化は，外部環境とのインタラクションによって生じる摂動によって引き起こされる。しかしながら，その構造がどのように変化するかを決定するのは，摂動そのものではなく，その生物の構造そのものである。これを，構造によって決定されるシステムという。」（著者訳）

人間が外部から情報を受け取って学習するとき，その人の知識や体験の構造が変化する。その変化は，外部から入ってきた情報そのものではなく，その人がそれまでに何を体験してきたかの構造で決定（determine）されるのである。

3
表現を受容する人の認知的な特性

表現とそれを受容する人の思考や理解とのかかわりを説明する認知科学における概念に，「表現効果」と「表現決定性」とがある。

表現効果と表現決定性

数学やパズルといった問題を解く際に，同じ抽象的構造でもそれをどのように表現するかによって，人がとる思考の経路や方策が変わり，人にとっての問題の扱い易さや難しさが変わる。このように，異なる表現で共通する抽象的構造を表すと，異なる認知的な振る舞いが引き起こされることを，表現効果（representational effect）と呼ぶ[9]。また，抽象的構造が知られていない未知の課題を解く際には，どのような表現形式を用いるかによって，認識される情報や，問題解決のプロセス，およびその表現から見出される問題構造が定まってくる。これを，表現決定性（representational determinism）と呼ぶ[9]。

表現効果と表現決定性を，「ハノイの塔」というパズルゲームを用いて具体的に説明する（図2-4左）。

ハノイの塔では，3本の垂直に立てられた棒のうちの1本に，中央に穴のあいた直径の異なるディスクが，大きな順に下から上に重ねられて挿されている。ハノイの塔は，これらのすべてのディスクを，以下のルールを守りながら別の棒に移動させる，というパズルである。

（第1のルール）棒に挿さったディスクは一度に1枚ずつ別の棒に動かすことができる。
（第2のルール）動かそうとしているディスクより小さなディスクが挿さった棒には移すことができない。

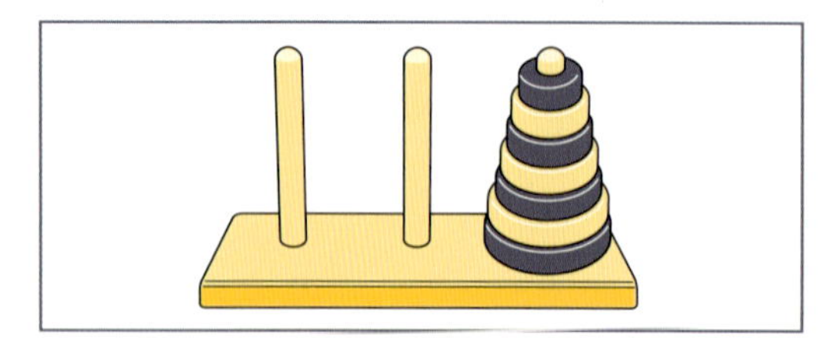
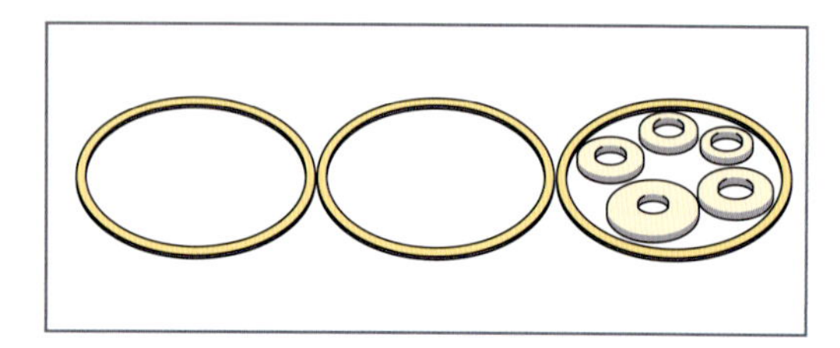

図2-4「ハノイの塔」ゲーム（左：オリジナルバージョン，右：異なる表現のバージョン）

ハノイの塔は有名なパズルであり，知っている人も多いと思う。アルゴリズム課題で取り上げられることもしばしばある。解き方は本章の末尾の注に示す[1]。

ハノイの塔のパズルをベースに，ディスクを棒に挿す代わりに円形の輪の中に平面に並べるという新たなパズルを考えてみる（図 2-4 右）。ゴールとルールは同じとするが，棒に挿すハノイの塔のパズルでは明示的に書いていなかった，第三のルールが 1 つ加わる。

（第 1 のルール）輪の中にあるディスクの中から一度に 1 枚ずつ別の輪に動かすことができる。
（第 2 のルール）動かそうとしているディスクより小さなディスクが入っている輪には移すことができない。
（第 3 のルール）輪から動かせるのは輪の中にあるディスクのうち最小のディスクである。

ハノイの塔のパズルを解くのとまったく同じ戦略で，この円形の輪を使ったパズルを解くことができる。しかしながら実際にこれを解こうとすると，「輪の中で最小のディスクはどれかを探す」という思考が加わり，一手間増えているように感じるであろう。また，ディスクを別の輪に移動する際に，「このディスクより小さなディスクがすでにあるか」をチェックするとき，面倒さが増えている気がすることだろう。ここで興味深いのは，チェックするという手間が増えることで，パズルを解く戦略の遂行もしばしば困難になりがちであるという点である。

これら 2 つのパズル（図 2-4 左と右）は，抽象的構造は同一であるが表現が異なる。その結果，人間にとっての思考や解き方が変わって，棒を用いたパズルより円形の輪を用いたパズルの方が解くのが難しく感じる。

認知的負荷と制約の利用

上記の 2 つのパズルの解きやすさの違いを作り出している要因は，認知的負荷（cognitive load）である。棒を用いたパズルでは，取り出せるのは最小のディスクであるというルールは，棒に挿さっている順序という物理的制約により，これを考える必要がなかった。移動先を探すとき，動かそうとしているディスクより小さなディスクがすでに挿さっているかどうかのチェックは，移動する先の棒の最上部にあるディスクと大きさを比較するのみで済んだ。平面の輪の中にディスクを並べた途端に，これらのチェックを頭の中で行う必要が出てくる。

さらに別のパズルとして，大きさの異なるディスクではなく，同じサイズで色が異なるディスクを用いたパズルを作ると，解くのがさらに難しくなる。色の濃さや彩度といった，人間にとって「自然」と感じられる関係とは無関係に大小関係を定めると，なお一層解くのが難しく感じるようになる。

まったく同じ原理で，表現にうまく制約を取り込むことで，認知的負荷を軽減することができる。平面の輪の中にディスクを並べるのではなく，棒に挿すことで，ディスクを取り出す際の順序関係を判断する必要がなくなるというのは，物理的な制約を用いることで認知的負荷を軽減する例である。色の濃さの順序と大きさの順序を一致させるという論理的制約を課すと，順序を覚える負荷が格段に下がる。このほかにも，車のフロントガラスは車の前方にあるといった意味的制約や，券売機のある飲食店では先に食券を買ってから席につくといった文化的制約は，適切に使うことで，人間の認知的負荷を軽減することができる。

望ましい心の動きや気持ちの動きを誘発するための表現の選択

抽象的な意味構造が同じであっても，それをどのように表現するかによって，人間の認知のプロセスが変わる。このことを知っておくことは，デザインする対象を考えていく上でも，また，デザインの過程を進めていく上でも非常に重要である。望ましい心の動きや気持ちの動きを誘発したいのであれば，それにつながるような表現を作り出せるように，用いるツールやメディア，物理的な環境やデジタルな環境を準備することが必要になる。

たとえば，5センチメートル四方の付箋紙にボールペンでアイディアを書いて机の上に並べていくのと，A4判の紙にサインペンでアイディアを書いて机の上に並べていくのとでは，アイディアを書き出していくときの人の思考のプロセスはどのように異なってくるだろうか。数人のグループワークであれば，小さな付箋紙に小さな文字で20行に渡って文章を書く，といった行為は，たとえ明示的に指示がなくても，社会的にも不適当な気がする。短い言葉で書いてほしいのであれば，明示的に指示はしなくとも小さな付箋紙を渡せばよい。20行の文章を書いてほしいのであればA4判の紙を渡せばよい。文化的制約が働くのである。

別の例として，プロトタイプの材料として何を使うかを考えてみよう。一口にプロトタイプを作るといっても，粘土で作るのか，レゴで作るのか，段ボールで作るのか，絵で描くのか，など，いろいろな選択肢がある。どの材料をプロトタイプに使うかによって，違った理解やアイディアが出てくるであろう。

言葉やフレーズ，ネーミングといった，言語も表現の1つである。デザインするものに付ける名前や，デザインの途中で作り出すものをどう呼ぶかによって，それがその後どのように受け取られ，展開していくかが変化する。デザインのミーティングでホワイトボードに書き表す言葉の選択によっても，その後に続くミーティングのプロセスも，デザインのプロセスも変化する。その言葉や文字を用いることで起こり得る多様なインタラクションやリアクションを予想・予測し，シミュレーションしながら説明の順序を考え，用いる言葉やフレーズを選んでいく必要がある。

コミュニケーションにおいて用いられる境界オブジェクトという表現

デザインの過程では，ステークホルダーが参加するミーティングがしばしば開かれる。ステークホルダーが多数いるとき，デザインに必要となる知識はそれに携わるさまざまな役割の人々に偏在している。デザインという営為に携わるチームのメンバーは，それぞれの背景や状況を踏まえた上でデザインが目指すところを共有し，狙いを共有するコミュニティをコミュニケーションによって作り上げていく。他者との議論や意見の交換を通して，デザイナが触発されたり創造的な思考が促されたりすることもある。

デザインミーティングにおいて生じるコミュニケーションでは，参加者は議論し相互に意見を交換する。意見が噛み合わず対立する場合もあるが，そもそもコミュニケーションが破綻（break-down）しているにもかかわらず誰もそれに気づかないままに議論を進めてしまっていることも少なくない。コミュニケーションの破綻は多くの場合，発言される言葉やフレーズといった表現を人によって異なる意味で使っていたり，当たり前と思っている表現の解釈が自明ではなかったりすることから生じると考えられる。

言葉やフレーズといった表現に対する解釈や視点の違いは，それぞれのステークホルダーが属する文化の違いに起因することが多い。文化は，言語や民族，年代といったもので規定されるのに加えて，組織や職場，職種，コミュニティやグループごとに形成される。それぞれの文化で用いられる記号やオブジェクトの意味や位置付けはさまざまなレベルで異なる。文化が異なれば同じ表現でも異なる意味をもつ。

異なる文化やコミュニティの人たちとのコミュニケーションでは，境界オブジェクト（boundary object）と呼ばれるものの存在の重要性が認められている[6]。言葉やフレーズといった表現を介して情報や意図を伝えようとするとき，具体的な事物を境界オブジェクトとして参照し合うことでその違いや同一性がより明確になり，相互理解につながるとされている。境界オブジェクトはいわば共通言語基盤となるようなものであり，異文化間にギャップが存在するとき，それを「埋める」というよりはむしろ「橋渡しをする」役割を果たす。プロトタイプを作ることでデザイナーとユーザとの間のコミュニケーションが円滑になるのは，プロトタイプとして作られたものが両者のコミュニケーションにおける境界オブジェクトとして機能するためであると説明できる。

4

デザインの過程を駆動する表現

デザインの過程で用いられる表現としてプロトタイプとスケッチがある。デザインする対象のものやことのスケールや素材が異なっていても，プロトタイプやスケッチという表現が用いられる。本節ではまず，表現としてのプロトタイプとスケッチをデザイナーが利用する目的と効果を解説する。

プロトタイプという表現

プロトタイプは，デザインしていく過程で，ある部分がそれで良いかを見定めたり，全体のバランスを確かめたり，ユーザに見せて代替案を選んだり，といったことを目的として，具体的なデザインアイディアの一部を表現として創り出すものである。もともとprototypeという語は，「基本形」や「原型」という意味であり，それをベースとしてそのデザインが展開されていくといったニュアンスがある。

プロトタイプは，創り出す，見てみる，直す，といったことを繰り返していくためのものである。比較的安価で，変更したり作り直したりしやすい材料を用いて作り出されることが多い。耐久性や頑健性を見るために，最終的なプロダクトの材料を用いて部分的に作り出される場合もある[2]。

ソフトウェアシステムをデザインする際にもプロトタイプが作られる。ソフトウェアのデザインで用いられるプロトタイプは，建築やロボットといった物理的なもののデザインで用いられるプロトタイプと異なり，それがプロトタイプなのか実物なのかの見極めが自明でないことも多い。プロトタイプとして作られたものが，そのまま完成品としてユーザに誤解されてしまったり，そのまま最終的なプロダクトに取り込まれてしまったりすることも少なくない。

スケッチという表現

スケッチは，主としてデザインプロセスの初期の段階で，デザイナーがアイディアを創出していく際に用いる表現形態である。スケッチとは，一般的に紙とペン（あるいは鉛筆）で描くという行為とその行為によって作り出される表現である。細いペンで描くようなディテールの表現が作り出されることもあれば，柔らかな鉛筆を使った太い線で描くようなおおまかな表現が作り出されることもある。何度も重ね描きすることで，全体の中でこの部分をこうすることにして，といった具合に徐々に描き出していくことができる。

ショーン（D.A. Schön）は，建築デザインにおいて教師と学生がスケッチを通してどのようにデザインのプロセスにかかわるかを観察した[5]。そして，デザイナーが紙の上にペンで「描き出す」線や図形をデザイナー自身が「見る」ことで（seeing-drawing-seeing cycle），そのペンと紙とが生み出した状況が，デザイナーに語りかけている（backtalk of the situation）と著した。このことは，スケッチというデザインにおける外在化表現が，自らが生み出した表現を見ることで自分自身の理解や発見につながるという点において画期的な視点となった。それ以前のスケッチに対する見方は，デザイナーがすでに頭の中に描いているイメージを外在化して記録しているというものが主流であった。ショーンが観察した，デザイナーは描くという行為（action）をとりながら内省（reflection）するという過程は「行為における内省（reflection-in-action）」と呼ばれ，デザイナーの内省的な思考プロセスとして説明されている。

では，なぜスケッチという表現が，デザイナーの，特にデザインプロセスの初期段階における内省的プロセスに適しているのだろうか？　山本（Y. Yamamoto）らは以下の3点を挙げて，これを説明している[8]。

(1) 異なるレベルでの曖昧性を許容し，多様な解釈を可能とするような表現であること。
(2) 表現したものに一貫した意味付けを行えるような表現であること。
(3) ミニマムな認知的負荷で直接的に創り出したり変更したりできるような表現であること。

スケッチ表現は，曖昧かつ多様な解釈が可能である。自由でおおかまな線を描き出せるペンや鉛筆といった筆記具と，上書き，なぞり書きといったインフォーマルなプロセスによって描き出される図形表現である。この曖昧性を使って，さまざまな状況を頭の中でシミュレーションすることができる。

それと同時に，スケッチ表現には一貫した意味付けもできる。図の右上といった紙面上の位置や線の明瞭さといった表現形態に，ほぼ一定の解釈を与えることが可能である。これによって，「ここはこうであるべきに違いない」といった予測や推測の結果を少しずつ表現に加えていくことができる。表現に対して部分的に一貫した意味付けを加えていくことで，問題や解に対する理解を漸次的に表していくことができる。

このような表現形態を作り出すこと自体にかかる認知的負荷はできるだけ少ない方がよい。紙の上にペンや鉛筆で描くという行為は，線の強弱や精密さを手と腕の動かし方によって制御でき，いったん習得すれば一貫性をもって自在に扱える外在化表現の手段である。

デザイナーが自身の思考のために創り出す表現としてのスケッチは，上に説明した特徴を擁するものであれば，紙の上に描く図形表現に限らない。デザインする対象の特性によって，さまざまなスケッチ的表現を考えることができる。たとえば，文章を書くためのスケッチ表現として段落やフレーズを2次元空間に並べる，回路を作る際のスケッチ表現として電子部品を用いたハードウェアスケッチを作成する，といったアプローチがある。

プロトタイプとスケッチの対比

バクストン（B. Buxton）は，プロトタイプとスケッチは，デザインのプロセスにおいて逆の方向を目指す補完的な関係にあるとしている[1]。プロトタイプは問いに答えることを目的として多く

表 2-1　プロトタイプとスケッチの対比

	プロトタイプ	スケッチ
目的／効果	このアイディアがこれでうまくいくか確かめるために作ってみる	案を多数出してデザインのアイディアの空間を広げていく
行為	うまくいかないところを見つけて直していく	それぞれの案に対して，これを選ぶとその後に続くプロセスがどんな風になるかの未来を想像する
思考	直す／育てる	想像する／シミュレーションする
	develop, review, revise	envision, simulate, be creative

表 2-2　プローブの効果と役割

	プローブ
目的／効果	その人，その家族，その職場，その文化，において重要なことを見いだす
行為	どのようなことが大切で何が大きな意味をもっているのかを調べる
思考	知る / わかる know, understand, be familiarized with, empathize with

の解の候補の中から絞り込んでいくイメージである。これに対してスケッチは，問うべき問い自体を創り出していくような問題空間を広げていくイメージである。

バクストンの対比をベースとして，プロトタイプとスケッチという 2 種類の表現を整理したものを表 2-1 に示す。表では，デザインの過程において見込まれる効果，デザイナーがそれらの表現形態に対してとる行為，促進されるデザイナーの思考，という 3 つの側面からプロトタイプとスケッチを対比している。

プローブという表現

プローブは，ヒューマンコンピュータインタラクションデザインの分野で 10 年ほど前から取り入れられ始めた表現である。プローブとは，デザインの対象自体あるいはその存在を探ることを目的として作り出されるようなものやことがらを指す[2]。プローブは，エンターテイメントや暮らしに彩りを添えるといったことを目的としたシステムのデザインのアプローチとして提案されている。人々の暮らしやアクティビティという現場に，人々の反応を喚起するようなシンプルなオブジェクトやガジェットを投入して，人々の反応を観察することで，彼らの生活や思いといったものの手がかりを断片的に得ることができる。

プローブの具体例としては，「家にある捨ててしまいたいものを撮影してください」というメモを貼り付けた使い捨てカメラや，照明を落としたミュージアムで用いるローソク型の LED ライト，といったものがある。メモを貼った使い捨てカメラを高齢者夫婦の住まいに投入し，数ヶ月の間，彼らがそのカメラを使って何をいつどのタイミングで撮影したかといったことを観察する。そして，高齢者にとって大切なこと，意義のあること，したくないこと，楽しみとしていることなどを調査する。あるいは，ミュージアムで LED ローソクをかざしてアート作品を見る来館者を観察する。来館者にとって鑑賞するという行為や体験がどのような意味をもっているか，ローソクをかざして見るといった行為を通して鑑賞への意識やミュージアムに対する思いがどのように変化するか，といったことを調査する。

これらのプローブはそれぞれ，高齢者家族のための技術やサービスのデザインや，ミュージアムにおける鑑賞体験のデザインを目的として作り出された表現である。いずれの場合においても，高齢者家族のための使い捨てカメラやミュージアムのためのLEDローソクのデザインをすること自体は，その目的ではない。この点において，これらの作り出された表現は，プロトタイプではない。

表2-2に，プローブの効果と役割をまとめる。

5

知的創造活動者としてのデザイナー

デザインという営為は，把握した問題に対してデザインした人工物でそれを解決するということに限らず，デザインをする過程を通して何が問題であるかを解明するプロセスでもある。部分的にわかることから，想像と創造を以て未来を描き，その中から最も望ましい状態を選びつつ，さらにわかってくることを捉まえる。その意味においてデザインは，人間のもっとも本質的な知的創造活動（creative knowledge work）と言える[10]。

サイモン（H.A. Simon）は，デザインを人工物の科学としてとらえた[4]。自然科学では，世界を構成するある種のオブジェクトや現象について，その性質や側面を同定しそれらがどのように振る舞い相互に作用し合っているかを探究する。デザイン，すなわち人工物の科学では，目的を達成したり機能を実現したりするための人工物が有するべき性質や側面を同定しそれらを相互に作用し合うオブジェクトや現象としてどのように創り出すべきかを探究する。

さらにサイモンは，人間は，限定合理性（bounded rationality）から逃れられないとした[4]。人は，人がわかる範囲での理解に基づいて意思決定を行う。デザインにおける最善の解（satisfactory solution。satisfycing はサイモンによる造語）というものはなく，わかる範囲での最善の解というものしかない，と説明した。

人工物として人が創り出すものの対象が，長期に渡って社会全体とかかわるようなシステム，たとえば町おこしや法律，教育カリキュラムなどの場合を考えてみよう。時間軸と社会的な軸の双方のスケールは格段に大きくなる。ものごとがどうあるべきか，ということを考えるにあたっては，今どうあるべきか，1か月後の未来にどうあるべきか，1年後，15年後，50年後，あるいは200年後の未来にどうあるべきか，を考える必要が出てくる場合もあるであろう。同様に，自分にとってどうあるべきか，自分の家族や組織にとってどうあるべきか，われわれのコミュニティにとって，国家にとって，人類にとって，生物にとって，それぞれの軸でそのあるべき姿は異なる様相を示すと考えられる。

そういった人工物のデザインにかかわるデザイナーの役割は，それらの考えられ得るすべての側面において，できるだけ多くのあり得る未来の姿を想像しながら，その人工物のあるべき様相を考え，表現として作り出していくことにある。人工物は，それが実現したときに人々がどのような状況で何をするかというデザイナーによる将来の予測に基づいてデザインされる。しかしながら，そのような状況をデザイナーが前もってもれなく書き出すことは不可能である[7]。また多くの場合，それぞれの軸のスケールであるべきと考えられる姿は，矛盾や対立を孕むことになる。

デザイナーの責務は，それらの矛盾や対立を表現として外在化し，理解，想定した上で，一貫した原則や方針で優先順位を付けること，さらに，その矛盾や対立を踏まえた上でデザインにかかわる人々に対して説明ができるような表現を作り出すことにあると考えられる。人の認知にかかわる理解は，その基礎を成す素養となる。

演習問題

（問 1） ハノイの塔のパズルと抽象的構造を同じとするバリエーションを考えてみよ。

- 物理的制約をなくすことで認知負荷を増大させるバリエーションを考えてみよ。
- 論理的制約をなくすことで認知負荷を増大させるバリエーションを考えてみよ。
- 解くのが最も難しいハノイの塔のバリエーションを考えてみよ。

（問 2） 3 人（A, B, C）一組となり，一列に立って並ぶ。A と B は向かい合わせに立ち，C は B の後ろに，A の方を向いて立つ。1 セッション，90 秒間で行う。セッション毎に，3 人で A,B,C の役割を交代する。

C は，身体で特異なポーズをとる。C は黙ったまま同じポーズをとり続ける。C と同じポーズをとるように，A は B に言葉のみで指示を出す。この時，A が身体を使って指示を出すことは許されない。B が C と同じポーズをとれたと A が判断するか，あるいは 90 秒が経過したら，B は振り返って C がとっていたポーズを目で見る。

- 自分が A として指示を出しながら，言葉でポーズを伝える際に難しいと考えたことを列挙せよ。
- B として指示を出されながら，言葉でポーズを伝える際に難しいと考えたことを列挙せよ。
- C として指示を出す A を観察しながら，言葉でポーズを伝える際に難しいと考えたことを列挙せよ。
- 短時間で的確な指示を出すための方策を列挙せよ。

（問 3） デザインという営為が人間の知的創造活動である理由を述べよ。

参考文献

［1］B. Buxton,: *Sketching User Experiences: Getting the Design Right and the Right Design*, Morgan Kaufmann, 2007.

［2］W.W. Gaver, T. Dunne, and E. Pacenti : Design: Cultural Probes, Interactions, *ACM Press*, Vol.6, No.1, pp. 21-29, January, 1999.

［3］H.R. Maturana, F.J. Varela: *The Tree of Knowledge: The Biological Roots of Human Understanding*, Shambhala Publications, Inc., 1998.

［4］H.A. Simon: *The Sciences of the Artificial*, MIT Press, 1981.

［5］D.A. Schön: *The Reflective Practitioner: How Professionals Think in Action*, Basic Books, 1983.

［6］S.L. Star: The Structure of Ill-Structured Solutions: Boundary Objects and Heterogeneous Distributed Problem Solving, in L. Gasser, & M. N. Huhns（Eds.）: *Distributed Artificial Intelligence*, Volume II, Morgan Kaufmann Publishers Inc., pp. 37-54, 1989.

［7］T. Winograd, F. Flores: *Understanding Computers and Cognition: A New Foundation for Design*, Ablex Publishing Corporation, 1986.

［8］Y. Yamamoto, K. Nakakoji,: Interaction Design of Tools for Fostering Creativity in the Early Stages of Information Design, *International Journal of Human-Computer Studies, Special Issue on Creativity*, L. Candy, E. Edmonds（Eds.）, Vol.63, No.4-5, pp.513-535, October, 2005.

［9］J. Zhang: The Nature of External Representations in Problem Solving, *Cognitive Science*, Vol.21, No.2, pp.179-217, 1997.

［10］中小路久美代，山本恭裕：創発のためのソフトウェア，『知性の創発と起源』（鈴木宏昭編），「知の科学」シリーズ，5章，pp.111-131, オーム社，2006.

注

1　このゲームは，いったん解き方の戦略に気付くと，単純な作業の繰り返しである。元の棒Aの最も上にある1枚のディスクを別の棒Bに移動して，棒Aのその次のディスクを3本目の棒Cに移動し，棒Bに置いたディスクを，棒Cに移動する。これによって，棒Aの上から2枚のディスクが，棒Cに移動され，棒Bには何もささっていない状態になる。続けて，棒Aの最も上にあるディスク（もともと上から3番目にあったディスク）を，棒Bに移動する。棒Cの上にあるディスクを，棒Aに移動し，棒Cに残ったディスクを棒Bに移動する。これで，棒Aの上から3枚のディスクが，棒Bに移動され，棒Bには何も挿さっていない状態になる。これを繰り返していくことで，ディスクが何枚重なっていようが，パズルを解くことができる。

2　本書の第13章「フィジカルプロトタイピング」を参照されたい。

PART 2 デザインの方法

デザインの方法はおのおのの専門領域で進化してきたが，専門領域に跨がる課題をデザインの対象とする場合には，領域横断的な方法を学ぶ必要がある。ここでは，社会のシステムやアーキテクチャを構成する基本要素として，人工物，情報，組織・コミュニティを取り上げ，それぞれについてデザインの方法を述べる。本書の範囲では，人工物は人為的に製造あるいは建造されるものを，情報は人によって解釈され知識とされる記号を，組織・コミュニティは人と人との関係性の構造とそれに基づく行動パターンを指す。人工物，情報，組織・コミュニティのデザインは，専門領域を超えるさまざまな課題解決に共通に必要となるものである。また，その後に続く，フィールドの分析の章では，課題を抱える現場を観察し，理解し，その理解をステークホルダー間で共有する方法について述べる。

CHAPTER

3

人工物のデザイン

デザインの対象は，機械，建築物，情報システム，社会システムなど多岐に及ぶ。本章では，人工的なものをひとまとめにする人工物の概念について明らかにし，自然の法則と人間の目的の両者を併せ持つ事物や現象を扱うための手法について論じる。作られたものについての存在を問うための概念が機能であり，意図された目的を達成するための機能の設計がデザインである。本章では，人工物を理解し利用するために，その内部構造がどのように外界と作用して機能を発揮するかを明らかにし，外界との界面における人間行動に関する理論に基づいたインタフェースをデザインするための原理について講述する。

（椹木 哲夫，松原　厚，川上 浩司，堀口 由貴男）

1
人工物の概念

人工物とは，端的に言えば，人為的に製造または建造されたものであり，その反対語は自然物である。人工物の概念が指し示すのは，外延的な定義をするならば，機械，建築物，情報システム，そして社会システムなど，人工的なものをひとまとめにする概念であると言える。それでは人工物の内包的な定義はどうか。サイモン（H.A. Simon）は「（人工物の）設計にたずさわる者は，ものはいかにあるべきか，目標を達成し，機能を果たすためにはいかにあるべきかという問題に取り組んでいる」[1, p.7]と述べている。人工物が外界，すなわち他のものに与えている効果は機能と呼ばれるが，まさに人工物を特徴付けるのがこの機能であり，このことから人工物は人間との関係性を抜きに語れず，自然物の理解を目的とする物理学とは異質のものである。人工物には，どのような意図で作られたか，どう使われるか，という概念が必ず伴う。そして，意図された目的を与えられた制約条件を満たしながら評価基準を最適にするように機能させるかを選択し，そのための人工物の表現型を決める営為がデザインである。この意味においては，人工物の１つひとつは望む機能を実現するものとして作られたものであり，人工物の構造とこれにより実現を望む機能との関係は一対一に対応するものと考えられる。

しかしこのような構造と機能の関係のみでは，人工物の意義としては不十分であり，いま１つの人工物の機能を定める要因として，使用文脈，すなわち人工物の目的が使用する文脈に対してどのような関係をもっているかに対する配慮が重要になる。人工物自体や，その機能の形成は完全に設計者に任されるが，その使用によるさまざまな秩序は使用者に任され，その使用文脈は自生的なものであることが多い。個々には望む機能を実現するものとして設計者の作ったものが，人工物全体の機能は，設計者の手を離れ，使用者の手に渡った時点で，設計者の望みの機能とは異なるもの，設計者の意図したものとは異なる機能をもち始めることがある。吉川は，人工物の意味の歴史的変遷について，有史以来の人工物がどのような目的で作られどのように使われたかを知ることによって，その時代の人工物観を推定できるとしている[2]。いまや人工物全体の機能は人間の望みの機能とは異なるものをもつに至り，ときに人工物が人類の生存すら脅かす時代が到来している（「現代の邪悪なるもの」）ことを指摘し，いまわれわれが直面している人工物観を持続のための人工物と表現している。持続の実現のためには，人工物の機能とそれを使うことになる人，さらに両者を取り巻く組織的要因をも含めたデザインが必要になる。人間・組織・技術の三者が織りなす相互作用系，技術と人間と実践で形作られる「生態系」としての認識に立ち，インタラクションを通して生成されたり消滅したりする関係生成のダイナミクスを十分に考慮していかなければならない。これまでの人工物のデザインは，デザインの「対象物」に焦点が当てられ，作り出されるものがユーザの視点を反映した完成物であることが第一義に考えられてきた。これからのデザインは，商品を提供する側の設計者個人の創造性に委ねるのではなく，ユーザが実際に利用する中で変化しつづける視点を追跡し，ユーザも積極的にデザインにかかわっていくことのできる集合的な創造性を内包する活動へとシフトしていかなければならない。

以下本章では，このような観点から，人間機械系としての人工物と社会・技術システムとしての人工物に焦点を当ててまとめる。

2

人間機械系から社会・技術システムのデザインへ

人間機械系のデザイン

人間と機械システムのインタラクションには，図 3-1 に示すように，一般に 2 種類の接面が存在する。1 つは人とシステムの間に介在する直接的な接面であり，いま 1 つはシステムが物理的世界で実際に課題を遂行するところに存在する間接的な接面で，前者は人の直接知覚でき操作できる部分である。後者はシステムが操作や監視の機械対象物に働き掛ける制御部分である。

この例が示すように，さまざまな自動化技術や人工知能技術の進展により，従来は人が担っていた作業が機械の側で実行されるように変容しつつある。それとともに，人と機械システムの境界がシフトしてきており，人間は正確な手順の実施者から的確なシステムの管理者へと役割が変容してきている。

図 3-2 はノーマン（D.A. Norman）による複雑化する自動化とそのユーザとなる人間の関係を示したものである。同氏によると，近年益々多機能化する機械システムは，ユーザとの間に 2 つの越えるに越えられない溝（gulf）を作り出していると警告する。1 つは，評価の溝（gulf of evaluation）であって，自動化の稼働状況をユーザが正しく認識できないという溝である。いま 1 つは実行の溝（gulf of execution）であって，自動化の実行に対してユーザが介入して制御を取り戻すことが困難になるという溝である[3]。

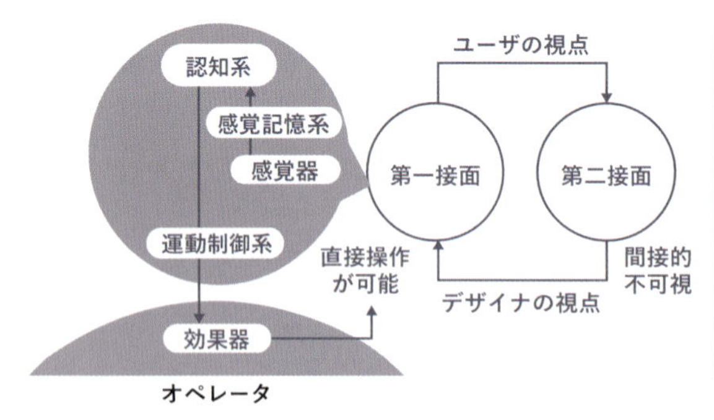

図 3-1　人間－機械系を構成する 2 つのインタラクションの接面

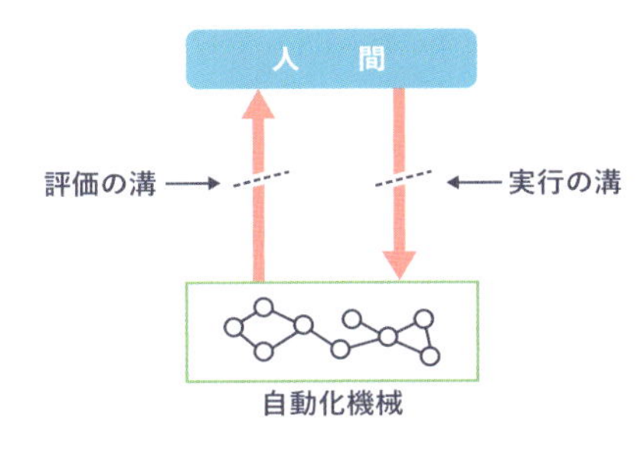

図 3-2　評価の溝と実行の溝

同様に，人間と機械が対等な立場で境界を越えた協調を創出していく上で必要になる機械側（自動化側）の技術的課題として，ウッズ（D.D. Woods）は以下の 2 つを掲げている。その 1 つは透明性（observability）である。人間のパートナーとして現状の状態認識を共有できると同時に，自身が何を行っているかについての了解を人間に保証できることを意味するが，自動化の自律性が高まれば高まるほどにその難しさは大きくなる。いま 1 つは可介入性（directability）である。現状での人間と自動化の役割分担は，自動化でできるところは人間の介入を極力回避し，自動化の手に負えなくなった段階で人間に制御を引き渡すというのが原則である。自動化の認識できていない部分がどこであるかを人間が認識でき，自らの役割を的確に見いだすことができて，任せられるところは簡単な指示で自動化に任せるということになってこそ，初めて境界を意識しないで済む連続的なパートナシップの確立が可能になる。

MIT のシュリダン（T. Sheridan）は現在の自動化技術の抱える問題を自閉的自動化（single-minded automation）と称し，他者との関係生成能力の不備を指摘している[4]。自動化をツールとして人間が使いこなすという段階から，さらに進んで，自動化をチームメートして共同作業にあたるパートナーと考える見方への転換が求められる段階に入ったと言えるが，そのための技術は未だ明らかにはなっていない。

社会・技術システム：人と技術と組織の相互作用系

自動化システムを新たな作業環境に導入する際のフィージビリティ（実現可能性）は慎重に吟味されなければならず，人と技術と組織の相互作用系である社会・技術システム（socio-technical systems）の観点からのデザインが求められる。

Socio-technical systems の用語は，現在さまざまな分野に分岐して研究が展開されている。古くは，作業現場における情報技術の導入に伴う作業変容を論じる分野から，現場観察に基づく情報技術の支援による協調作業（CSCW）に関する分野も含まれる。ここではホルナーゲル・ウッズ（Hollnagel and Woods）らの提唱する認知工学（cognitive engineering）における socio-technical systems について，とくにこの相互作用系の中にあって組織要因に起因する事故の解析や安全設計について展開されている動向についてまとめる。

システムの信頼性を解析し評価するためのシステム信頼性解析の研究は，古くは第 2 次世界大戦中に始まり，その後米国 NASA でのアポロ計画で大きな発展を見た。システムを構成する各種コンポーネントの動作・不作動・誤作動などの確率評価に基づいて，イベントツリー（event tree），フォールトツリー（fault tree）を作成し，起因事象を端緒とする一連の事象シーケンスの発生確率の算出から，システムが安全に作動するための基準検討や感度解析が主たる目的であった。しかし，システムの適正な作動を保証するのはソフトウェアやハードウェアのコンポーネント機器のみではない。システムで異常が発生する際には，人間運転員の適切な介入を前提としているものが大部分であり，したがってシステムの信頼性評価には，機器が正常に動作する確率に加え，人間が行う異常対応が適切に遂行される確率をも考慮に入れた解析が必要となる。そこで導入されたのが，人間信頼性解析（HRA：Human Reliability Analysis）の手法である。第1世代人間信頼性解析の方法論は，タスク分析を中心とする人間行動の要素分解による評価が主体で，これらに対しては，多くの批判が与えられた。その主たる批判は，人間の認知的内部機構・人間行動のモデル化が不十分であること，そして管理組織要因の影響が考慮されていないことが挙げられる。そこで人間の認知情報処理のモデル化を取り入れ，文脈性に依存したパフォーマンス形成因子の扱いを目指した第2世代人間信頼性解析が提案された。また単一の人間のみならず運転チームや管理組織因子まで拡張しようとしている点が特徴である。

さらに技術的，個人的，社会的，管理上，組織上の要素の相互関係を解析する必要性から，社会科学からの学際的なアプローチも展開されており，その代表的なものに活動理論（activity theory）とこれを基盤にした拡張的学習理論（expansive learning theory）がある[5]。エンゲストローム（E. Engeström）は図3-3のように活動の最小分析単位が主体，ツール，対象とその結果から構成されることを示し，さらに三角形の底辺にあたるルール，共同体，分業の3要素を環境（組織）要因として付加した。このモデルは，人間の多種多様な活動に用いることができ，活動を可視化し，活動の要素内，要素間の矛盾を静的にチェックするのに有用である。さらに活動理論では，活動の静的評価のみならず，活動の動的な変容過程をこの構造の中ならびに複数の活動の間で発生する矛盾の連鎖を追跡することで分析する。

このような矛盾に伴う活動の変容を活動理論により解析した例として，1999年9月に日本国内で初めて事故被曝による死亡者を出したウラン燃料加工工場での臨界事故について，活動理論の枠組みから検証した結果の一部を図3-4（a）に示す。この事故は機器設備の故障や誤動作ではなく，正規の手順を逸脱した作業員の不安全行為が直接原因として起こったものである。さらにこの背後に作業員の不安全行為を抑止し得なかった企業体質や安全行政の組織要因の存在が明らかとなっている。こうした不安全行為にいたるまでの作業変容の過程と組織的な要因との関係性を明らかにするために活動理論を用いることができる。分析対象の活動は事故のあった転換試験棟での作業活動になる。当初に転換試験棟での加工の認可を得ていた対象製品は，事故時に加工していた製品とは異なる軽水炉用固形燃料であった。また，事故時の加工対象となった製品の製造は不定期にしか発注がなかったことから，認可を得ていた設備を使わず，既存設備を用いて製造することにしたことが本事故を引き起こす端緒となった。この時点で組織が抱え込むことになった矛盾につい

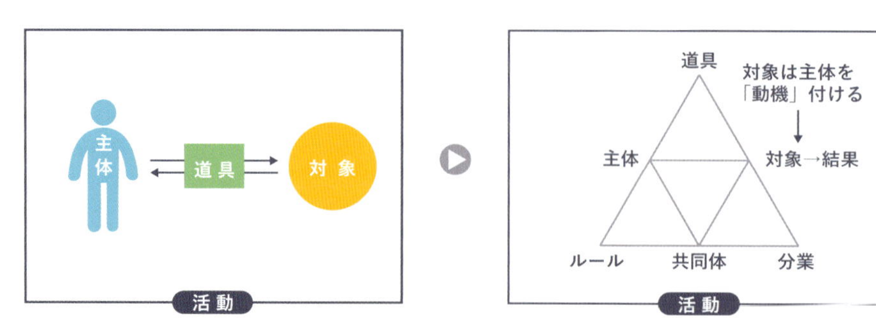

図3-3　活動理論における活動の構成要素

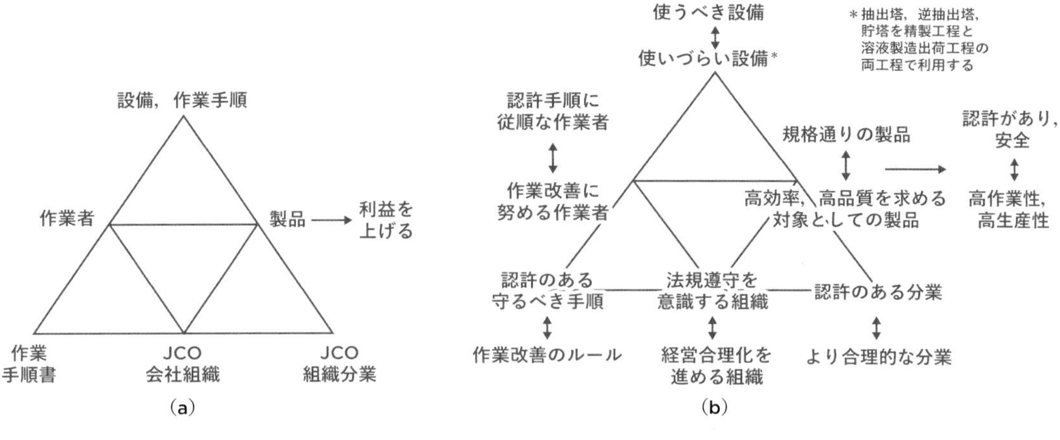

図 3-4　活動理論を用いたJCOウラン加工工場での臨界事故（1999）の解析例

て，各頂点で発生していた矛盾を図3-4（b）に示す。

以降の詳細な作業変容プロセスの解析については省略するが，活動理論では現場作業員の行為が諸要因とかかわりながら組織活動のルールに発展していく過程について解析することができる。わずかの矛盾が解消されないまま他の要因と結びつくことで，要素間の動的な相互作用を矛盾の時間発展としてとらえることができ，人間の活動が必然的に抱える矛盾に着目した分析が可能になるため，事故事例に限らず適用範囲が広い方法論である。

社会・技術システムの安全性解析

人工物のデザインについては，その対象物を使っているときの状態における諸要素間の相互作用を陽に考慮していかなければならない。そのためには，一連の作業系列を構成する個々の手順や機能について，それへの入力・出力となる前後の手順との関係，遂行する上での前提条件や制約条件，遂行時に利用される自動化機器，所要実行時間などを明らかにしておかなければならない。その上で，不確かな状況，動的に変化する状況，予期せぬ状況，情報不全な状況などの外乱に遭遇し，ゆらぎが発生した際に，個々の手順の遂行がどのような遂行上のゆらぎを受けることになり，それによって設計時に想定されていた一連の手順実行がどのような変容を見せるかについての事前予測を行い，ゆらぎに対して脆弱な部分を同定することが必要になる。

組織過誤を複雑系として安全分析を行うための概念に，functional resonance（機能共鳴）の考え方に基づいた機能共鳴解析法（FRAM：Functional Resonance Analysis Method）が提案されている[6]。機能共鳴とは，システムの機能に潜在するゆらぎが契機となって他の機能や状況因子や環境因子と相互作用し，動的にゆらぎが増幅されることで事故に発展する現象を意味するもので，物理学の確率共鳴をアナロジーとする概念である。

人間－機械系では，その構成要素である人間の操作や機械の挙動には常にゆらぎの要因が潜在している。一方，人間－機械系を取り巻く環境の中にも多くの要因が存在しており，それぞれがゆらいでいる。環境要因のゆらぎが人間－機械系に加わることで，人間と機械の協調作業の中でのゆらぎの共鳴現象が起き，もともとは大きな逸脱ではなかったものが，人間の操作の逸脱や機械の不具合として露呈するほどに成長し，直接の事故要因となりうるものに増幅されることがある。機能共鳴解析法を用いた事故解析の手順を図 3-5 に示す。解析では，組織の中で人が遂行する個々の手順が，他の手順遂行時のゆらぎからの多重的な影響を受けることで増幅し，やがてはその遂行に破綻をきたすことになるような一連の動態を予測することができる。これにより，規定されている作業遂行手順について，負荷が重なり，外的要因によるゆらぎが発生するような場合に，どの部分が脆弱となり，全体の手順遂行に破綻をきたすものとなるかを事前に解析することが可能になる。機能共鳴解析法ではこのようなゆらぎを引き起こし，その後の相互作用の形態を決める要因を 11 項目にわたる共通行動形成条件（CPC：Common Performance Conditions）としてまとめている。

機能共鳴解析法を用いた解析例を以下に示す。1995 年 12 月夜，アメリカン航空 965 便ボーイング 757 型機が，コロンビアのカリ近郊のエル・デルビオ山西斜面の頂上付近に墜落した。機長は目的地のカリへ向かう途中，遅れを取り戻すために空港への進入コースを変更，この変更に伴うコンピュータのソフトに経由地点の入力ミスが生じた。機長は進入コースの変更に伴う急な降下のための高度処理に追われていてそれに気付かず，さらに副機長がクロスチェックで入力を確認するべきところも，別の経由点の確認作業に没頭しており，コース変更をコンピュータに任せきりにした。その結果，同機はコースを逸れて旋回，カリ近郊の山岳地帯に進入することになった。対地接近警報を受けたパイロットは緊急の上昇を試みたものの，降下時にセットしたブレーキを解除することを怠り，その結果機体は上昇できないまま山に激突し，乗員・乗客 163 名中 159 名が死亡した。この事故の背景には，管制官と乗務員とのコミュニケーションの齟齬や，最新のハイテク旅客機の自動航法の複雑な設定処理の手順とパイロットの理解不足，時間の余裕のなさに起因するさまざまなリスクの予知に関する能力がパイロットに欠落していたこと，機長と副機長の間で適正な分業と状況認識の共有がなされなかったことなど，人間と技術，組織的要因が複合する社会技術システムとしての典型的な事故であると言える。この分析のための手順の全体像を図 3-5（a）に，そしてその中で解析対象となる正規の作業手順の一部を機能共鳴解析法で表現した例を図 3-5（b）に示す。各機能要素とその属性を介した依存関係で結ばれた構造として表現される。機能共鳴解析法を適用することで，カリ空港への進入コース変更を受け入れた時点から墜落に至るまで，社会・技術システムとしての動的な挙動を分析することが可能になり，潜在的な事故原因の究明や，類似事故の再発防止のための対応措置に関する知見が得られることになる。

STEP 1
事故解析をする対象となる一連の
作業系列の範囲を定める

STEP 2
範囲を定めた作業系列を構成する
個々の手順や機能を決める

STEP 3
各手順や機能のもつ
特徴を定義する

STEP 4
各手順(機能)間の従属性を基にそれらがどのように
つながるか図示する(正常時の作業系列)

STEP 5
手順または機能のもつ共通行動形成因子(CPC)を定め,
直接(第一次)と間接(第2次)のゆらぎを評価する

STEP 6
各作業へのCPCの影響を評価し,
ゆらぎの総合評価スコアを算出する

STEP 7
各作業の制御モード(戦略的, 戦術的, 機会主義的
(対処療法的)混乱状態)を導出する

各機能要素の定義属性

Time(T):手順を遂行するにあたっての時間の制約

Controls/Constraints(C):手順遂行を行う人やもの

Inputs(I):手順を遂行するために必要な事象。前の手順とのリンクを構成する

(T)(C)(I) 機能要素 (O)(P)(R)

Outputs(O):手順が遂行されることにより生成される事象。後の手順とのリンクを構成する

Preconditions(P):適切な手順遂行のために満たされていなければならない前提条件

Resources(R):手順の遂行に必要とされる資源

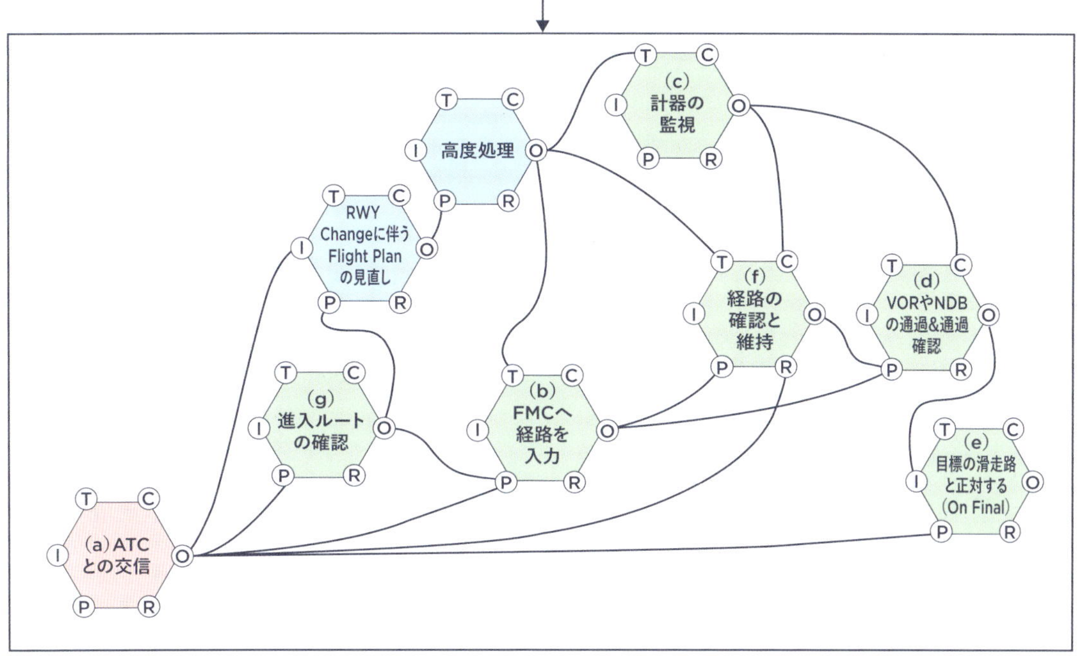

図 3-5 機能共鳴解析法による事故解析手順 (a) と解析例 (b)(アメリカン航空機の南米カリ空港近郊での墜落事故)

3

複雑な人工物の理解を促すインタフェースのデザイン

生態学的インタフェース設計

生態学的インタフェース設計（EID：Ecological Interface Design）の概念はラスムッセン・ヴィンセント（J. Rasmussen and K. Vicente）が提唱したインタフェースを設計する上での新しいアプローチであり，主に大規模複雑システムのインタフェース設計に焦点を当てたものである[7]。生態学的な設計により，機械操作を行う際に作業環境における制約を，それを使う人々が知覚的に利用できるようなインタフェースを生み出すことを目的としている。インタフェース上に作業環境における依存関係を可視化することにより，ユーザは行った操作がどのように目的に向かって作用するのかを理解して，効果的な操作を行うことができる。このように，使い方をいわば透明な状態とすることで，システム内部の関係のつながりがわかりやすく可視化され，ユーザはあたかも操作対象であるシステム自体を直接的に動かしているように感じることができる。これにより，非熟練者が熟練者と同等に高度な作業を行えることや，予想されていない出来事への対応力の向上が期待される。

図3-6に生態学的インタフェース設計のための手順を示す。まず対象に対する作業領域分析（WDA：Work Domain Analysis）を行う。そして作業領域分析を通して得られた知識に基づいて，必要となる情報変数や制限条件，制約関係，手段－目的関係などを抽出し，それらを視覚ディスプレイ上に呈示する。

生態学的インタフェースのデザインビジョン

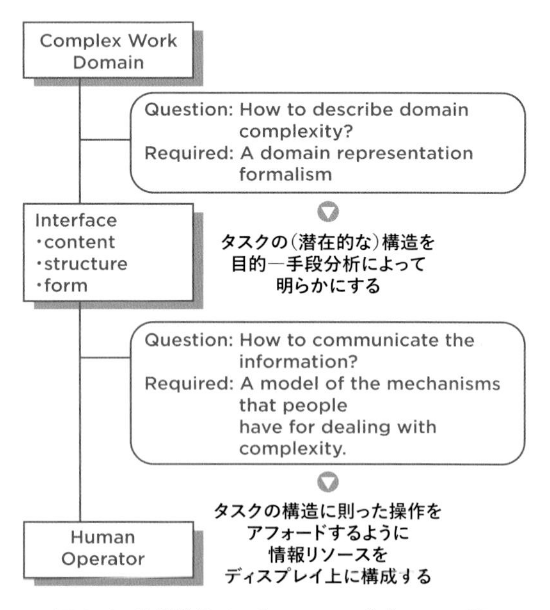

図3-6　生態学的インタフェースデザインの手順

は,「環境からの支援と制約」という表現に集約され,システムがその目的に対してどのように機能するか(あるいは,どのように機能すべきか)についての根拠となる制約の構造を可視化することで作業支援を目指すもので,以下のような手順になる。

1. システムの機能構造を,抽象度の異なる目的－手段関係の階層関係と,局所的な機能がどのように組み合わされてより大局的な機能を実現しているかの部分－全体関係の階層関係の2軸で展開した作業領域モデル(Work Domain Model)を導出し,その機能構造の中で潜在している制約(因果)関係を洗い出す。
2. 抽出された制約の構造をディスプレイ上の情報表現に対応付け,これを制約構造と同型な幾何学的関係を満たすように配置する。
3. このように制約の構造を外在化することによって,直感的なインタラクションによってシステムをコントロールすることができる。

作業領域分析

(1) 抽象度の階層

抽象度の階層とは,システムに求められている機能的な特性が作業領域で実際に利用可能(知覚可能や操作可能)な物理的性質とどのような関係で結ばれるかを整理し,システムの目的から物理的形態までをツリー状に階層展開することで作業領域を記述するものである。機能的目的(functional purpose),抽象的機能(abstract function),一般的機能(generalized function),物理的機能(physical function),物理的形態(physical form)の5つの階層が分析に用いられる。隣り合う階層間は手段－目的関係(means-end link)によってつながれ,上の階層に位置する目的がどのようにして実現されるかを下の階層により表し,また構成部分や機能がどのように目的に役立つかを表す。次に上記で表現された作業領域モデルに基づいて情報の要件を列挙する。すなわち,システムの機能に関係する変数群の網羅を行い,各変数が計測あるいは算出可能であるか否かを検討する。その中から,利用可能な情報をディスプレイ上に配置する。ここでは,変数の特性に基づいて基本的な表現の仕方を決定し,さらに変数間に成立する制約に基づいて,変数間の関係を可視化する。そしてモデルが示す手段－目的関係の結合に基づいて,組み合わされたデータ表現を画面上に配置する。

具体例として,ヴィセント・ラスムッセン(K. Vicente and J. Rasmussen)による生態学的インタフェースの例を図3-7に示す。対象となるのは図3-7(a)に示すDURESS(Dual Reservoir Simulation System)と呼ばれる仮想的温水供給システムで,上流タンクからの水流を高温と低温の2種類の貯留槽に分流させ,それぞれで高温と低温の設定温度にヒータで加熱して下流側に流し込むシステムである。ここでオペレータが操作するのは,2種類の貯水槽での流入水量ならびに流出水量を出入口のバルブの開閉度により調節するとともに,両方の貯水槽の水温をヒータの調節により設定された水温に一定に維持することである。それぞれの貯水槽には水量計と水温計が設置されている。貯水槽の水量はそれぞれの出入口のバルブ操作で決まり,温度は貯水槽を流れる水量と貯水槽で供給されるヒータの出力操作によって決まる。操作の目的は,2種類の貯水槽の水量,水温,流出量を与えられた目標値の誤差の許容範囲内に一定時間保持することである。

このシステムの手段－目的関係に沿った機能的階層としては,まず機能的目的は2つの貯留槽から下流に流出する水量と水温を制御することであり,抽象的機能はそのための流入水量と流出水量の質量バランスと熱収支バランスを維持すること，さらに一般化機能としてはそれぞれの貯水槽での水流とヒータ間での熱交換の物理現象であり，物理的機能としては各部での水量や温度の変量の状態が，そして物理的形態としてはバルブ開閉やヒータ入力の装置が対応する。生態学的インタフェースでは，直接知覚を可能にするように，制御対象で成り立つ制約をインタフェース上で提

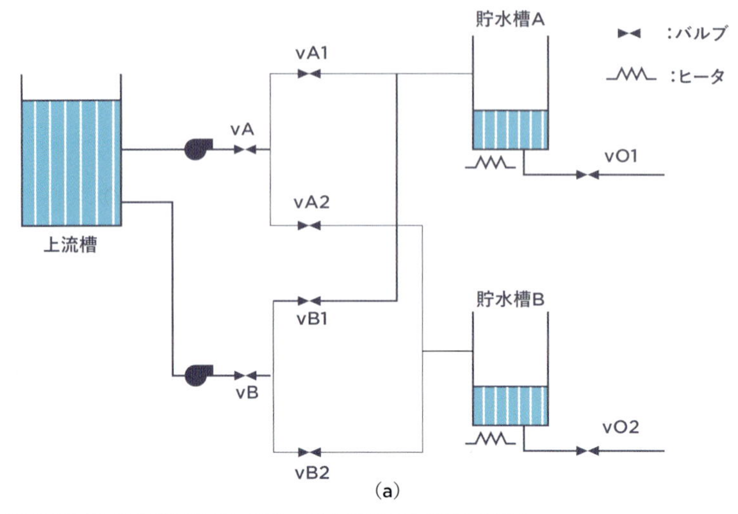

(a)

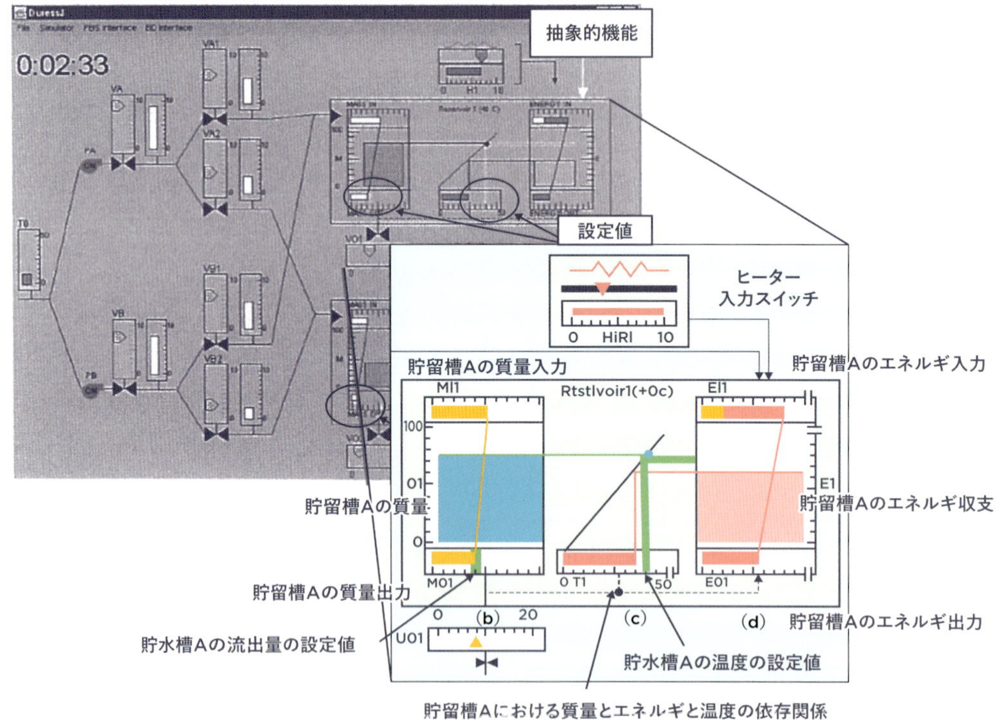

図 3-7　生態学的インタフェースの例

示される表象物の幾何学的特徴に変換する。たとえば，図 3-7（b）に示すように，貯水槽の質量バランスについては，台形状の幾何学的特徴として，上辺に流入水量，底辺に流出水量を対応させることで，両端点を結ぶ線分の傾きが当該貯水槽の水量変化（質量バランス）を表し，この台形に重畳させた矩形面積で貯水槽の水量を表す。一方熱収支については，図 3-7（d）に示すように同様に流入熱量と流出熱量の差分として表し，槽内を流れる質量による熱交換とヒータの温度調節による投入熱量との間で保存則を満たすことから，温度と水量の関係は，図 3-7（c）に示す線分の傾きで表される。インタフェース上には，両貯水槽からの流出水量に対する目標値と，水温の目標値が表示され，これらの目標値に近づくようにオペレータはバルブの開閉度やヒータ入力を調整する。この例では，システムを制御監視する際に重要な変数となる深層変数を，幾何学形状の傾斜角度として「見える」化している点が特徴で，さらに他の変数群との間の依存関係をやはり幾何学的制約に写像して可視化することで，オペレータには個々の操作入力によって諸変量の状態変化にどのように連動するかの関係性を把握させることができる。

（2）階層的タスク分析（Hierarchical Task Analysis）

階層的タスク分析は，システムの目的を達成するために必要な行為や認知プロセスに焦点を当てて解析を行う手法の 1 つである。縦軸に作業者の行為の手段－目的関係を階層的にとり，横軸にそれらの時間的な関係をとる。それによりタスクがどのようなサブタスクによって遂行されているか，サブタスクがどのような要求や状況の下で行われているかが明らかになる。主に階層的タスク分析はユーザに対するインタビューや，作業を行っている様子の観察，手順の説明書により作成する。

以下では，製鉄所における熱間圧延工程の監視制御を例に，上記の分析結果を示す。熱間圧延工程とは鉄鋼を生成する際の工程の 1 つであり，主に加熱炉，粗圧延機，仕上げ圧延機，冷却設備，捲取機などによって構成されている。その中で仕上げ圧延工程は，スラブと呼ばれる鋼片を鉄が柔らかくなる温度（約 1000 ℃）まで加熱炉において熱した状態で，2 つのロールの隙間を 6～7 つのスタンドにて連続的に通過させることで押し延ばし，規定の板厚まで薄くする工程のことを言う。各スタンドの間ではルーパと呼ばれる制御装置がたわみが発生しないように板材を持ち上げ，一定の張力を保っている。

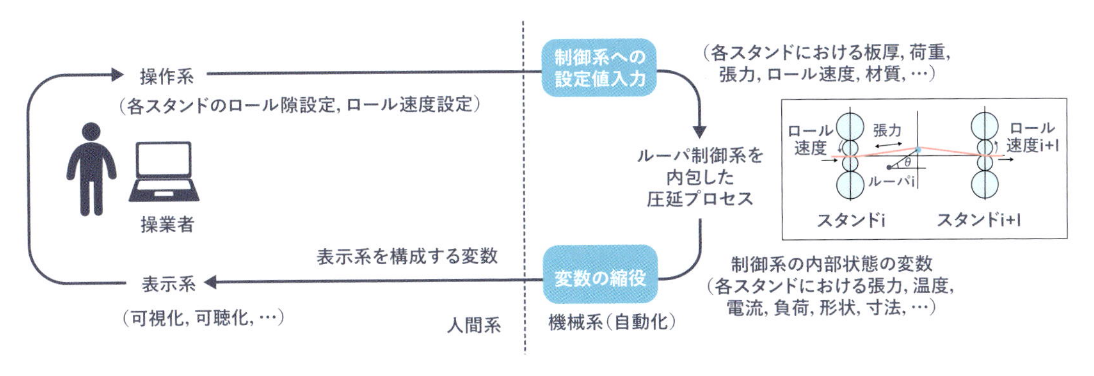

図 3-8　熱間圧延行程の人間－機械系

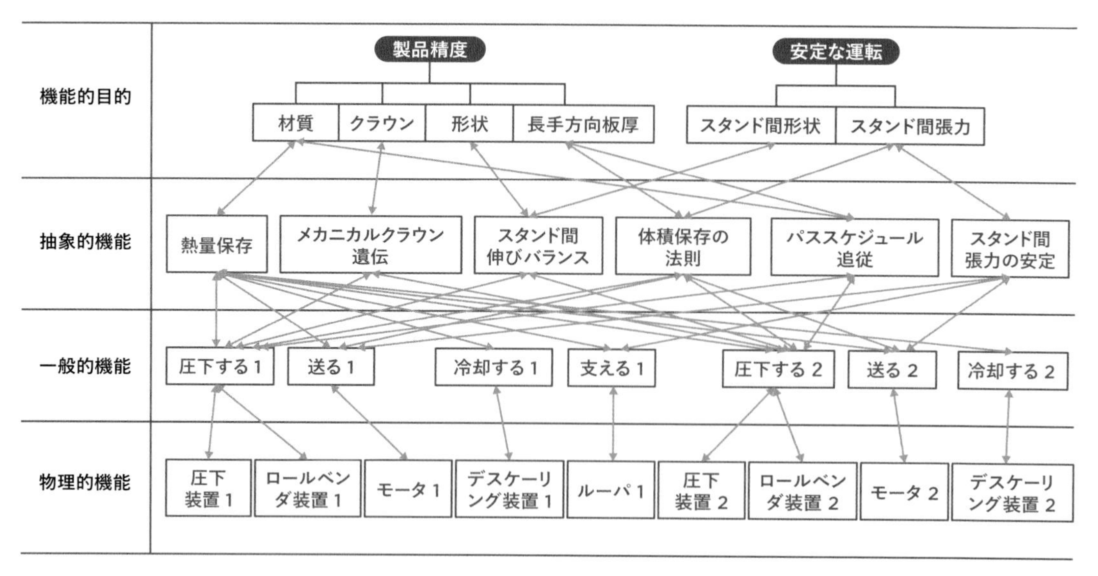

図 3-9　製鉄所における熱間圧延作業の作業領域モデル

図 3-8 にその人間－機械系としての構成を図示する。熱間圧延工程には，あらかじめ決められたパススケジュールどおりの運転を実現するために，さまざまな装置に対して各種の自動制御機構が搭載されている。しかしながら，パススケジュールにおいて想定されていた状況と実際の状況との間に過大な偏差が生じると，制御系が不安定化したり，製品品質が低下したりする。オペレータの役割は，こういった事態に対していち早く運転状況を見極め，必要に応じて自動制御系に介入し，その設定値を変更調整することにある。一般的に鋼板の製品品質にかかわる仕様としては，長手方向板厚，形状，クラウン，材質が挙げられる。長手方向板厚とはスラブが流れる方向に対する製品板厚の分布を表しており，形状は製品鋼板の平坦さを表している。クラウンとは鋼板の幅方向の板端部と中央部の板厚のバランスを表す指標である。材質は製品の材料特性によって決まる。これらの値を定められた範囲内に収まるようにすることが良好な品質の製品を作り出すことの条件である。

図 3-9 は階層分けされた抽象度の階層である。抽象度の階層は，専門家やエンジニアとの議論と，工学的な文献から得た領域知識をもとに作成する。図 3-10 は階層的タスク分析の結果である。抽象度の階層と併用して階層的タスク分析を行うことにより，それぞれの手法単体では抽出できない要素や欠点を互いが補い合い，より多くの情報抽出が可能となる。

リソースモデル（Distributed Information Resources Model）

リソースモデルは，分散認知（distributed cognition）の考え方を HCI（Human-Computer Interaction）設計に展開することを意図したインタラクション分析モデルである[8]。分散認知の研究の枠組では，作業に要する認知のための情報リソースは，認知主体内部だけでなく人工物を含む外部環境内に「分散している」ことを重視する。そして，知覚可能な外部表現（external representation）としてそのようなリソースが外在化されて

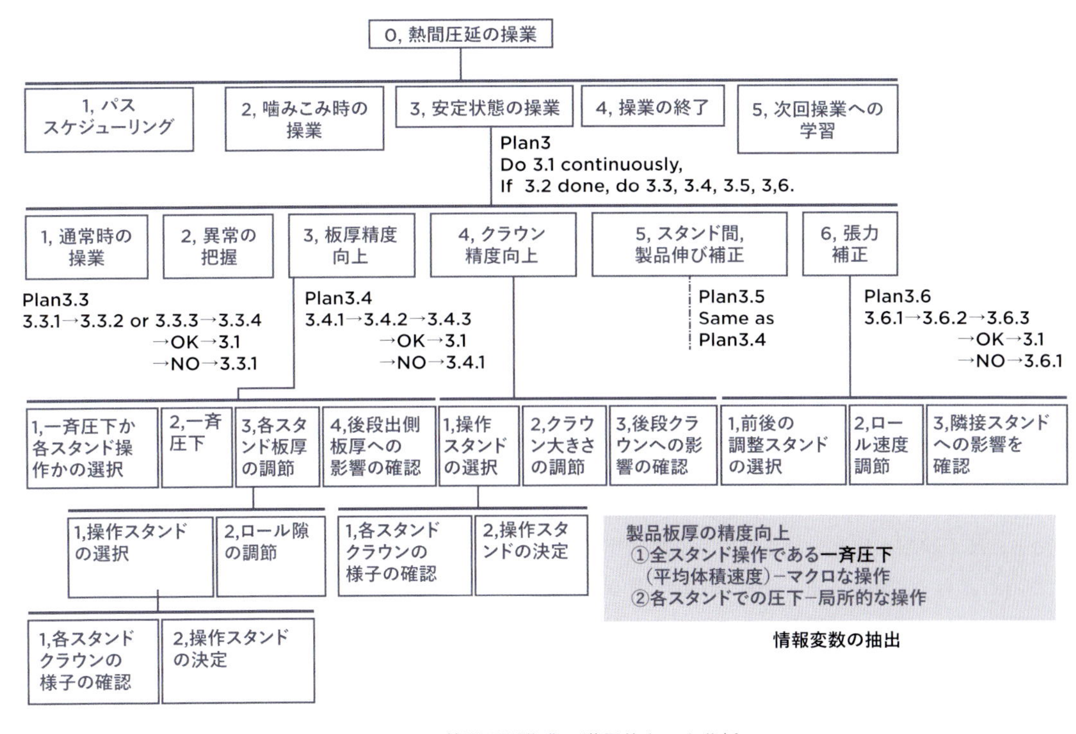

図 3-10　熱間圧延作業の階層的タスク分析

いることが，ユーザと人工物のインタラクションを円滑にすることを強調する。

ユーザと人工物のインタラクションは，ユーザが分散配置されている利用可能なリソースを組み合わせて次の判断につなげ，その判断がさらに次の判断のための新たなリソース配置を生み出す，という循環の構図を呈する（図 3-11）。リソースモデルでは，このインタラクションのサイクルをメタレベルで整理する分析の枠組として，インタ

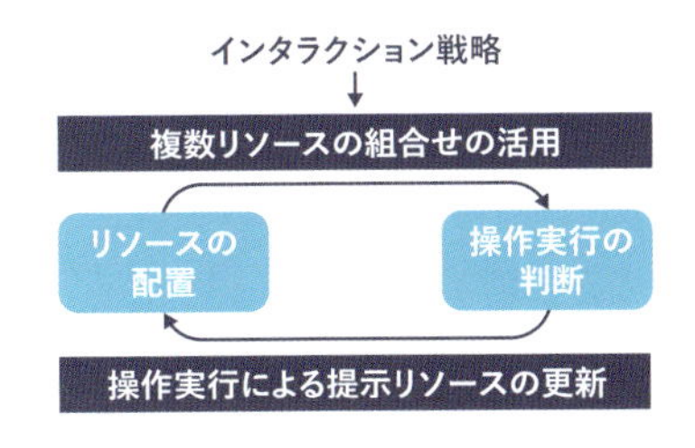

図 3-11　リソースモデルに基づく HCI 設計

ラクション戦略（interaction strategy）という概念を導入している。これは分析の対象となるタスク遂行を，どのような種類の情報を入力として，どのような決定を繰り返すことで達成されるものであるのかで分類する。そしてこの戦略を記述するための抽象的な情報のリソースとして，以下に列挙する抽象情報構造（abstract information structure）を用いる。

- プラン（plan）：行動の候補となる操作やイベント，状態の系列。
- ゴール（goal）：達成することを求められるシステムの状態。
- アフォーダンス（affordance）：システムがある状態にあるときに，ユーザがとることのできる次の行動の集合。
- 履歴（history）：行動やイベント，状態の系列

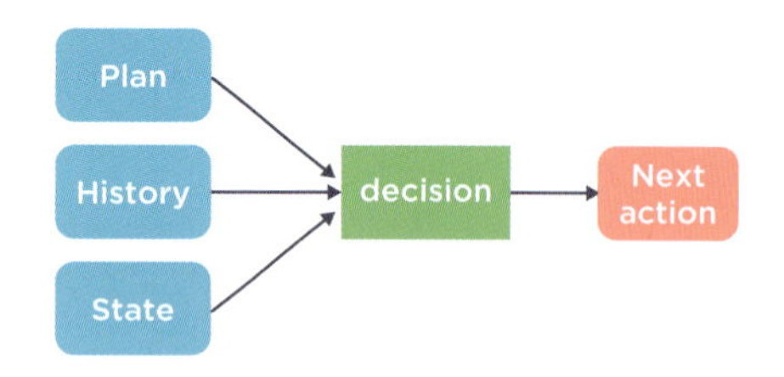

図 3-12 “Plan Following” 戦略を構成するリソース

として表現されたインタラクションの履歴。
・行動と効果の関係（action-effect relation）：行動あるいはイベントと状態の間の因果関係。
・状態（state）：オブジェクトの関連する値の集まりとして表現されたシステムの現在の状態。

たとえば，事前に定められたプランを順次実行していくという“plan following” 戦略に則るタスク遂行では，プランと履歴とその時々の系の状態についての情報をもとにユーザは次の行動を決定していくことになる（図 3-12）。

この図式に基づいて図 3-13 に示す 3 つのインタフェース表示を比較する。図 3-13（a）の表示ではプランこそ外在化されているが，いまどこまでの作業を終え，現在どの段階にいるのかをユーザは記憶しておかなくてはならない。また，図 3-13（c）の表示はプランや作業履歴についての情報がまったくない状態で，次に実行すべき手続きという現在の状態についての情報しか外在化されていない。これらの不十分な情報表現の例に対して，図 3-13（b）の表示では戦略の実行に必要な 3 種類の情報リソースがすべて外在化されて

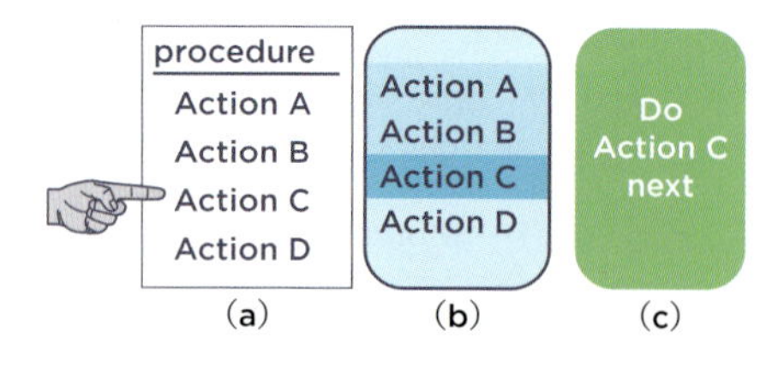

図 3-13 “Plan Following” 戦略に沿ったインタフェースの比較

おり，分散認知の観点からは，ユーザの内部リソースに頼らない適切なリソース配置が実現されていると言える。

4 デザイン活動の記号過程

サイモン（H.A. Simon）によれば，人工物とは，それ自体の内容と組織である内部環境と，それが機能する（人を含む）周囲の外部環境の接合点，すなわち“インタフェース”であり，「もし内部環境が外部環境に適合しているか，あるいは逆に外部環境が内部環境に適合しているならば，人工物はその意図された目的に役立つ」（1，p.9）ことを指摘している。この主張には，人工物のデザインを考える上での重要な示唆が含まれている。それはまず，人工物が人の介在を前提とするダイナミックなシステムであり，人を含む周囲外部環境との関係が不可分であることであり，さらに人工物が実現する機能は非固定的かつ非完結的であるという点である。

このような人工物のデザインの特徴から想起されるのがパース（C.S. Peirce）の記号論（semiotics）である。そこでは，記号（sign）は「それ自身とは別の何かを表すもの」と定義され，記号としての代表項とそれが参照する対象（object），両者を結ぶ解釈項（interpretant）で構成される三項関係としてその構造が記述される[9]。ここで解釈項とは，認識した記号を対象に結びつける解釈者の思考作用を意味する。つまり，代表項と対象の関係は解釈項を介して意味付けられるものであり，両者の間に直接的な関連は必要としない。記号を解釈して対象を想起していくプロセスは記号過程（semiosis）と呼ばれる。

人工物一般のデザインは，図 3-14 に示すように，デザイナーとユーザとの間で並行して引き起こる複数の記号過程の連鎖と考えることができる。まずデザイナーの考えるデザイナーモデルが記号化された人工物としての表現形としてユーザへ伝達される際に，特定の構造やメディアによって物質的に具体化され，この時点で記号はデザイナーから独立した存在物になる。そしてこの表現形がユーザのもとに晒され，ユーザはこの人工物を自身のユーザモデルに従って解読し，理解する。通常，デザイナーモデルとユーザモデルは最初から一致を見ないのが常である。次にこの理解に基づいた人工物の使用がなされるが，これはユーザ・エキスペリエンスとして表出され，これが新たな記号としてデザイナーによって評価を受けることになる。ユーザビリティテストで実施されるのはこのプロセスである。そしてその評価の下に，デザイナーはデザイナーモデルを更新し，この新たなデザイナーモデルの下に再度記号化された人工物としてユーザに再伝達され，これに対するユーザ側での記号過程が再帰的に引き続くことになる。最終的にユーザモデルとデザイナーモデルが一致を見たところでデザインの活動は終結

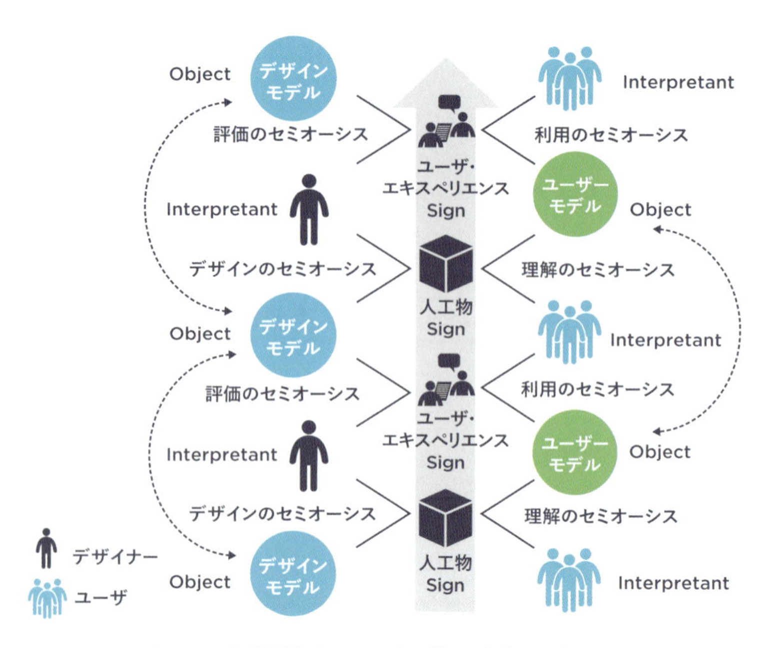

図 3-14　記号過程としての人工物のデザインプロセス

する。

以上のようなデザインのプロセスは，まさにユーザビリティ設計に対する最初の国際標準である ISO13407「対話型製品の人間中心設計プロセス（human-centered design processes for interactive systems）」として標準化されてきたプロセスでもある。これはわれわれの身の回りにあるコンピュータを応用した対話的製品のすべてがその対象とされ，ユーザの実践的な利用状況をいかに把握して設計段階にフィードバックするプロセスを経ていることを義務づけた。さらに文化人類学者のサンダース（E. Sanders）は，機能が厳格に限定されてしまったモノのデザインではなく，ユーザの視点を共に継続的に発見していけるデザインの必要性，いわゆるポストデザインの原理を提唱している。人と物の関係でなく人と人の関係に注目し，ユーザも製品開発に加わる参加型のデザインの必要性を説いている[10]。ユーザ第一主義のデザインは往々にして，デザイナーの理想や思い入れをユーザに押し付けることになりかねない。それに対してポストデザインは，ユーザとデザイナーが対話しながら製品作りを進めていくことを表す。

デザインされた記号は，元来有限性の拘束下でしか表現できないのに対して，その後の解釈項の作用により，その離散的構造が連続的に補完され無限の可能性が引き出される。それを決めるのはユーザの解釈と利用という主体的参加であり，これにより人工物の機能が選択されていく。デザインの不完全性に対してのユーザの記号解釈への積極的参加がそこにはあり，同時にデザイナーにおいてもユーザの呈する利用実態に対する積極的参加が伴わなければならない。

演習問題

（問１） 自動化の例を取り上げ，人と機械（自動化もしくはシステム）の役割分担のあり方について示せ。

（問２） 近年に発生した事故の事例を取り上げ，その背景にある人と技術と組織の各要因について考察せよ。

（問３） 身近な機器のインタフェース画面を例に，リソースモデルを構成する６つの抽象情報構造（プラン，ゴール，アフォーダンス，履歴，行動と効果の関係，状態）が可視化されているか否かについて調べよ。

参考文献

[1] Simon, H. A.: *The sciences of the artificial* (3 ed.), MIT Press, 1969.

[2] 吉川弘之：人工物観，横幹，1（2）pp.59-66, 2007.

[3] Hutchins, E. L., Hollan, J. D. and Norman, D. A.,: Direct Manipulation Interfaces, *Human-Computer Interaction*, 1, pp.311-338, 1985.

[4] Sheridan, T. B. *Humans and Automation: System Design and Research Issues*, John Wiley and Sons, 2002.

[5] ユーリア・エンゲストローム（著），山住勝広等（監訳）：『拡張による学習─活動理論からのアプローチ』，新曜社，1999.

[6] Hollnagel, E.: FRAM: *The Functional Resonance Analysis Method*, Ashgate, 2012.（小松原明哲（訳）：『社会技術システムの安全分析─FRAM ガイドブック』，海文堂，2013.）

[7] Vicente, K. J. and Rasmussen, J.: Ecological Interface Design: Theoretical foundations, *IEEE Transactions on Systems, Man and Cybernetics*, 22, 589-606, 1992.

[8] Wright, P. C., Fields, R. E., and Harrison, M. D.: Analyzing human-computer interaction as distributed cognition: the resources model, *Human-Computer Interaction*, 15（1）, pp.1-41, 2000.

[9] C. S. パース（著），内田種臣（編訳）：『記号学』，パース著作集 2，勁草書房，1986.

[10] Sanders, E. B. -N.: *From User-Centered to Participatory Design Approaches, Design and the Social Sciences Making Connections*, Edited by Frascara, J., pp.1-8, CRC Press, 2002.

CHAPTER

4

情報のデザイン

1 情報デザインとは

2 情報の分類と構造化

3 情報の可視化とインタフェース・デザイン

4 情報の理解と評価

本章では，情報のデザインとは何か，情報の分類と構造化のための方法，情報を可視化するための方法，インタフェースのデザイン，デザインされた情報の理解しやすさ，理解や共感を高めるための言語表現・映像表現，情報の信頼性について述べる。

（田中 克己，黒橋 禎夫，山本 岳洋）

1

情報デザインとは

どんなに価値のある情報も，人間に対して効果的に伝達できなければ意味がない。情報を効果的に伝達するには，情報を構造化し，人間にとって理解しやすいように表現・可視化する必要がある。情報デザイン（information design）とは，情報を対象者に的確，効果的に伝えるための規範・手法であり，方法論である。適切な情報デザインを行うことで，社会や生活の中で発信・生成される情報をわかりやすく提示することができる。

情報をわかりやすく伝達するためには，受け手に何を伝えたいのか，すなわち情報デザインの対象を明確化する必要がある。情報の分類や構造化は，複雑な情報を整理・理解し，受け手に伝えるべき内容を明確にするための１つの方法論である。

情報は，文字・テキスト（言語表現）データ，数値データ，図形データ，画像データ，音声データ，動画像データなどさまざまな種類のメディアで表現される。また，デザインする情報の粒度や量についても多様である。情報のわかりやすい表現が可能かどうかは，メディアの種類や扱う情報の量に依存する。たとえば，大量の情報やデータの集合を，いかにわかりやすくユーザに提示するかは，情報の可視化技術の課題である。また，できごととそれに対する思いを一片の短歌として表現する場合は，伝達すべき情報の量は小さいが，共感を得るという「深い理解」を促すためにどのように表現するかが問題となる。

さらに，どんなに価値のある，わかりやすい情報デザインであっても，受け手がその内容を信頼しなければ，伝えたい情報が伝わったことにはならない。情報をデザインする際には，情報の受け手がその内容に対してどれだけ信頼感を抱くか，すなわち情報の信頼性についても十分考える必要がある。

本章では，情報の構造化については情報の分類と概念モデリングを取りあげて記述する。情報の可視化やインタフェースデザインについては，情報の俯瞰と注視を可能とするための方法論を説明する。最後に，情報の理解と評価に関して，情報のわかりやすさ，理解・共感を高める言語・映像表現，情報の信頼性を取りあげて記述する。

2
情報の分類と構造化

「分類（classification）は知のはじまり」といわれる。分類とは，全体をより良く把握することを目的として，情報や物事を区分したり，体系化したりすることをいう。ワーマン（R.S. Wurman）は，情報を分類・整理する方法は次の5つしかないと述べ，その頭文字をとってLATCHと名付けている[1]。

LATCH：5つの情報の整理棚

1. Location（位置）
2. Alphabet（アルファベット）
3. Time（時間）
4. Category（カテゴリー）
5. Hierarchy（序列）

「位置」は地図や案内図，「アルファベット」は辞書や索引，「時間」は年表や番組表，「カテゴリー」は図書の書誌分類や商店での商品陳列などがその例である。「序列」は数量として表現される重要度などに基づく順序付けで，売上順，成績順，検索エンジンのランキングなどがその例である。これらの組合せも考えられる。新聞紙面はカテゴリー（政治面，経済面，文化面など）と序列との組合せであり，ウェブ上のニュースサイトのトップニュースは序列と時間の組合せである。

5つの情報の整理棚のうち，カテゴリーによる分類についてもう少し考える。狭義には，分類はカテゴリーによる分類のことを指す。情報や物事をカテゴリーによって分類することは簡単ではない。コンピュータの中でファイルをどのような階層的フォルダで格納するか，メールをどのようなフォルダに分けるか，机の引き出しのどこに何をしまうかなど，身近な問題を考えてみても，その難しさがわかる。分類は視点，観点によって変わるのである。

カテゴリーによる分類の代表的なものとして図書の主題を体系化する「書誌分類」がある。書誌分類の代表的なものは「十進分類法」と「コロン分類法」である。十進分類法は，その名前のとおり十進数によって行う階層的分類で，一番上の区分は哲学，宗教，社会科学，言語などのように10個に分類され，おのおのがさらにまた10個に分かれていくという木構造状の分類である。この方法は，新しく分類の修正・追加などが必要になった場合，11個目，12個目に項目を追加することが許されないので，根本的な見直しが必要になるという問題がある。しかし，十進という分類が理解しやすいというメリットは大きく，さまざまな修正を経て現在でも図書館などで広く用いられている。

もう1つの書誌分類法としてコロン分類法がある。コロン分類法では，はじめに40ほどの主題を設定し，主題ごとにさらにさまざまな観点（ファセット）を設定する。たとえば主題「医学」には，「器官」（眼，胃，血液，骨など）というファセットや「分科」（解剖学，生理学，疾病，衛生など）というファセットを設定し，これによってたとえば「眼の病気」という主題には「主題 - 医学，器官 - 眼，分科 - 疾病」という分類を与える。コロン分類法は新しい分野の発展などには強いが，複雑で使いにくいという問題があり，実際にはあまり利用されていない。しかし今後，コンピュータ上の情報の整理において利用できる可能性があるおもしろい考え方である。

このように図書の分類で伝統的に用いられてきた方法は，人が重要な特徴を選んで分類を行うという意味で「人為分類」と呼ばれる。これに対して，できるだけ多くの特徴を考慮し，多くの特徴を共有しているものをまとめるという分類の考え方を「類型分類」と呼ぶ。「類型分類」の考え方は，クラスター分析などの数量分類学の基礎となっている。数量分類では，個体の特徴を表す属性を明確化し，その各属性を要素とするベクトルで個体を表現する。個体間の類似度を特徴ベクトル間の類似度で計算し，類似度の高いものをまとめることで分類を行う。このような処理をクラスター分析と呼ぶ。

クラスター分析を以下の 5 冊の本を具体例として考えてみよう。

A. 図書館ネットワークの課題

B. 図書館情報サービスの理論

C. ネットワーク理論

D. 情報サービスの課題

E. 図書館ネットワークの理論と課題

本を特徴ベクトルとして表現する必要があるが，ここでは図書のタイトルの中に現れる単語を次元とするベクトルを考える（図 4-1 左）。このようにそれぞれの本を特徴ベクトルで表現すれば，その類似度（ベクトル要素の一致の割合）によって近いものをまとめていくと図 4-1 右のような樹形図を描くことができる。これはこれらの本の階層的な分類となっている。

このように情報や物事を特徴ベクトルで表現し，その類似性を利用することはさまざまな場面で行われている。たとえば情報検索では，文書はそこに含まれるすべての単語による特徴ベクトルで表現され，検索クエリも同様に特徴ベクトルで表現することにより，その類似度によって文書のランキングが行われている。ウェブ上のオンラインショップでは，ユーザを購買履歴（どの商品を

特徴ベクトル

	図書館	情報	ネットワーク	サービス	理論	課題
A	1	0	1	0	0	1
B	1	1	0	1	1	0
C	0	0	1	0	1	0
D	0	1	0	1	0	1
E	1	0	1	0	1	1

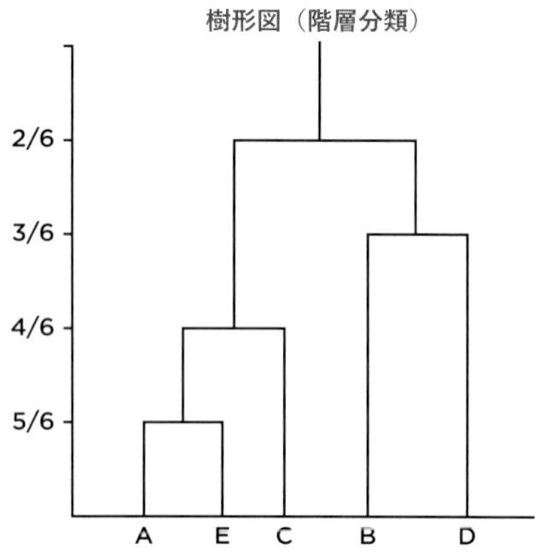

樹形図（階層分類）

図 4-1　特徴ベクトルと階層分類

購入したか）の特徴ベクトルで表現し，その類似度によって似たユーザを見つけ，似たユーザの購買履歴をもとにして情報推薦が実現されている。

情報の分類だけでなく，情報相互の関係をも構造化する方法として，データや情報の概念モデリング（conceptual modeling）がある[2]。チェン（P. Chen）によって提唱されたERモデル（実体関連モデル，Entity Relationship model）は情報の概念モデリングを行うための1つの手法であり，データベースやソフトウェア工学の分野で頻繁に使用されてきた。後継の概念モデリングツールとして UML（Unified Modeling Language）がある。ERモデルは，実体（エンティティ）と関連（リレーションシップ）を用いて，対象とする情報を構造化することができる。実体は，存在し区別可能なもの（椅子，人，車など）であり，高次元の概念（クモ類，植物など）や抽象的な概念（資本主義，共産主義など）も実体ととらえる。同種類の実体を集めたもの（すべての学生，すべての家など）を実体集合（エンティティセット）と呼ぶ。実体集合には名前（実体型）が与えられる（「学生」，「家」など）。実体と実体の間にはさまざまな種類の「関連（リレーションシップ）」が定義される。

図4-2にERモデルの実体集合，関連集合の例を示す。学生A君が家Xに住んでいると，A君と家Xの間には「居住する」という種類の「関連」が定義できる。同種類の「関連」を集めたものを「関連集合」と呼び，たとえば，「居住する」は関連集合の名前となる。1つの関連集合では，実体と実体の対応関係として，1対1対応，1対多対応，多対1対応，多対多対応のいずれかが指定される。実体のもつ性質は実体の「属性」として表される。属性の「値」はその属性の定義域の要素である。各実体をユニークに識別できる属性（または属性の組合せ）を，その実体集合のキーと呼ぶ。

ERモデルで概念モデリングし，それを視覚化したものがER図（実体関連図）である。ER図は，図4-3に示す記号で表現される。

図4-4は，学生とその住居に関する情報を概念モデリングした結果をER図で表現したものである。学生（STUDENT）という実体集合は，たとえば，大学院生（GRADUATE STUDENT）や学部学生（UNDERGRADUATE STUDENT）というような形でさらに分類できる。図4-4のER図では，この分類をGRADUATE STUDENTという実体集合とisaという特殊な関連集合で表現している。

ERモデルは，自然言語で表された情報を概念モデリングするのにも利用できる。ERモデルの各構成要素と自然言語の品詞等との対応は，図4-5で表される。

情報の概念モデリングを行うと，構造化された情報の視覚記号や標識のデザインにも使える可能性がある。たとえば，概念モデリングをきちんと行い，基本的な「実体型」や「関連型」に対して，視覚記号を与えることで，より高次の概念に

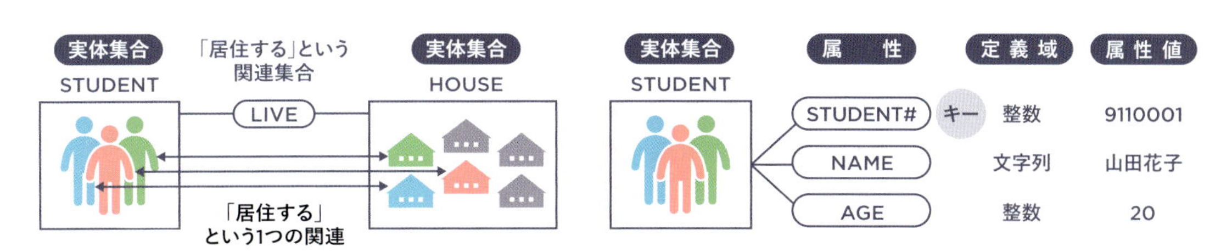

図4-2　ERモデルの実体集合と関連集合

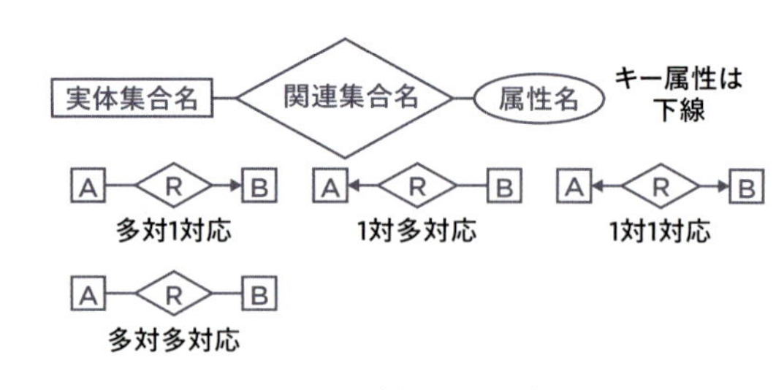

図 4-3　ER 図（実体関連図）の記法

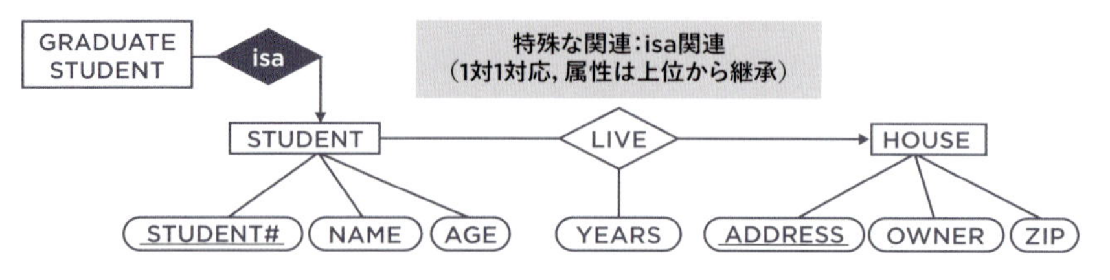

図 4-4　ER 図の例

自然言語の文法構造	ER モデルの構成要素	例
普通名詞（common noun）	実体型	椅子，人，学生，車，家…
固有名詞（proper noun）	実体	J.F.Kennedy，京都大学，田中克己…
他動詞（transitive verb）	関連型	履修する，与える，販売する，購入する…
自動詞（intransitive verb）	属性の型	歩く・走る・泳ぐ・飛ぶ・進む・昇る・下がる・流れる **主語自身の位置や状態・様子が変化する意味の動詞**
形容詞（adjective）	（実体の）属性値	美しい，カワイイ，良い，悪い…
副詞（adverb）	（関連の）属性値	早く，遅く，急いで…
動名詞（gerund）	関連型から変換された実体型	販売，履修，出荷…
節（clause）	高次の実体型	

図 4-5　ER モデルと自然言語

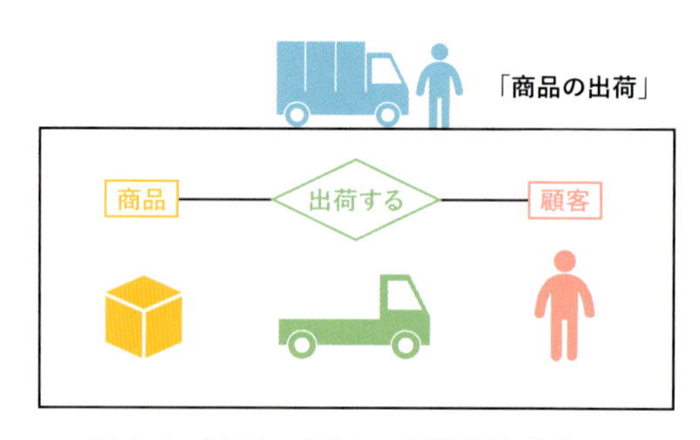

図 4-6 「商品の出荷」の視覚記号デザイン

対して視覚記号を合成できる。図 4-6 は ER モデルを用いたその一例である。基本的な実体型の「商品」，「顧客」，これらの間の関連型「出荷」に対して視覚記号を与えておくと，「商品の出荷」という，より高次の概念に対する視覚記号を合成することができる。

3 情報の可視化とインタフェース・デザイン

大量の情報を俯瞰しやすくするために，情報可視化（information visualization）技術がある。たとえば，大量のテキスト情報を俯瞰するための手法として，タグクラウド（tag cloud）がよく知られた手法である。さらに，大量の情報を俯瞰させるだけでなく，人が注視した部分の情報については詳細に，それ以外の部分についてはその概要が文脈として理解できるように可視化表示する方法として，文脈付き注視法（focus+context 法）がよく知られている。

タグクラウドは，テキスト情報の視覚的な表現手法の 1 つである。ウェブサイトに入力されたタグ語や，検索結果の文書群に現れる語を，視覚的，集合的に表現することができる。タグクラウドに現れるタグ語は，語のアルファベット順にリスト化され，各タグ語の重要度（頻出度など）は，フォント・サイズ・色によって表されるのが一般的である。さらに，タグ語が付与された対象となる文書へのリンクが設定されることもある。タグクラウドは，次のようなさまざまな目的で用いられる：(1) 情報の概覧（ブラウジング），(2) 概念や印象の形成・表現，(3) 情報検索の手がかり。

図 4-7 は，Flickr 上の写真に頻繁に付けられるタグ語の集合をタグクラウド化したものである。また図 4-8 は，ウェブ検索で得られた文書集合に頻出する語群をタグクラウドで表現したものである。この検索では，たとえば「豚肉　ピーマン」というクエリで検索された文書群の中で，上位 100 件の文書群，101 件から 200 件までの文書群のそれぞれに頻出する語群をタグクラウド形式で表示している。

表示画面の制限や人間の認知能力の制限があるため，巨大な情報空間を一度に表示するのは困難である。文脈付き注視法は，ファーナス（G.W. Furnas）が提案した，一般化魚眼ビュー（generalized fisheye view）とも呼ばれる表現手法である（G.W. Furnas：*ACM CHI*, 1986.）。これは，人間が注視・注目している部分は詳しく表示し，それ以外の部分（文脈）は概要のみを表示するという情報の表現手法である。注視点を “.”，注視点と点 x との距離を D（., x），点 x の事前の詳細度（level of details）を LOD（x）とすると，今，注視点を “.” に移した場合の，点 x の興味度（degree of interest）DOI（x, .）を，適当な関数 f, g, h に対して

$$DOI(x, .) = f(g(LOD(x)) - h(D(., x)))$$

と定義する。すなわち，点 x の情報は，注視点 “.” に対して，点 x の興味度 DOI（x, .）が高け

れば大きく（詳細に），低ければ小さく（粗く）表示する。図4-9（a）は，地図上の都市を節点に，都市間の隣接関係を枝で表現したものである。これに対し，図4-9（b）は，文脈付き注視法を適用した結果である。ある都市を注視すると，その都市（に対応する）節点は最も大きく表示され，その他の都市は興味度に応じて小さく表示されている。さらに，注視点から遠いところにある節点の隣接関係は歪んで表示されている。これにより，注視点とその周辺の隣接関係はより詳細に表示され，注視点から遠く離れた都市間の隣接関係は，「文脈」として歪んだ形で表示されている。

双曲線木（J. Lamping ら：*ACM CHI*, 1995.）（図4-10）は，円盤の中心から遠ざかるほど指数関数的に増大する量のデータを表現できる，文脈付き注視法の一種である。米国 Xerox 社の特許技術であり，エッシャーの Circle Limit IV（Heaven and Hell），1960 の騙し絵から着想を得たと言われている。表示アルゴリズムは，双曲的非ユークリッド空間での“合同”な三角形によるタイル張りによるものである。

インフォグラフィクス（infographics）は，標識・地図・案内文書など，情報，データ，知識を視覚的に表現したものである。ダイアグラム，チャート，テーブル，グラフ，地図，ピクトグラ

All time most popular tags

animals architecture art asia australia autumn baby band barcelona beach berlin bike bird birds birthday black blackandwhite blue bw california canada canon car cat chicago china christmas church city clouds color concert dance day de dog england europe fall family fashion festival film florida flower flowers food football france friends fun garden geotagged germany girl graffiti green halloween hawaii holiday house india instagramapp iphone iphoneography island italia italy japan kids la lake landscape light live london love macro me mexico model museum music nature new newyork newyorkcity night nikon nyc ocean old paris park party people photo photography photos portrait raw red river rock san sanfrancisco scotland sea seattle show sky snow spain spring square squareformat street summer sun sunset taiwan texas thailand tokyo travel tree trees trip uk unitedstates urban usa vacation vintage washington water wedding white winter woman yellow zoo

図4-7　Flickr のタグクラウドの例
（https://www.flickr.com/photos/tags/）

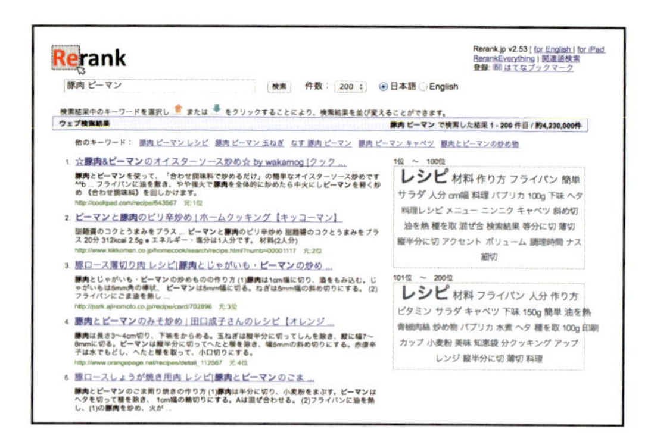

図4-8　検索結果のタグクラウド表示
（http://rerank.jp/）

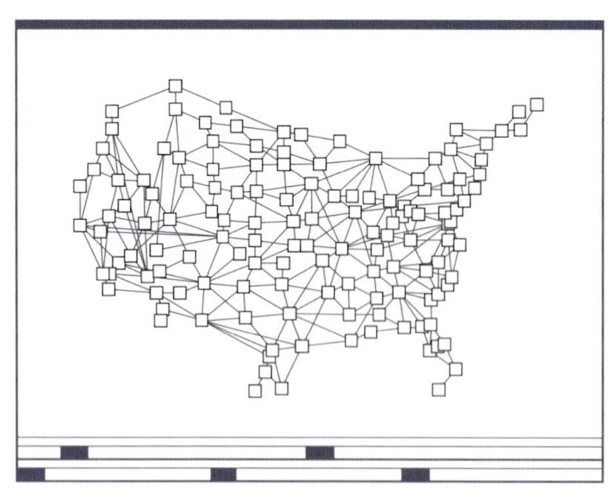

（a）文脈付き注視法適用以前の表示

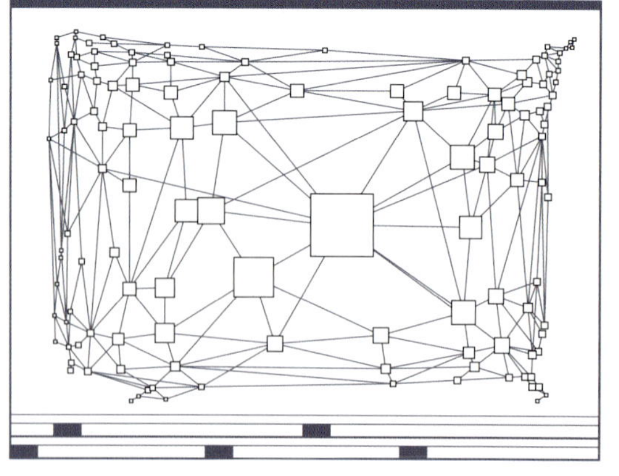

（b）文脈付き注視法による表示

図4-9

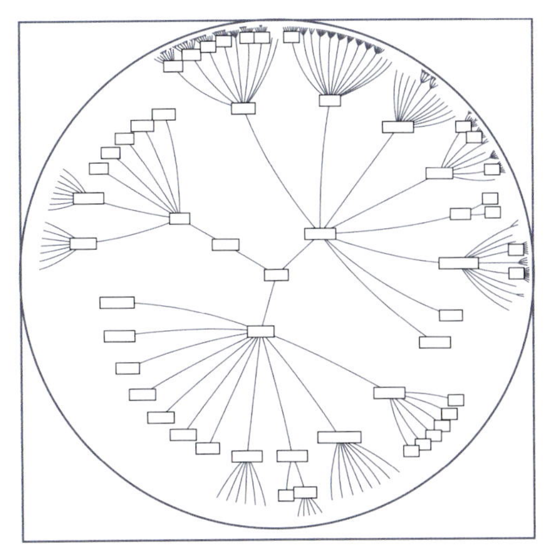

図 4-10　双曲線木

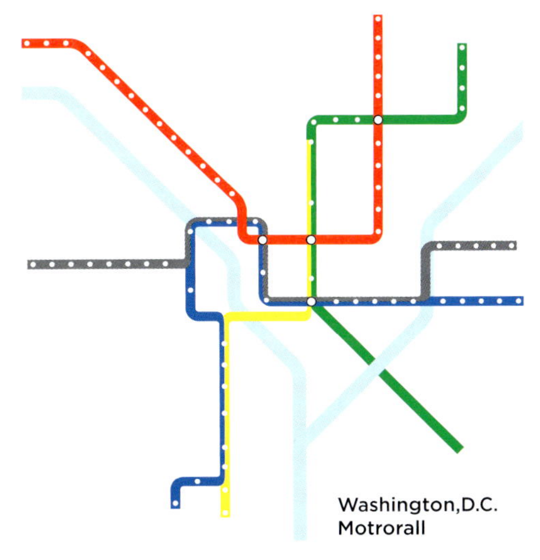

図 4-11　ワシントンのメトロ路線図

ム（視覚記号）などの視覚表現と文字・テキスト表現を併用することが多い。概念的な情報をわかりやすく表現したり，科学データの可視化にも適用される。著名な例としては，ワシントンのメトロ路線図（図 4-11）がある。

木村博之はインフォグラフィクス制作の方法論をまとめている[3]。その概要は次のとおりである。

- **●表現のコンセプト**
  誰のために何をどのように伝えるのが最も相応しいのかという，表現のコンセプトを明確にする。これにより，伝えたい情報やメッセージがより明確になる。
- **●視点とフレーミング・リフレーミング**
  伝えたい情報をどの視点から見て表現するのかが重要である。受け手の視点から情報を見ることが重要で，このプロセスをリフレーミングと呼んでいる。
- **●理解とフレームワーク**
  情報の受け手にとってわかりやすくなるような表現や言葉遣いを選択する。
- **●共感のためのストーリーテリング**
  情報の受け手が共感できるような表現をストーリーテリング手法を用いて行う。

従来，人とコンピュータとのインタフェースは，キャラクタユーザインタフェース（CUI）やグラフィカルユーザインタフェース（GUI, Graphical User Interfase）が中心であり，マウスやキーボードなどがデバイスとして用いられてきた。GUI を構成する基本的な概念は，デスクトップメタファ（desktop metaphor），WYSIWYG，オブジェクト指向（object orientation）からなる。デスクトップメタファは，コンピュータの情報空間を，ユーザの「机の上（デスクトップ）」に喩えて表現するものである。コンピュータのディスプレイ上に，文書やフォルダやゴミ箱が置かれ，文書やフォルダを開くとウィンドウが開き，それが机の上に置かれた紙の文書やフォルダを表している。また，不要な文書やフォルダなどをゴミ箱に移動することで文書やフォルダの削除を実現する。WYSIWYG は，What You See Is What You Get（見たままのものが得られるもの）の頭文字をとったものであり，ディスプレイに現れるものと処理内容（特に印刷結果）が一致するように表現するという考え方である。たとえば，文書を開くと，ディスプレイ上には，現実の文書の印刷イメージがそのまま示される。オブジェクト指向の基本的な概念は，データとプログラムの一体化（カプセル化）であり，文書を開けば，その文書とともに，文書を作成したプログラムが自動的に起動する。

CUI や GUI インタフェースに対して，人間にとってより直感的な，自然界の物理法則を利用したインタフェースは，ナチュラルユーザインタフェース（NUI, Natural User Interface）と呼ばれ，近年急速に広まっている。具体的には，触る（touch），話す（speech），身振り手振り（gesture），手書き（handwriting），見る（vision）といった自然な操作で指示ができるインタフェースである。ナチュラルユーザインタフェースは，センサデバイスを用いたジェスチャー認識（Microsoft 社の Kinect など），音声認識・対話（Apple 社の Siri や Yahoo! JAPAN の Yahoo! 音声アシストなど），視線検出，マルチタッチセンシング（トラックパッドやタッチパネル上で 2 点以上の接触を認識する技術）といった技術で実現される。

NUI は従来よりも柔軟で自然な操作を可能とするインタフェースであるが，情報デザインの観点からは，ユーザ側からの情報入力をより自然にすることに主眼を置いたインタフェース技術ととらえることができる。一方，グラフィカルユーザインタフェースは，情報空間をどのように見せるかに主眼を置いたインタフェース技術ととらえることができる。ユーザインタフェースにおけるアフォーダンス（近年ではシグニファイア（signifier）とも呼ばれる）の概念[4]を提唱した，インタフェース研究で著名なノーマン（D.A. Norman）は，現実空間での人の操作に基づいており情報空間の表現には寄与していないジェスチャーが文化的多義性の問題を抱えているとして，NUI は有益な技術ではあるが「自然ではない」という指摘を行っている（D.A. Norman:*ACM Interactions*, pp.6-10, 2010.）。

さらに，NUI は，注意深くデザインしなければユーザビリティ上の問題を引き起こしやすい。たとえば，ジェスチャーを用いた入力では，どのような種類のジェスチャーが存在するのかは利用者にわからないままであったり，ジェスチャーと機能が適切に対応付けられていなかったりする。また，音声対話システムでは，どのような質問であればシステムが適切に回答してくれるのかは，システムを通して経験を積んでいくことでしか構築することができないのが一般的である。このような新しいインタフェースにおいては，利用者は過去の経験を用いてシステムを利用することが難しいため，デザイナーはインタフェースを従来よりも注意深くデザインする必要がある。

4 情報の理解と評価

情報デザインの目的は，情報をわかりやすく伝達するために，情報を構造化してどのように表現するかということであり，この意味で，デザインされた情報が「理解しやすい，わかりやすい」，「信頼できる」とは何かを考えることは重要である。

テキストの可読性

テキスト情報の「理解しやすさ（comprehensibility)」を測る上で，表層的であるが基本的で重要な尺度は，テキスト情報の「読みやすさ（可読性，readability)」である。テキスト情報の可読性を測る尺度として，文章の文長，単語長や単語数，文字数などの表層的な特徴に着目した以下の尺度がよく知られている。

- フレッシュの読みやすさ指数（Flesch Reading Ease, FRE）［R. Flesch：*J. of Applied Psychology*, 32, pp.221-233, 1948.］
  $\boxed{206.835-1.015\times ASL-84.6\times AWL}$
  ASL は文章の平均文長，AWL は平均語長。
- センターの可読性指数（Automated Readability Index, ARI）［R.J. Senter ら：AMRL-TR-6620, 1967.］
  $\boxed{4.71(C/W)+0.5(W/S)-21.43}$
  C，W，S は，それぞれ，文章中の文字数（C），単語数（W），文数（S）。
- コールマン・リアウ指数（Coleman Liau Index, CLI）［Coleman and Liau: *J. of Applied Psychology*, 60, pp.283-284, 1975.］
  $\boxed{0.0588L-0.296S-15.8}$
  L，S はそれぞれ，文章中の 100 単語当たりの平均文字数，100 単語当たりの平均文数。

さらに，専門用語や業界語などの難解語や，話題やジャンルに依存しない普遍的な語がどの程度文章中に含まれているかによって読みやすさを測る尺度として，次の PF，NDC，TF, GF が知られている。

- 高頻度出現語指数（Popularity-based Familiarity（PF)）［A. Jatowt ら：*ACM CIKM*, 2012.］：Contemporary American English（COCA）のコーパス（http://corpus.byu.edu/coca）を利用し，16 万件の文書（多言語，多ジャンル）から 50 万語を抽出し出現頻度の高い語を popular な語とし，文章が popular な語を多く含めばその文章は読みやすいとする評価尺度。

- デール・チャール指数（New Dale-Chall Formula（NDC））［Dale and Chall：*Elementary English*, 26(23), 1949.］：文字数等と PF を組み合わせた評価尺度であり，平均文長と難解語数の両方を考慮する。ただし難解語は，3000 の共通単語リストに含まれないものとする。
- トピック横断高頻度出現語指数（Topic-based Familiarity（TF））［A. Jatowt ら：*ACM CIKM*, 2012.］：単語のトピックカテゴリ上の分布を考慮した評価尺度であり，異なるトピックカテゴリの新聞記事（10.7 万件）に共通して出現する単語を多く含めばその文章は読みやすいとする評価尺度。
- ジャンル横断高頻度出現指数（Genre-based Familiarity（GF））［A. Jatowt ら：*ACM CIKM*, 2012.］：単語の文書ジャンル上の分布を考慮した評価尺度であり，行政文書，技術文書，旅行文書，信書，ノンフィクション，雑誌など，異なるジャンルの文書に共通して出現する単語を多く含めばその文章は読みやすいとする評価尺度。

図 4-12 は，これらの評価尺度を用いて，エンサイクロペディア・ブリタニカの 3 種のコンテンツ，Wikipedia と Wikipedia の簡易版の Simple Wikipedia の文章の読みやすさを比較分析したものである。

理解・共感を高める言語表現

メタファ / 比喩は，その名のとおり「比べ，喩（たと）える」表現で，新たなことや抽象的なことを既存の具体的なものごとに例えることで記述・伝達を効率的で理解容易なものにする。

一般には「彼女はダイヤモンドのようだ」のように「ようだ / みたいだ」などの比喩を明示する表現を伴うものを直喩と呼び，「彼女はダイヤモンドだ」など，「ようだ / みたいだ」を含まない表現をメタファ / 隠喩と呼んで区別するが，直喩と隠喩を合わせてメタファと呼ぶこともある。メタファは，類似性を基にして，ある領域での理解を別の領域に移し替えて理解する認知的能力であり，プロセスであると考えられる。

たとえば，導管メタファとは，コミュニケーションという領域を，物を容器に入れて導管で送るという物理領域に移し替えたものである（図 4-13）。そこでは，アイデアが物体で，言語表現が容器，コミュニケーションは「送る」こととなり，これが「本を読んでも頭に入らない」「思いを言葉に込める」「彼女に気持ちを届ける」などの一連のメタファ表現を生み出す。議論領域を建築領域（「その主張は土台が弱い」）や戦争領域（「今日の会議では攻め込まれた」）に喩えること

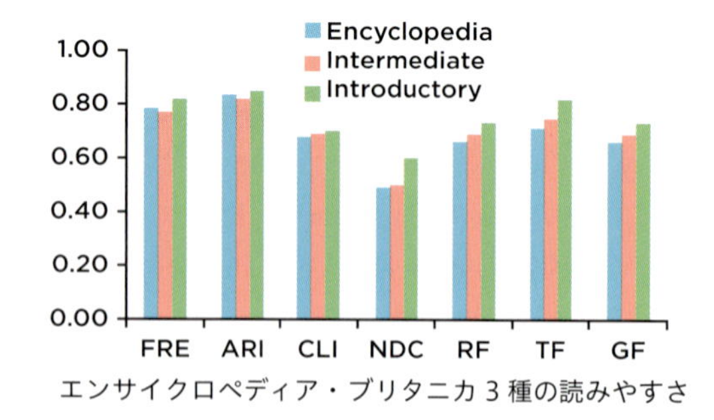

エンサイクロペディア・ブリタニカ 3 種の読みやすさ

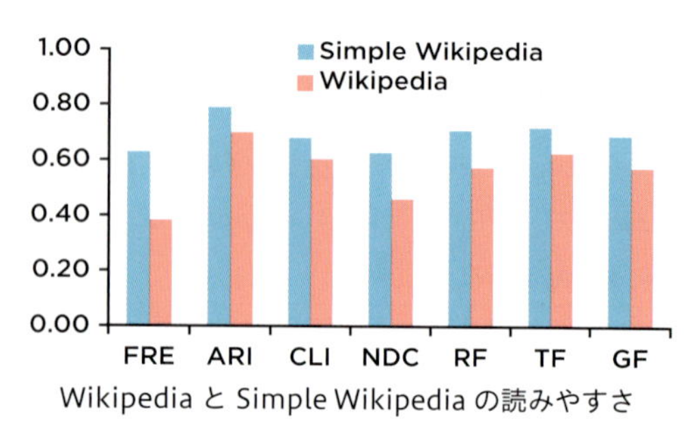

Wikipedia と Simple Wikipedia の読みやすさ

図 4-12　エンサイクロペディア・ブリタニカ，Wikipedia，Simple Wikipedia の文章の読みやすさの比較
（A. Jatowt ら：*ACM CIKM*, pp. 2607-2610, 2012.）

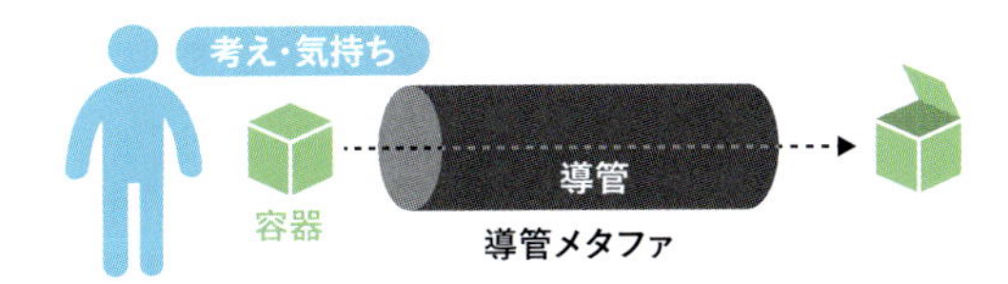

図 4-13　導管メタファ

や，擬人化（「パソコンの機嫌が悪い」），擬物化（「彼女がついに壊れた」）なども同様の現象である。メタファは言語活動のみならず，思考や行動に至るまでわれわれの日常生活のすみずみにまで浸透しており，われわれの概念体系の大部分がメタファによって成立している（Lakoff & Johnson：*Metaphors We Live by*, University Chicago Press, 1980.）。

これに対して，近接性の認知に基づく言語表現がメトニミー / 換喩であり，「鍋を食べる」（容器 - 中身），「白バイに捕まる」（付属物 - 主体），「漱石を読む」（作者 - 作品）などがその例である。さらに，上位下位関係により「白いもの」で「白髪」を指すような表現もその一種である。

このように，メタファ・メトニミーには情報の伝達や理解を容易にするとともに，情報を創造的・魅力的にする働きがあり，情報デザインにおいて活用することができる。ただし，それが理解されるためには，情報の送り手と受け手の間でその類似性や近接性が共通認識されている必要がある点に注意しなければならない。

伝達される情報に思いや気持ちが含まれる場合は，情報の受け手に共感（empathy）を抱かせるような言語表現が必要である。ここで，共感とは「相手の感情を，あたかも自分の感情であるかのように感じる」ことである。たとえば，詩歌の作成は，伝えたい情報をいかに読み手にとってわかりやすく，共感を得られるような言語表現を行うかという情報デザインの問題と位置付けることが可能である。詩歌の構造は「できごと」と「思い」の表現からなる。たとえば，短歌は，「こういうことがあった」（できごと）とそれに対して「こう思った・感じたこと」（思い）の記述である。俵万智は著書[5]で，できごとだけを述べて成立する短歌は，できごとの切り取り方が重要であり，思いだけを述べて成立する短歌は，「こう思った」の部分を簡単にまとめると伝わらないため，できごとだけの短歌よりさらに難しいと述べている。このことを踏まえて，「伝わる」短歌を作るための方法論（比喩や具体表現の利用，思いの説明的な記述の排除，主観的な形容詞の排除など）を提案している。これらのうちのいくつかは，心理学のギノットが提唱した，子供との対話における三原則（(1) 理屈よりも人間的な関係を，(2) 事実よりも感情を重んじる，(3) 一般論よりも具体論で）に共通するものがある（Haim G. Ginott（著），森一祐（訳）：『親と子の心理学―躾を考えなおす』，小学館，1973)。

理解性を高める画像・映像表現

a. 写真撮影の文法[6]

情報を写真で表現する場合，写真撮影においては，カメラ等の撮影機材の視点，もしくはこれらの撮影機材がどこを注視しているかが重要である。これは，視点によって表現される情報が変化するためである。視点に注目した写真撮影の文法としては，以下の規範が知られている。

- 人物のサイズ：写真で撮影される人物のサイズはさまざまであり，実際，クロースアップ（顔大写し），アップショット（顔中心），バストショット（胸から顔），ウェイストショット（腰から上），ミドルショット（足先が隠れる），ロングショット（人物全身小さく）などがある。これらの人物サイズは，対象とする人物の感情的状態に迫る場合は，クロースアップやアップショットが良いとされる。

対象とする人物の周囲状況や文脈情報を表現する場合には，ロングショットが良いとされる。

- 写真撮影角度：対象とする人物の顔とカメラの相対的な高さの違いで，その人物の性格的印象が変化する。上方向から撮影すると，対象人物は伏し目がちとなり，内気・控えめな印象になる。下方向から撮影すると，対象人物は反った顔となり，意志強固・尊大な印象を与えることができる。
- 想定線（imaginary line）：複数の写真で表現する組写真のルールとして「想定線」の考えがある。組写真では，全景写真（人物が対面）や個別写真（個々の人物）が混在することとなるが，その際，各人物の顔の方向が一致して一貫性があると，自然な印象を表現できる。想定線とは，複数の人物・モノがいる場面で，カメラに対して最前列に来る人物・モノを結ぶ線のことであり，組写真全部で，カメラが想定線を越えていないと自然な印象を与えることができる。想定線は，映像編集でも同様に適用できる規範である。

b. 映像の文法[7]

映像文法とは，映像の制作者の意図を正しく伝えるとともに，自然な流れやリズムを形成するための，ショットの撮り方やつなぎ方に関する基本的な規範である。「映画には言語がもつような明瞭な文法は存在しない」と，ジェイムズ・モナコや日本を代表する映画監督の小津安二郎が主張しているように，映像文法は，映像制作者が必ず遵守しなければいけない規範というよりも，むしろ情報をわかりやすく伝達できるようにするための，映像表現に関する基本的な方法論と位置付けられる。映像の文法は数多くあるが，次のものが主である。

- 自然さの表現：映像の最小単位はショット（shot）であり，映像はこれらのショットをつなぎあわせた時系列データである。このため，映像の視聴者が違和感をもたず自然に感じるためには，ショットのつなぎ方に関して工夫が必要となる。たとえば，同一被写体の2つのショットをつなぐ際，同サイズ・同方向から撮影したショットをつなぐと，かえってショット切替え時に生じる不連続な動きが視聴者に違和感を与えるため，同一被写体のショットは別のサイズやポジションをつなぐ方が良い。また，異なる視点から撮られた2つのショットをつなぎ合わせるとき，両ショット中のアクションが一致していれば時間・空間が連続しているように感じられる。
- 視点：客観的カメラ（objective camera）は，客観的な「全知」の視点から撮るショットであり，通常，映像中の多くのショットは客観的カメラのショットである。客観的カメラの対極にあるのが，主観ショットとも呼ばれる，POV（point of view）ショットである。POV ショットは，映像中に登場する人物の視点から撮られた映像で，その人物が見ているものを示す。POV ショットも，その人物の立場，個性，感情や嗜好を表現することができる。物語の場所や人物などを客観的に説明するためのエスタブリッシングショット（establishing shot）やロングショットは，情報全体の俯瞰の表現に対応する。一般に，カメラを「引けば客観，寄れば主観」と言われる。
- 構図：構図（composition）とは，フレームの中に何がどのように配置されるかということである。たとえば，シンメトリ（symmetry）は，左右対称の安定感をもつ構図であり，安定した美しさ，人物の調和・同等な関係や対立関係などを表現することができる。一方，非シンメトリ（asymmetry）は対称性が崩れた構図であり，人間関係の崩壊や人物の激情や不安を表現するのに適している。閉じた構図（closed form）はフレーム内に登場人物やアクションが収まっているような構図で，安定感を与える。開いた構図（open form）は，登場人物やアクションが意図的にフレームからはみ出すように作られた構図で，臨場感や現実感を出すのに効果がある。グラフィックの類似（graphic parallelism）は2つのショットで類似の構図を用いることで，共通した性質や運命などを暗示する方法である。

- ショットのつなぎ方による深い意味の表現：ショット / リバースショット（shot/reverse shot）は，2人以上の人物を撮る場合に，それぞれのショットを交互に繰り返すようにつなぐ手法であり，緊迫感を生み出せる。クロス編集（cross cutting）は，2つ以上の異なる場所で進行するアクションのショットを交互につなぎあわせる手法で，これによりアクションの類似性や対照性を強調する表現や，より複雑な意味の表現を行うことができる。後者は，映像の多義性を利用し，独立に撮影された複数のショットを結合させることにより新たな意味を発生・強調する技法であり，モンタージュ（montage）とも呼ばれる。

信頼性のある情報デザイン

信頼性(credibility)
=**信用性**(trustworthiness)＋**専門性**(expertize)

信頼性は，社会心理学では，信用性と専門性という人間にとって認知可能な特性であるとされている。信用性は，対象となる人や技術や情報が，どの程度信用できるかという尺度であり，対象が正直，公正，偏見をもって判断していないとみなし得る度合いである。一方，専門性は，対象がどの程度専門的であるかどうかという尺度であり，その対象が知識，経験，能力を備えているとみなし得る度合いと言える。情報の信頼性とは，情報そのものから認知される信用性と専門性ということになる。たとえば，ウェブサイトの信頼性とは，そのウェブサイトが提供している情報から，公正さ・公平さ・偽りの無さ（信用性）や，豊富な知識・経験・知性（専門性）を，どの程度認知できるかを意味する。ウェブサイトの信頼性が高ければ，そのウェブサイトは説得力が高く，人の姿勢や行動を変える原動力となる。ウェブサイトの供給者側にとっては，ウェブデザイナーがいかにして信頼性の高いサイトをデザインできるかが重要な課題となる。一方，ウェブサイトの利用者（ウェブサーファー）にとっては，そのウェブサイトが提供している情報が信頼できる情報であるかを見抜くことが求められる。

フォッグ（B. J. Fogg）[8]は，ウェブサイトの信用性については，ウェブサイトを提供している組織の所在地，問い合わせ先・電子メールアドレス，引用や参照を含む記事等を掲載していることが信用性を向上させる要素となり，一方，サイトの情報内容と広告の区別が難しいこと，信頼性の低いと感じるサイトへのリンクがあること，サイトのドメイン名と会社名の不一致などが信用性を低下させる要素であるとしている。また，ウェブサイトの専門性については，ウェブサイトのユーザの問い合わせへの迅速な回答，取引に関する確認メールの送付，情報の著者・肩書き等を明示していること，そのサイトの過去のコンテンツが検索可能なこと，情報内容が適宜更新されていることが，専門性を向上させる要素となり，一方，コンテンツの更新が少ないこと，機能しないリンクの存在，情報内容の誤植の存在などが，専門性を低下させる要素であるとしている。B. J. フォッグは，さらに，ウェブサイトの信頼性に関して次の4つの型を導入している。

- 仮定型の信頼性：人は，対象の何が信用でき何が信用できないかに関して，あらかじめ一般的な仮定を自身の中に置き，この仮定に基づいた信頼性に伴う先入観をもつ。たとえば，ウェブサイトの運営が非営利団体であること，サイトのURLがorgで終わっていること，競合サイトへのリンクを提供していることなどが信頼度を上げる。
- 外見型の信頼性：人は，対象の信頼性の初期評価を，広告のレイアウトや密度などの，外見上の特徴を直接見た印象から判断する。たとえば，対象となるウェブサイトがプロのデザイナーによって設計されていること，内容が前回閲覧したときから更新されていることなどが，信頼度を上げる要素となる。一方，内容と広告を見極めにくいこと，自動的に広告を表示すること，ダウンロードに時間を要することなどは，信頼度を下げる要素となる。
- 評判型の信頼性：人は，対象に対する第三者による保証（評判の良い情報源による保証など）があることで，対象の信頼度を高める。たとえば，対象となるウェブサイトが，ユーザが信頼しているサイトからリンクされていること，ユーザから紹介されたものであること，そのサイトが獲得した賞などを掲載していることなどが，信頼度を上げる。
- 獲得型の信頼性：人は，対象の使用期間が長くなるにつれて，その対象への信頼度を高める。たとえば，対象となるウェブサイトが，ユーザの問い合わせに対して迅速な回答を行うこと，取引確認のメールを送付することなどが，信頼度を上げる要素となり，一方，対象となるウェブサイトが操作しにくいことなどは信頼度を下げる要素となる。

情報デザインにおいては，情報の受け手である人間の性質についても考慮する必要がある。認知心理学の研究によって，人間の認知には次のようなバイアスが存在することが知られている。

- 信念バイアス：論理的な正しさよりも，自分の信念に当てはまるかどうかで妥当性を判断してしまう。
- 確証バイアス：自分の信念に対して都合のよい情報を重視したり，集めたりする。
- ベテランバイアス：経験が豊富であると，情報を解釈する上で過去の経験が大きな影響を及ぼす。過去の経験と現在の状況が大きく異なる場合，経験が判断を誤らせることがある。

これらのバイアスのために，情報を歪めて解釈し，本来正しい情報を信頼しなかったり，あるいは誤っている情報を信じてしまったりと，適切な判断に失敗してしまうことがある。このような問題を回避するためには，受け手のグループ分けに基づく個人差に適合した情報デザインが重要である。受け手のグループ分けには，年齢，性別，世帯規模，家族のライフサイクル，所得，職業，学歴などの人口学的変数と，心理特性，知識，価値観などの心理学的変数が考えられる。前者は属性と所在が明確なことが多く，もっている知識や情報ニーズを適切に把握すれば，それに応じた双方向的コミュニケーションが取りやすい。たとえば，年齢別に児童生徒に向けて，学校を通して図入りのわかりやすい言葉で表現するなどの工夫が可能である。一方，後者の心理学的変数によるグループは，属性と所在が不明確なことが多いため，グループやその情報ニーズを把握しにくいという問題がある。今後，SNSなどのネットコミュニティが心理学的変数に基づくグループへのアプローチの手がかりとなる可能性がある。認知バイアスを回避し，情報を正しく，わかりやすく伝えるもう1つの方策は，コンピュータによる情報収集・整理・提示を高度化することである。情報の発信者や外観（広告量，連絡先など），ある課題に関する主要な言明や対立する言明，肯定・否定意見の分布などを自動解析して提示することにより，受け手の合理的判断を支援する試みがある（黒橋ら：情報分析システム WISDOM，ACL-IJCNLP2009）。

演習問題

（問 1） 交通規制標識で表現されている情報の概念モデリングを行え。概念モデリングした結果に基づいて，新たな交通規制標識をデザインせよ。（ただし，その結果は，実際の規制標識と異なっていてもよい）。

（問 2） 1 つの映画を選び，その中に見られる印象的な（たとえば，インパクトが強い，情報量が多い等）「構図」や「視点」を抜き出し，解釈を行え。

（問 3） 情報検索結果の内容を俯瞰できるようなな可視化インタフェースをデザインせよ。

（問 4） Web サイトやネット広告などで，信頼性が高い（低い）と判断できる例を，仮定型，外見型，評判型，獲得型のおのおのに関して見つけよ。

参考文献

[1] Richard Saul Wurman: *Information Anxiety 2*, Que, 2000.（リチャード・ソール・ワーマン（著），金井哲夫（訳）：『それは情報ではない』，エムディエヌコーポレーション，2001.）

[2] Andy Oppel: *Data Modeling, A Beginner's Guide*, Mc-Graw-Hill Education, 2010.

[3] 木村博之：『インフォグラフィックス――情報をデザインする視点と表現』，誠文堂新光社，2010.

[4] D.A. ノーマン（著），野島久雄（訳）：『誰のためのデザイン？――認知科学者のデザイン原論』，新曜社 1990.

[5] 俵万智：『短歌のレシピ』，新潮社，2013.

[6] 黒須正明：『情報の創出とデザイン』，岩波講座マルチメディア情報学，第 4 章，岩波書店，2000.

[7] 今泉容子：『映画の文法 日本映画のショット分析』，彩流社，2004.

[8] B. J. フォッグ（著），高良理，安藤知華（訳）：『実験心理学が教える人を動かすテクノロジ』，日経 BP 社，2005.

CHAPTER

5

組織・コミュニティのデザイン

組織やコミュニティという社会的な集団をデザインするとき，プロダクトやグラフィックのデザインとは違う方法が必要になる。本章では，この違いを理解することを目的とする。まず従来から議論されている組織やコミュニティのデザイン方法について概説し，その上で，その方法が外在的なデザインになっていることを示す。それに対して，参与者自身のデザインに対する理解がデザインの中に含まれる，内在的なデザインの観点を紹介する。特に，状況に意味を与えるセンスメイキング，それを行うための言語，言語により構成される制度などの側面を議論する。最後に内在的なデザインの実践を簡単に紹介する。

（山内　裕，平本 毅，杉万 俊夫，松井 啓之）

1

組織・コミュニティのデザインの概要

組織・コミュニティにおける行動のデザイン

まず組織とコミュニティがそれぞれ何を意味するかを説明するところから始めよう。この2つの概念にはさまざまな分野で異なる解釈が与えられており，明確な定義は存在しない。本章でも厳密な定義は与えないが，あえて言えば，一定の社会生活を共有している集団があるときに，何らかの目的の下に活動しているものを組織，そのような目的をもたないものをコミュニティと区別できるだろう。営利企業や非営利団体などが組織，村落や都市社会などがコミュニティの例として挙げられる。

組織やコミュニティをデザインするとき，そのアプローチには大きく分けて，集団における人々の行動に注目するものと，集団全体を1つのシステムとしてとらえるものの2つが考えられる。

まず前者について見てみよう。集団における人の行動を方向付けるとき，よく議論される方法は，行動を意識付けるために報酬や罰則を用いることである。これは組織研究の歴史で言及されることの多い，テイラー（F.W. Taylor）の科学的管理法[8]において顕著に現れる。科学的管理法は，20世紀初頭，製造業などの現場の従業員を対象に実践された。人々は仕事するとき，実際に達成しうる最大限の努力をするわけではない。むしろ，最大限努力してアウトプットを増やしても，歩合を下げられてしまうのではないかという不信感から，手抜きをすることが多い。そこでテイラーは，作業を観察することで，作業者が努力すれば到達可能なアウトプットの量を求め，手を抜かずそれに到達したときに多い報酬を与えることができるように歩合を決定した。このように明確に歩合を決定することで，人々が十分に努力をしてアウトプットを増やすだろうと考えたのである。

加えて，その到達目標を下回ったなら，歩合を下げるルールとした。つまり，一定目標を下回る場合には歩合を低く，到達した場合には高くするという段階的歩合制の導入である。このようなルールは，努力したものに褒章を与え，努力しなかったものに懲罰を与えるものととらえることができる。科学的管理法は，このようなルールによって人々の行動をデザインできるという前提に立っている。

しかしながら，科学的管理法の基本的な考え方である，褒章と懲罰による行動の規定は，現実にはそれほどうまく機能しなかった。科学的管理法は，人間を機械のように扱うものとして多くの批判にさらされることになった。

一方，Western Electric 社のホーソン工場のマネジャーは，業務改善に繋がると期待される環境の効果を検証していた。たとえば彼らは，部屋の明かりを自然光ではなく人工光にしたら，生産性が上がるのかを実験によって検証した。彼らの仮説は，人工光の方が生産性が向上するというものだった。しかしながら，実際には自然光／人工光の条件とかかわりなく，単純に実験回数が増えるにつれて生産性が向上していったのである。

これが，「ホーソン効果」と言われるものである。この効果は，自分が他者から期待されていると感じることによる，個人のモチベーションの向上を意味することが多い。その後，メイヨー（G.E. Mayo）らがさまざまな実験を行い，従業員の人間的側面に注目した施策の効果を示した。これらの実験が示したことの1つは，従業員がグループを形成し，そこで自分たちの行動の仕方を作り上げることの効果である。グループの中で人間関係に基づく規範が共有されると，1人だけ生産性を上げることで，他の人が不利を被らないように，プレッシャーがかかることになる。たとえば，いったんほどほど努力する職場の雰囲気が規範として共有されると，人並み以上に努力しようとする人が白眼視されるようになる。このように，科学的管理法のように経済的報酬に注目するのではなく，人間関係に着目するアプローチは，人間関係論として広まった。

しかしながら，この人間関係論も，インプットを変更すれば，アウトプットが予測できるような機械として従業員を扱っている点では，科学的管理法とそう変わらない。重要なのは，経済的報酬や人間（関係）的側面といった変数を操作することで，生産性が決定できると考えるような単純なモデルは現実には合わないという点である。先にホーソン実験に言及した際に生産性が上がった例を紹介したが，それも短期間の，自然な職場環境とはかけ離れた実験的状況下での労働に限定された話であって，この実験の結果と実際の組織活動の成功とを同一視するわけにはいかない。結局，人間はそのような機械のようには語ることができない。

コミュニティのデザインにおいても同様の議論が生じている。日本社会においてコミュニティのデザインが論じられ始めたのは，4，50年前のことである。この背景には，都市化の進展により旧来の濃密な人間関係が失われ，地域住民間の相互扶助の仕組みが機能しなくなりつつある日本都市社会への危惧感があった。当時の日本においてコミュニティをデザインすることは，行政がコミュニティセンターやコミュニティ広場といった公共施設，住居等の建築物を配置することと，補助金を出すことととらえられていた。つまり，場所と催し物に予算を付ければ，そこに人が集まって活動し始め，コミュニティが再興される（あるいは新たなタイプのコミュニティが創造される）ものと考えられていたのである。こうした「ハコモノ」施策も，インプットの変更によりアウトプットを操作できるという想定に基づいたものであり，これに対する批判はさまざまな形をとって行われている。

組織・コミュニティをシステムとしてとらえたデザイン

これまで行動をデザインするために，経済的・社会的なインプットを操作するというアプローチを概観してきた。次に，組織やコミュニティという集団を1つのシステムととらえ，それをデザインするというアプローチを見ていく。

情報処理モデルと呼ばれる考え方では，組織は環境の不確実性に合わせてデザインされるべきだと考えられている[2]。環境とは，その組織が直面する外部の事柄である。組織は，いくつかのグループから構成され，それらグループもまたそのサブグループから構成されるというシステム的視点が採用される。不確実性は，タスクの遂行に必要な情報量と，実際に使用可能な情報量の差分であると定義される。つまり，情報が足りないと，不確実性が高いと考えられる。

不確実性が高いと，階層的に構成された組織の情報系統がパンクする。例外が頻繁に発生し，上司への負荷が高まる。そこで，組織はこのような負荷を軽減するようにデザインされるべきだとされる[2]。具体的には，業務をできるだけ外部の要因に依存しないように，自己充足的な形でデザインすることや，業務の間に余裕（スラック）をもたせることなどが挙げられる。また，上司を介さなくても意思決定ができるように，部門間の横のつながりを作ることが効果的である。

このような考え方は，組織の部門構造のデザインに応用される。ある製品に関する事業を考えよう。その製品を担当する営業，製造，研究開発などの部門が必要である。つまり，複数の機能（function）と呼ばれる専門性が必要となる。しかし，営業，製造，研究開発などは，他の製品における営業，製造，研究開発と業務が重複する。これを集約した方が効率はいいし，また1つの成果を複数の製品で広く利用することができる。しかし集約しすぎると，今度は特定の製品に特化した，営業，製造，研究開発に支障を来す。この2つの論理が並存することによって，上司の負荷が高くなってしまい，情報処理が遅れることになる。

そこで環境の性質によって，組織のデザインを修正していく必要がある。一般的に，製品が比較的速く売れる成長段階では，製品や製品カテゴリごとに組織を区切る事業部制組織が望ましい。なぜなら，このような組織によって特定の商品に関する意思決定が早くなるからである。もし，他の商品にかかわる組織と連携しなければならないとすると，意思決定が遅れるだけではなく，その特定の商品にとって最適な意思決定がなされにくい。図5-1のように，営業，製造部門や開発部門が製品カテゴリの事業本部の下に属する形になる（ここでは単純化した架空の組織を想定している）。

しかし，市場が飽和してくると，同じ会社の営業が互いに競争して，違う商品を売り込むことは望ましくない。また，製造や開発業務が他の製品カテゴリとも重複することになり，結果的にコストの高い事業となってしまう。そのため，組織を機能別に区切る機能別組織という選択肢が合理性をもつ。つまり，図5-2のように各機能組織の中で，さまざまな製品に対応することになる。たとえば，開発部門は複数の商品を管轄することで，

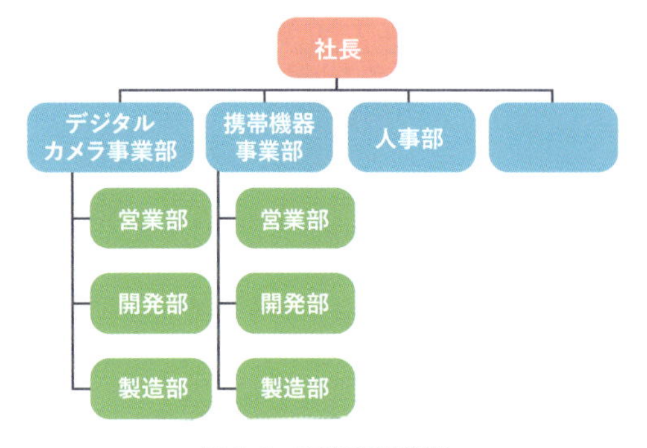

図5-1　事業部制組織

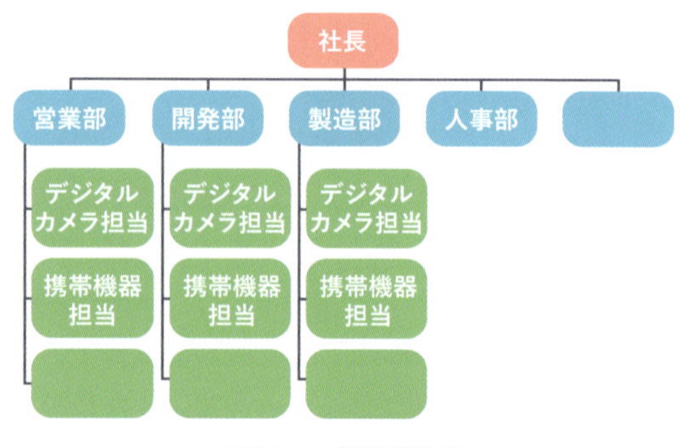

図5-2　機能別組織

1つの商品で学んだ知見を他の商品に生かすことや，複数の商品で共有できる業務を集約することができる。しかしながら，この方法では，複数の商品に渡る調整が必要となり，客の嗜好の変化や客からの要求などに応じて迅速に意思決定し，対応することが難しくなる。

事業部制組織と機能別組織では，どちらも一長一短がある。そこで，1人の従業員が2人以上の上司をもつというマトリックス組織という考え方が生まれる（図5-3）。製品Aの開発者は，製品Aのプロダクトマネジャーを上司としてもちながら，製品横断的な開発部のマネジャーも上司としてもつ。これによって効率的に情報を共有することが可能となる。しかしながら，マトリクス組織には，上司を2人以上もつことによる非効率，つまり報告義務や会議の増加などの負担が大きくなるし，また上司の意見が食い違うときに混乱を招くことになる。このような組織形態は状況に応じて使い分ける必要がある。

このように組織形態を変更することには一定の効果があるが，最終的に実際に組織がどのように機能するかは，このような形態にどのように意味を与え，業務の実践を形作るかに依存する。たとえばP&Gでは，事業部制組織，機能別組織，マトリックス組織などの歴史を経た後，各部門が並列するフラットな組織構造を採用し成功したとされている[6]。地域ごとの営業組織と洗剤事業の事業本部は並列で置かれ，その間には正式な命令系統はない。フラットな組織によって組織図上は情報の連鎖が明示されなくなったが，部門間の連携を強化するために，ローテーションやタスクフォース，そして経営者のトップダウンの意識付けなどの努力が払われた。以上のことは，部門構造を変更するだけでは組織のデザインの表面的な部分に留まり，それを実践の中でどう意味付けしていくかが重要であることを示している。

デザインの外在性

以上，組織やコミュニティをデザインするためにとられてきた既存の手法を，駆け足で見てきた。ここまでの議論を簡単にまとめてその問題点を整理しつつ，その解決法として次節以降で紹介するデザインの方法への道筋を示そう。組織やコミュニティをデザインする際には，対象となる組織やコミュニティが，成員の行為の集積により構成される社会的な事象であるため，次節以降で紹介するような，独自の視点が必要となる。組織やコミュニティを外部から眺めて，外部からその形を変えていくことは難しい。外部にいるデザイナーが特定の行為を期待してデザインしたとしても，結果的にその期待から外れた行為が生み出されることがほとんどである。

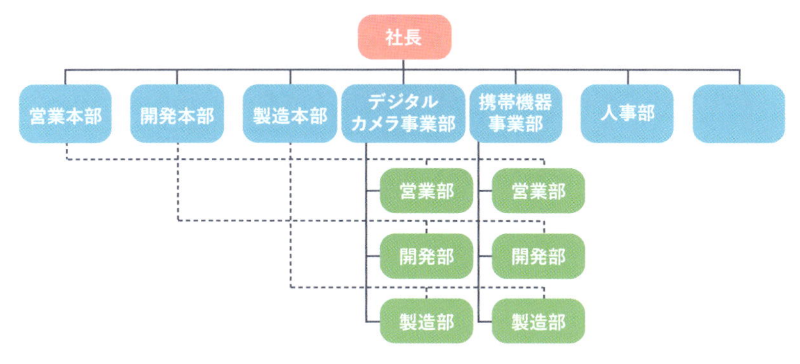

図5-3　マトリクス組織

組織をデザインするとき，組織を外から見ることで，そこで働く個人をモノのように扱うことがある。科学的管理法の名の下に行われた，組織変革はこの典型的な例である。一方で，人間関係論のように，経済的報酬だけではなく，職場のグループ規範，人間関係，職務満足度などに注目することも多い。これは人を丁寧に扱っているように見えるが，人間関係論もあくまで目的は生産性を上げることにあり，そのインプットの経済的要因が，社会的要因に変わっただけであって，人の行為を外在的にとらえていることには変わりがない。他方，情報処理モデルに基づいた組織のデザインも，組織を1つの実体としてとらえていることから，外在的なものであることが明確だろう。あたかも，組織をパズルのように組み合わせるというアプローチには，そこに参与する人々の視点がそれほど意識されていない。

コミュニティも外在的にデザインされることが多い。典型的には，行政の補助金である。問題の解決を目指す活動に補助金を与えることは妥当であるように見える。しかし実際には，成果が出ることはほとんどない。本来は資源がないときに，みんなで知恵を絞り考え，助け合って解決を図ることが重要であるが，補助金で一気に資源を獲得することで，本来あったはずの協力関係や目標意識が逆に消滅する危険性がある。そして，補助金が切れると活動が立ち行かなくなる。そもそもどんな状態を目指すべきか，何を自分たちにとっての問題とみなすかが組織より明確でない点において，コミュニティの外在的デザインはより大きな問題を抱えている。

途上国への支援も資金を一方的に与えるだけでは，建物，橋，道路は作れるかもしれないが，それらが現地の人びとにどう使われ，どういった影響を社会に及ぼすかというところまではデザインできない。近年の社会起業家は逆に途上国でビジネスをしようとする。与えるのではなく，現地の人に商品やサービスを購入してもらう。現地の人が自分の金で購入したいと思うような商品やサービスを作る努力は並大抵ではなく，その努力によって現地の人が本当に求めるものが作り上げられる。ビジネスが立ち上がることで雇用を生み出すことは言うまでもない。

以上の議論から，組織やコミュニティをデザインする際に，それらの集団に参与する人びとの視点に寄り添うことが必要であることがわかる。組織で働く人やコミュニティで暮らす人が，どの範囲を内集団とみなし，外部との境界をどこに定めるか。彼／彼女らが何に価値を置き，何を問題と感じているか。特にコミュニティのような，明確な規則や活動の目的をもたない集団の場合，それに参与する人々自身の，自分たちの生活への理解はどんなものであるかを調べるところからデザインを始めることが必要になる。次節では，そのような内在的なデザインについて考える。

2 組織・コミュニティの内在的デザイン

デザインの内在性

組織やコミュニティは，内在的にデザインされるべきである。ここで考えなければならないことは，人の行為をデザインする際には，その人がその行為をどのように理解するのかが問題となるということである。モノをデザインする場合，モノはそのデザインに対して理解をもたない。他方，組織やコミュニティをデザインする場合，人々自身の，デザインされた組織やコミュニティに関する理解が，デザインの中に含まれる。

組織やコミュニティの参与者が自分たちの行為をどう理解しているのかを考えるべき理由は，それ抜きに外在的に規則や手順を制定しても，行為はデザインできないからである。ある行為を行うために，外在的に行為の手順が詳細に記述されたものが与えられたとしても，実際には人はその手順を読んで，盲目的に行為を実行するわけではない。その理由の1つは，手順が完全に行為のステップを記述しきれないことと，詳細に記述しようとすると複雑になり理解できなくなるためである。手順に従おうとすると，実際にはそこに書かれていない多くの常識的知識が必要となる。そのような常識的知識は，行為者自身が都度状況に応じて適用するものである[3]。

しかし，手順が行為を決定できない根本的な理由が別にある。たとえば，誰かと出会って握手をするときの手順を考えよう。握手の手順を書き出して，それを1つひとつ実行していっても握手はできない。握手をするには，まず自分が握手をするという手順に従っているということを相手に伝えなければならないし，相手がそれを理解したことを確認しなければならない。しかし，こうすれば相手に伝え，相手の理解を確認できるという手順は存在しない。実際に握手をする際に人が行うことは，適切な間合で，適切なタイミングで，少し右手を出す動きをしながらも完全には出さず，相手の反応を見て，相手が少し右手を動かそうとしたことに反応して，さらに少し自分の右手を伸ばす，云々のことである。ここで行われるのは，あらかじめ規定された手順どおりの行為ではなく，相手の行為の繊細なモニタリングと結びついた，かなり複雑な行為である。これをルールや手順として完全に記述することはできない。

つまり，行為をデザイナーが規定し，それを盲目に人々が実行するということはありえない。人々自身がその行為にどのような理解を与えるのかが重要となる。このような理解は，人々自身が互いに示しあうものであるから，人の実践に先立ってデザイナーが人々の理解を規定することはできない。多くの場合，行為者の行為に対する理解とデザイナーの理解は食い違う。

組織化と実践

このように考えると，実体としての集団も，実践を通してのみ規定しうる。組織学者ワイク（K.E.Weick）は，名詞としての「組織（organization）」を排除し，動詞としての「組織化（organizing）」という概念を用いることを主張した[9]。これは，組織は実体として存在するのではなく，所属する人々の行為があるのみであり，組織という現象はそれらの行為を通してのみ達成されるという考え方である。ここで組織化とは，組織成員が直面する多義的な状況において意味を作り出し，組織立てて，さまざまな人々の行為の連関を可能にすることを意味する。

たとえば，ある人が何か問題に気付いたとしても，それだけでは組織として動くことができない。他の人にはその問題が見えないかもしれないし，問題だとわかってもどう行動したらいいのかわからないかもしれない。その問題に組織としての意味を付与し，他の人とその意味を交渉し，理解してもらうことで，何らかの行為の連関を実現する。そして，その行為の連関が1つの組織の現実として受け入れられることになる。このように，動詞としての組織化とは，行為の過程としてとらえることができ，名詞としての組織のような実体が存在するとは考えない。

ワイクは組織化における出来事へのセンスメイキング（sense-making：意味形成）が，図5-4の過程を経て行われると考えている。まず組織にとっての「環境の変化」（左端）が生じる。たとえば工場の生産ラインで，機械のどれかがふだんと異なる調子で作動していたとしよう。社員の誰かがそれに気付き，上司にそれを機械の異変として報告する。これが，環境の変化を組織の問題として切り取る「イナクトメント（enactment：制定）」（左から2つめ）の過程である。「イナクトメント」された機械の異変という状況は，機械を調べた上司やその同僚によって不調や故障として意味付けされる。これが「淘汰」（左から3つめ）の過程である。こうして付与された組織にとっての意味は，機械が修理に出されたり報告書が書かれたりすることによって「保持」（右端）される。また「保持」された意味は，次の出来事が生じた際の「イナクトメント」や「淘汰」の資源として使われる。このセンスメイキングの連鎖化という行為を通じて，組織がそこで働く人々にとっての現実として立ち現れてくることになる。

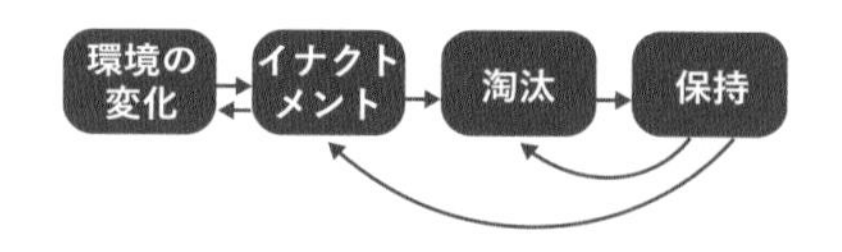

図5-4　意味付与の過程

この考え方の下では，組織のデザインとはある時点で外在的にデザインを決められるようなものではなく，常に行為を通して参与者自身によって内在的にデザインし続けられるものととらえられる。たとえば，上司は一度「上司」という役割を与えられれば組織の中で上司という位置を占めることが決定されるわけではなく，部下やその上の上司などと関係しながら行為する中で特定の仕事のやり方，話し方などによってどういう上司なのかがその都度達成されていくものである。

この組織化の考え方は，実践（practice）の概念と深い関係がある。組織化とは，意味を作り出し，状況と行為を組織化する実践にほかならない。実践とは理論に対比される概念であり，組織やコミュニティという社会的な現象を抽象的な概念，つまり理論として取り扱うのではなく，個別具体的で物質的な状況に埋め込まれた事柄として取り扱う。先述の例であれば，上司という組織的現実は，上司やそれにかかわる人々の日々の実践によって達成され，構築されるものと考えられる。

さらには，個別具体的で物質的な状況でなされる実践において，バウンダリーオブジェクト（boundary objects）[7]と呼ばれる人工物をデザインすることが有効である。バウンダリーオブジェクトは，異なるコミュニティの双方で利用されるオブジェクトである。それぞれのコミュニティがそれぞれのやり方において，そのオブジェクトを使うことにより，コミュニティの間に境界が形作られ，さらにコミュニティ同士が連携することを可能とする。たとえば，職場のホワイトボードは，特定のグループの人が議論するために使うし，会議室の予約のためや個人がメモを残しておくために使われ，外部の人が情報を通知する案内を貼るためにも使われる。

バウンダリーオブジェクトが実践にとって重要なのは，それがさまざまな意味をもつようになり，ある程度柔軟に使われうるため，実践を外部から規定するのではなく，実践のためのツールとなるという側面があるからである。さらには，異なる実践に従事するコミュニティが，バウンダリーオブジェクトをそれぞれの目的で使いながらも，連携することができる。このような，物質を射程に含めた実践のデザインによって，組織化が行われ，組織やコミュニティが再構築されていく。

言語，制度化

組織化はセンスメイキングと関係が深い。前節でも触れたように，センスメイキングとは，多義的な解釈に開かれた状況を，理解可能なものに仕上げていくことを意味する[10]。たとえば，原因のわからない事故が起こったときのように，何か理解不可能な事態が生じたときに，そこに意味を形成（センスメイク）する。意味を作るということは，言語的に現実を表現するだけではなく，現実を構築することを意味する。いわばセンスメイキングとは現実を構築する活動である。作り出された意味が，現実を制定（enact）し，それにより次の行為が作られる。このようなセンスメイキングを通して，組織成員にとっての物事の意味が作り上げられ，行為を通して組織やコミュニティが達成されていく。

つまり，組織化が実践を通してなされるというとき，言語が介在している。実践は明示的に声に出されたり，書かれたりするかどうかにかかわらず，特定の言語を使用し，言語によって構成される。上司と部下の例では，部下が上司のことを呼ぶときに，特定の言葉を用いる。そのとき，上司を「部長」と呼ぶ必然性があるわけではない。「佐藤さん」でも，「お母さん」でもよいはずである。そうした状況であえて「部長」と呼ぶことにより，相手は上司になる。

さらに，その部下が部長に，自分の担当プロジェクトに関する報告を行っているものとしよう。そのプロジェクトの進捗が当初の予定より遅れていることについて，さまざまなナラティブ（＝物語）が語られうる。たとえば，顧客が要件を整理できず遅れているという説得力のない物語もあれば，遅れているように見えるが実は他の業務を優先しており最終的にはリカバリーするという多少興味深い説明もあるかもしれない。いずれにせよ，ここでの語りは現実を構築していく。そして，状況への意味付けが成功すると，次の行為が決定される。

このように，組織やコミュニティのデザインにおいては，言説をデザインするという側面が重要となる。たとえば近年，「孤独死」や「無縁社会」

と結びつけて語られる「社会的孤立」という言葉は，従来はある個人の人付き合いの悪さとか，コミュニケーションスタイルの問題として処理される可能性があった事柄を，コミュニティに所属する人々が共有すべき社会的問題としてとらえ直す働きを担っている。このような言葉が作り出されることによって，人々の行為が容易に意味付けされ，理解可能となる。そして，他のさまざまな類似活動も，それらのラベルの下に収められ，1つの動きとして認識可能となる。また，そのようなラベルによって，その活動を他の地域に広げていくことが容易になる。結果的に法律などの制度も整備可能となり，お金や人材などの資源も集約しやすくなる。

新しいものをデザインするときには，既存の制度への埋め込みが必要となる。制度とは，社会にとって事実として構築されているものを指し，規則として強制されるものだけではなく，それが正しいという価値判断，そして当たり前になっていて受け入れられている現実などが含まれる。たとえば，トーマス・エジソンは，電灯を導入するにあたって，ガス灯という既存の制度を最大限活用した[4]。ビジネスモデルはガス灯を真似し，明るさもガス灯に合わせた。最初の電力会社は，ガス会社として登記された。これは，新しいものを社会の中に埋め込むために必要であった。

制度をデザインするとき，そのデザインの正当性が重要となる。正当性のないデザインは受け入れられない。新しい制度を立ち上げようとするとき，その制度には正当性が必要となるが，その制度が新しく革新的なものであるほど，正当性を得ることは難しくなる。1979年にエリソン（Larry Ellison）がデータベース製品Oracleを導入したとき，その商品名をOracle 2とした。じつはOracle 1という商品は存在しない。つまり，あえてバージョン2と名付けることで市場で確立した商品のように見せたわけだが，これは商品を正当化する操作である。

パワー

組織やコミュニティのデザインにおいてもう1つ重要な側面として，パワー・権力の問題を避けるわけにはいかない。パワーは明示的には，特定の人に特定の行為をさせるように仕向けることを伴う。特定の役割を設定し権限を与える場合や，特定のグループの人々にある行為（たとえば投票）をする権限を与えないとき，直接的なパワーの行使が行われる。

しかし，そのような明示的パワーだけではなく，潜在的に介在しているようなパワーに注意を払う必要がある。特定のグループに不利な状況を作り出していながら，そのことを顕在化させないために言説をコントロールすることはよくあることである。人種差別が存在しないことを理由に人種に関するデータを収集しないとき，そのことはデータがないから人種差別はないと循環的な主張を形作ることを可能にする。さらには，人に人種を聞く行為自体が人種差別であると主張することで，データを収集しないことを正当化することができる。

言語的な行為は，世界を分節する方法に関与するために，根深いパワーを行使することにつながる。たとえば，特定の言語で特定の人を分類する。あるいは，特定の活動を言語的に正当化していく。これは意図的に特定のグループを排除することや抑圧するだけではなく，我々の日常に潜む問題である。たとえば，ある人に対して女性というカテゴリーを当てはめ，性差に付随するさまざまな期待を押し付けることは，意図的なものではないとしても，権力的行為である。このような事例はあまりにありふれているため，押し付けられた人もほとんどの場合それを意識することはない。

もちろん，上のように述べることで，パワーに中立なデザインを目指すことを主張するものではない。そのようなデザインは存在しない。デザインという行為は必ずパワーを生み出す。重要なのは，デザインする人が自分自身をデザイン対象と内在的に対峙させ，自らの実践を対象の外に置くのではなく，対象の中に節合させていくことによって，パワーを自覚することである。組織やコミュニティを変革するとき，明示的に人々の行動を変えるために，ルールを制定することによって，パワーが顕在化する。同時に，その変革は，さまざまな言説を組み立てることによって合理的で説得力のある説明が与えられる。企業が製品の問題を「問題」ではなく「不具合」と呼ぶことによってその責任を限定することや，逆に消費者の危機感を高め商品を売るために，新しい名前で問題を説明することや時には新しい病名を作ることもある。一方で，組織やコミュニティをデザインするときに，新しい組織やコミュニティのあり方に関する言説を組み立てることは必須であり，このようなパワーも正確に理解することが，デザインの実践において重要となる。

3 内在的なデザインのアプローチ

それでは，内在的に組織やコミュニティをデザインするには，具体的にどうしたらいいのだろうか。まず，その組織やコミュニティのことを内在的に理解することが重要である。そのためにエスノグラフィなどの手法が用いられることが多い（詳細は第6章「フィールドの分析」）。組織やコミュニティの内部の視点を理解しようとするこの手法によって，その場の意味体系，言説，力関係などに迫ることができる。

ただし，内在的に理解することは，組織やコミュニティの内部者と同化することを意味するわけではない。デザインにおいては，現場に何らかの異質なものを導入することや新しい事実を打ち立てることが重要となり，その場に新しい視座を導入することが目指される必要がある。たとえばコミュニティを活性化させる際に，地域住民たちが自分たちの売りだと考えている資源（観光資源や産業）は，それを消費する側のニーズと一致していないことがある。むしろ，地域住民にとっては当たり前すぎて自分ではその価値に気付かないような習慣や生産物，光景が，じつは高い価値を見出せる資源だったりする。コミュニティに暮らす人々の実践に寄り添わなければその資源を発見できないことには変わりないが，同時にその組織やコミュニティで生じていることを内部者とは異なった視点で見ることにも意義がある。その意味で組織やコミュニティの内部者と完全に同化した視点からはデザインに限界があることが多い。内在的デザインは，内部の視点の理解と，新しい視点からの展開を同時に進める必要がある。

デザインの方法としては，既存の言説や物質的環境に見られる意味のネットワークを引用し，変更し，あるいは新しいものと節合していくことで，新しい意味のネットワークを提案していく方法が考えられる。よくあるのは，すでに現場で利用されているさまざまなリソース（人工物，システム，規則等々の，人の行為を可能にするオブジェクト）に新しい意味を与えたり，新しい技術によってそのような既存のリソースを模倣するというようなことである。

たとえば，ゼロックス社でコピー機を保守するエンジニアたちの間で，自分が解決した難しい問題を自慢することで，さまざまな知識が共有されていくことが示された。そこでこの知識を自慢するという実践をさらに容易にし拡大するために，いつでも離れたチームメンバーと語り合えるようにトランシーバー（radio）を導入することで新しい業務を可能にした例がある[5]。このトランシーバーは現場ですぐに受け入れられ，なくてはならない存在となった。

そしてそれが成功すると，今度はITシステムの上で自分の発見を自慢できるようにすることで，同じ組織の中で他国の人々との間で同じことを実現することが可能となった[1]。図5-5のように，エンジニアが自分で技術的な問題に関する解決を記述し，他のエンジニアが検索できるという単純なシステムである。しかし，この記述の書式は，従来現場で工夫して使っていたものを転用することで，現場での記述，検索，活用が容易になった。また，このようなシステムには情報を提供してもらうために利用者にインセンティブを与えることが多いが，金銭的な褒美ではなく，自分の知識を自慢し同僚の尊敬を集めるということを念頭にデザインされた。これは，既存の組織における物語を語ることの意味が，新しい形で展開されていくことで，新しい行為連関を伴う組織に変化していった例である。

そして，組織やコミュニティのデザインは，そこにかかわる人々とともにデザインに携わるという過程を避けることができない。参与者自身がデザインにどのような意味付けを行うのか，それによってどういう行為が生じるのかは前もって完全に予測できるものでも，決定できるものでもない。鳥取県智頭町では，町を変えていく必要性を感じた2人が立ち上がり，徐々に人々を巻き込みながら大きな変革を達成してきた[11]。組織やコミュニティにかかわる人々といっても，一様ではない。特定の人がリーダーシップを取って変革していくとき，現場の人々の間での衝突もあるだろうし，障壁となる人々もいる。外部からその現場に入りデザインする者は，必然的にそのような関係性の中に身を投じることになる。

そしてデザインされたものを組織やコミュニティに導入するとき，その過程への参与もデザインの一部として考える必要がある。組織やコミュニティをどの部分からどのように変化させるのかは，自明の事柄ではない。上述のITシステムの例をとっても，フランスで生まれたシステムが米国ではマネジャーに受け入れられず，カナダでの導入を余儀なくされた。一方でカナダでは，まず現場の人々の尊敬を集める少数の人々を巻き込み，導入を検討することで，現場への効果的な導入を実現することができた[1]。そしてカナダでの成功によって，米国への導入が実現した。

また，デザインは一度で終らない。一度デザインされたものは，日々新しい意味を獲得し，時には予期していなかった仕方で機能したり，あるいは突如失敗してしまうこともある。このような過程がヒントとなって，さらに新しいデザインが生じることも多い。デザインを反復的な過程とし

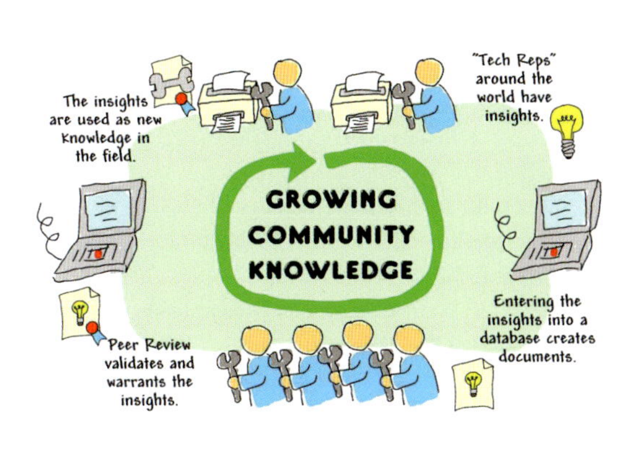

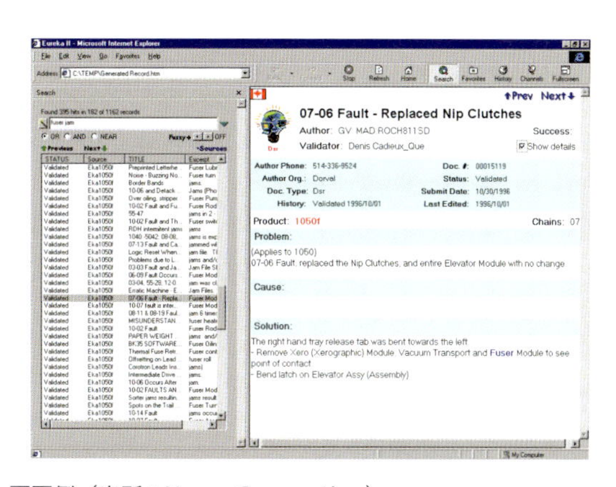

図5-5　ゼロックス社Eurekaの概要と画面例（出所：Xerox Corporation）

てとらえることが重要である。

本章では，まず一般的に議論されることの多い，組織やコミュニティのデザインの方法を概説した。一方で，そのような方法の多くが，組織やコミュニティという社会的集団を外側から，つまり外在的にデザインするというアプローチであることを指摘した。しかし，組織やコミュニティはモノをデザインするように対象から距離を取ってデザインすることはできず，内在的にデザインする必要があることを議論した。そのような内在的デザインに関して，名詞としての組織ではなく動詞としての組織化という概念，言語や制度化による社会的現実の構成と正当化，デザインにおけるパワーの問題を議論した。このような内在的なデザインの方法論は十分には確立されていない。今後の研究が求められる分野である。

演習問題

（問 1）　身近な組織やコミュニティのデザインの事例で，外在的なデザインによる問題を説明せよ。

（問 2）　問 1 と比較して，内在的なデザインのアプローチを適用するとしたときに，具体的にどのように進めるのかを説明せよ。

（問 3）　問 2 のデザインの内在性を，動詞としての組織化とセンスメイキングの概念に沿って分析せよ。

参考文献

[1] Bobrow, D. G., & Whalen, J.: Community knowledge sharing in practice: the Eureka story, *Reflections*, 4（2）, pp.47-59, 2002.

[2] Galbraith, J. R.: *Designing Complex Organizations*, Addison Wesley, 1973.

[3] Garfinkel, H.: *Studies in Ethnomethodology*, Polity, 1967.

[4] Hargadon, A. B.: When Innovations Meet Institutions: Edison and the Design of the Electric Light, 46（3）, pp.476-501, 2001.

[5] Orr, J. E., & Crowfoot, N. C.：Design by Anecdote - The use of ethnography to guide the application of technology to practice, pp. 31-37, 1992. in PDC '92: Proceedings of the Participatory Design Conference.

[6] Piskorski, M. J., & Spadini, A. L.: Procter & Gamble: Organization 2005（a）, *HBS Case Collection,* 2007.

[7] Star, S. L.: Institutional ecology, 'translations' and boundary objects: Amateurs and professionals in Berkeley's museum of vertebrate zoology, 1907-39, *Social Studies of Science*, 19（3）, pp.387-420, 1989.

[8] Taylor, F. W.: *The Principles of Scientific Management*, Harper & Brothers, 1911.（有賀裕子（訳）:『新訳科学的管理法』，ダイヤモンド社，2009.）

[9] Weick, K. E.: *Social Psychology of Organizing*（2nd ed.）, McGraw-Hill, 1979.（遠田雄志（訳）:『組織化の社会心理学』，文眞堂，2002.）

[10] Weick, K. E.: *Sensemaking in Organizations*, Thousand Oaks: Sage Publications, Inc., 1995.（遠田雄志・西本直人（訳）:『センスメーキング・イン・オーガニゼーションズ』，文眞堂，2001.）

[11] 樂木章子・山田奈々・杉万俊夫:「「風景を共有できる空間」の住民自治」，集団力学，30，pp.2-35，2013.

CHAPTER

6

フィールドの分析

現実社会（フィールド）でのユーザの動向や意向を定量的あるいは定性的に分析するための手法として，市場動向調査，顧客満足度調査，世論調査などが広く行われている。本章では，これらの調査のベースとなるデータ収集のためのフィールド調査法，分析のための統計解析およびシナリオ検討のためのシミュレーションを取り上げ，課題フィールドの分析について紹介する。

（守屋 和幸，村上 陽平，山内　裕）

1
フィールド調査法

フィールド調査法としては 1) 定性的調査法と 2) 定量的調査法がある。定性的調査では，人々の考えや行動様式をアンケート調査やエスノグラフィを用いて定性的なデータとして収集することが中心になる。一方，定量的調査では，センサーや各種計測器あるいはその他の手段を用いて数量化されたデータの収集が主体となる。

定性的調査

定性的調査には言語を媒介とするものと観察によるものがある。ここでは，それぞれ代表的なものとしてアンケート調査（質問紙調査）とエスノグラフィについて説明する。前者は，直接的に観察することが非常に困難な人間の心理的プロセスや社会の実態を調査するものである。一方，後者はフィールドに入り人々の生活や活動に参加して，人々の生活や関係，組織の仕組みを調査するものである。

1) アンケート調査

アンケート調査では，ある場面での人間の感情や心証，意見，行動の動機といった人間の内面に生起する主観的なデータをアンケートにより収集する。アンケート調査の長所は，多様な質問項目を用意することで，個人の内面を幅広くとらえることができることである。また，アンケートを配布することで多人数に同時に実施できることも長所の 1 つである。近年では，紙と筆記用具による実施方法に加えて，インターネット上でアンケートを実施するサービスやクラウドソーシングを用いることで，低コストでより多人数からの回答を収集することが可能になっている。一方短所は，アンケートでは個人の内面を深くとらえることが難しい点である。アンケートとして用意された質問の回答以上は得られず，個人に合わせてより深い考えをとらえるまでには至らない。また，自分自身を良く見せようと自己の内面を偽った報告をしたり，そもそも回答を拒否する調査対象者もいる。このような傾向は，インターネット上の不特定多数に対して実施する際に特に顕著となる。アンケート調査を用いる際には，これらの長所と短所をよく理解し，インタビューや後述するエスノグラフィと組み合わせて利用する必要がある。

アンケート調査は図 6-1 に示されるフローで実施される。まずアンケート調査を実施するには，アンケートの質問項目とその選択肢を決めなければならない。質問項目の作成にあたっては，アンケートによって測定すべき構成概念が何であるの

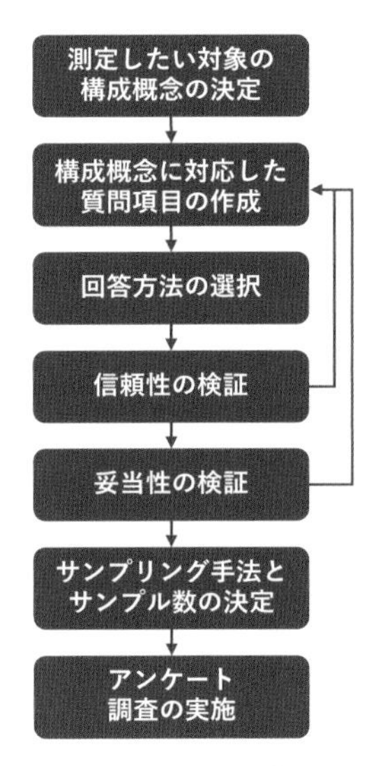

図 6-1　アンケート調査のフロー

かを明確にする必要がある。構成概念の抽象度が高すぎる場合，作成する質問項目が偏ってしまう可能性があるため，下位概念に分解していき，測定対象の構成概念全体を網羅するように注意する。次に，その下位概念に対応する質問項目を作成する。また，質問項目の分量も重要である。有益な結果を得るためにも，調査対象者の集中力が続くように，教示も含めて 15〜30 分程度ですべての質問項目に回答できるように分量を調整する必要がある。

質問項目を決定すれば，次にその回答方法を選択する必要がある。アンケート調査でよく用いられる回答方法は大きく分けて，「プリコード回答」と「自由回答」の 2 種類がある。プリコード回答は事前に回答候補を選択肢として用意しその中から選んでもらうものであり，自由回答は回答を自由に記述してもらうものである。さらにプリコード回答は「単一回答」「複数回答」「順位回答」に分類される。各分類を表 6-1 に示す。

たとえば，英語授業における学生の不安傾向を分析する場合，英語授業における不安が測定対象の構成概念となり，その下位概念として「英語力に対する不安」「他学生からの評価に対する不安」「発話活動に対する不安」などに分解することができる。そして，それぞれの下位概念を個人がどの程度有しているか測定するために，「英作文で書きたいことがうまく表現できないと不安になる」「他の人が自分の英語を下手だと思わないか心配だ」「人前で英語を話すと緊張する」といった質問項目を作成する。回答方法にリカート法を用いる場合，「全然当てはまらない」から「非常によく当てはまる」まで 6 段階を用意することなどが考えられる。質問紙の例を図 6-2 に示す。

上記のように作成した質問項目とその選択肢に関して，アンケート調査実施の前に信頼性と妥当性を検証する必要がある。信頼性とは，安定して測ることができているか（結果の揺れが少ない

表 6-1　回答方法の分類

回答方法		説明
プリコード回答	単一回答	選択肢から 1 つの回答を選択してもらう方法。選択肢が「はい」「いいえ」など 2 つのものを 2 件法，中間の選択肢を追加したものを 3 件法と呼ぶ。また，好意的回答から非好意的回答までいくつかの段階を設定し，そのなかから 1 つを選択してもらうものをリカート法と呼ぶ。
	複数回答	選択肢から複数の回答を選択してもらう方法。選択する回答の数に制限がある制限複数回答と無制限複数回答に分けられる。
	順位回答	選択肢の順位を付ける方法。すべての選択肢の順位付けを求める完全順位回答と，上位のみなど一部の順位付けを求める部分順位回答に分けられる。
自由回答		数値や文字を用いて回答してもらう方法。

英作文で書きたいことがうまく表現できないと不安になる.

1	2	3	4	5	6
全然当て はまらない					非常によく 当てはまる

他の人が自分の英語を下手だと思わないか心配だ.

1	2	3	4	5	6
全然当て はまらない					非常によく 当てはまる

人前で英語を話すと緊張する.

1	2	3	4	5	6
全然当て はまらない					非常によく 当てはまる

図 6-2　質問紙の例

か）を表し，妥当性とは，測りたいものを測ることができているかを表している。前者は，同一の調査対象者に対してアンケート調査を2回実施し，2回の調査の間の相関を求めることなどで検証される。一方，後者は，調査結果が構成概念を適切に反映しているかどうか確認することで検証される。具体的には，理論どおりの結果が観察されるか，理論どおりに他の変数との関連が観察されるか，他の観察対象者に対しても同じ結果が観察されるかといったことを確認する。たとえば，英語授業における不安を測定する場合，対人不安や英語授業への低いモチベーションなどと正の相関が見られるかどうか確認することで，質問紙の妥当性が検証される。このように信頼性と妥当性が検証された質問項目と選択肢がアンケート調査によって用いられる。

次に，アンケート調査の実施段階では，調査対象の範囲を明確に定義し，その定義に応じて母集団を決める必要がある。母集団とは調査対象となる全員のことであり，そこから実際の調査対象者が選び出される。この調査対象者によって得られた調査結果は母集団全体に適用できる一般的傾向と見なされる。したがって，調査対象者をどのように決めるのかが調査結果に大きな影響を与える。このように母集団から一部の人々をサンプル（標本）として取り出し（サンプリング），それらを調査対象者としてアンケート調査を実施し，その結果から母集団の傾向を推定する方法を標本調査という。

より正確に推定するにはサンプリング方法の決定が重要である。サンプリング方法には大きく分けて無作為抽出法と有意抽出法がある。無作為抽出法は調査者の主観が入らないように母集団からランダムにサンプリングする方法である。ランダムにサンプリングしているため，調査結果から母集団の傾向を統計的に推定することができる。一方，有意抽出法は調査者が主観的にサンプリングする方法である。サンプリングされたサンプルが母集団の代表的なものである保証はなく，調査結果から母集団の傾向を統計的に推定することはできない。したがって，社会の実態把握を目的とする調査においては無作為抽出法が用いられる。一方，母集団の構成員リストを取得できない特殊な母集団（たとえば下宿している大学院生に対する調査）に対する学術調査では，サンプリングのコストが低い有意抽出法が用いられる。

サンプリング手法が決まると，最後にサンプル数を決める必要がある。母集団の傾向をどの程度正確に推定したいかという期待精度を設定して，サンプル数を計算により求める方法があるが，計算に必要な母集団の大きさなどが不明な場合は，調査費用や時間といったコストによる制約によってサンプル数が決定される。

2）エスノグラフィ

エスノグラフィは日本語で民族誌とも訳されるように，ある民族の文化を記述したものである。もともとは，ミクロネシア，アフリカなどの原住民の文化を理解することを目的とした文化人類学から始まった。そして，それがシカゴ大学の社会学者グループのリードによって，身近な都市の文化を理解するために社会学で応用された。そして，1970 年代になると，文化人類学者が企業でも雇われるようになる（Xerox のパロアルト研究所が始まりだと言われている）。そして，企業のさまざまな問題，そして顧客の状況を理解するために，エスノグラフィが応用されていった[1]。現在では，デザインエージェンシーやマーケット調査会社のほとんどが，エスノグラフィを 1 つのサービスメニューとして用意している。

エスノグラフィは文化を理解するための方法論である。文化とは，非常にやっかいな存在で，われわれが客観的に観察できるようなものではない。文化とは生活の様式のようなもので，ほとんどは当たり前になってしまっている。そのため，人々は文化を意識することは少ない。日本人が日本文化の話をするのは，必ず他の文化と相対化されているときである。箸を使うとき，左側通行するとき，コンビニに行くときに，日本文化のことは意識しない。当たり前になっているので，人々に質問してもうまく答えられない。そこでその文化に身を寄せ，観察することから始めることになる。

このとき，文化は暗黙に実践されているだけなので，何の前提もなく客観的に記述することはできない。文化を理解するには，他の文化との接触が必要となる。われわれは海外の別の文化に出会って驚くことがある。驚くというのは，別の文化の視点からは，「普通ではない」と見えることを意味する。たとえば，外国では米をデザートに食べることがある。ライスプディングといって，ミルクと混ぜて甘くして食べる。日本人にとって米は主食であり，デザートにするという感覚がないため，そのような食べ物を「変なもの」だと特徴付ける。しかし，これが変なのは日本人の視点からであって，別の文化の人にとっては当たり前のことである。逆に，日本人は小豆を甘くしてあんことして食べる。海外の人にとってこれはとても「変なもの」である。このように，文化的背景の異なる人が別の文化を体験するとき，当たり前の現実を主題化して記述することができる。

しかし，他の文化の人がやっていることを「変なもの」と結論付けて終わると，自分の文化の基準を他の文化の事象に押し付けていることになってしまう。これはエスノセントリズム（ethnocentrism）として，避けるべきことである。そこでさらに一歩踏み出して，どのようにその「変なもの」が実践されているのかを理解する必要がある。そうすると，それが変なものではなく，その文化にとって意味のあるものであることが理解できる。その結果，自分の文化が相対化され，今まで当たり前で正しいと思っていたことが，1 つの視点にすぎないことがわかる。つまり，エスノグラフィによって，別の文化を理解するということは，自らの文化を再理解することにほかならない。

このような文化人類学におけるエスノグラフィの考え方が，デザインの領域でも重視されるようになった。何か技術，商品，制度などをデザインするとき，その利用者のことを理解しなければならない。デザイナーが疑うこともない暗黙の前提が，実はその現場においては当てはまらないことがよくある。特に，デザインするとき，利用者を単純化しがちである。たとえば，デザイン会社の IDEO は子供用の歯ブラシのデザインを依頼された。通常，子供用の歯ブラシは，大人用の歯ブラシを小さくする形でデザインされる。しかし，IDEO のデザイナーは子供のことを観察することで，それが正しくないことに気付いた。逆に太い歯ブラシでないと子供には使いにくいのである。太い柄を握って使う。このようにデザイナーのもつ前提が，利用者の現実と正反対になることは多い。

本来のエスノグラフィでは長い時間現場に身を寄せる。対象となる文化の複雑さなどに依存するが，時には 2，3 年滞在することがある。なぜこのように期間にこだわるのかというと，文化の理解は表面的になるリスクが高いからである。表面的に理解したものが，長時間滞在することで実は違っていたことがわかることが多い。このような観察方法を参与観察（participant observation）と呼ぶ。

しかしながら，現在のデザイン現場では，このように長期間現場に滞在することは現実的ではない。そのため，実際には時間が限られるなかで実践される。このような短縮されたエスノグラフィを，本当にエスノグラフィと呼んでいいのかという問題はよく議論されている。重要なのは滞在時間ではなく，自分のもっている諸前提を相対化し，その場の人の視点からその文化を理解することである。もちろん，1つの文化をある程度総合的に理解するためには長期間の参与観察を避けることはできないが，エスノグラフィの原理を理解し実践する限りにおいて，エスノグラフィの考え方を短時間のプロジェクトに適用することは不可能ではない。

本来のエスノグラフィの方法論では，基本的には現場でメモを取り，時間のあるときにフィールドノートを書き，それを分析してエスノグラフィを記述する[2]。このフィールドノートに現場の体験を記述していくが，他の研究者や将来の自分がその体験を再現して理解できるように詳細を含める。フィールドノートには，積極的にエスノグラファ自身の体験を一人称で記述していく。フィールドノートを書くことで，さまざまな疑問が生まれる。それが次のデータ収集につながる。この記述という行為を通して，分析が深められていく。

短期間のデザインプロジェクトでは，詳細なフィールドノートを何百ページも書くことはない。気付いた観点をポストイットに書き出し，壁に貼って整理していくことが多い。実際にこのような方法自体は，文化人類学者も実践しているし，効果的であるとさえ言える。一方でフィールドノートを書かないことによって，分析を深めることが難しくなることも理解する必要がある。データを詳細に分析し，自らの暗黙の前提を省察することなく，安直な結論を導くことは避けなければならない。

同時に，伝統的な文化人類学の研究と異なり，デザインプロジェクトでは，複数の調査員が協業することが多い。そのため，個人が詳細なフィールドノートを記述していくよりも，まず気付いたことを書き出し議論することで，それぞれが暗黙に前提としているものを炙り出すことができる。また，複数の人が観察することで，同じ場所で異なった観察が行われるため，1人の人が記述するよりも，多面的な議論ができる可能性がある。

最近では写真や動画という映像の記録を用いることが多い。写真はさまざまな観察において詳細を記録することに役に立つ。動画はさらに詳細な記録を可能とする。これらの映像は単に記録のためだけではなく，調査結果を調査に参加していない人に報告するときに力を発揮する。写真や動画は臨場感を与え，報告を聞く人に現場の疑似体験を可能とする。最近では，エスノグラフィのアウトプットを，書かれたレポートの形ではなく，動画で表現することも多い。

このように生み出される分析は，対象となる文化を記述するだけではなく，エスノグラファ自身，そしてその他の研究者やデザイナー自身の従来の理解をゆさぶることになる。デザイナーのもつ前提がゆさぶられることで，デザインに対して，新しい視点を与えることとなるが，必ずしもデザインのための仕様が直接的に得られるわけではない。しかし，この新しい視点は，デザインをまったく想定していない方向に導く可能性を秘めている（歯ブラシの柄を逆に太くするというような）。エスノグラフィのアウトプットは，従来暗黙のうちに受け入れられてきた前提に対する批判という形を取り，このような新しい視座を，観察した詳細によって生々しく記述することになる。このような記述は，研究としてのエスノグラフィにおいては民族誌（エスノグラフィ）という形でのモノグラフや書籍になるが，デザインにおいては調査報告書のほか，動画の形で表現されることも多い。ただし，デザインする主体の前提をゆさぶることが目的であるため，完成したアウトプットを手渡すだけではなく，分析の過程にそのような主体を巻き込むことが有効である。

定量的調査

株価，為替レート，販売時点情報管理（POSシステム）のデータ，さらには気温等の環境情報などは各種センサーや情報機器を用いて収集可能な客観的な数値データである。このような数値情報を統計処理することにより，調査の対象となる課題フィールドの特性を定量的に把握することができる。最近では高性能の各種センサーや情報機器を安価で利用できるようになったことや，通信ネットワークを介して遠隔地のデータが収集できるようになったことから，この種の定量的調査を行う環境は急速に整備されている。

一方，平成19年に全面改正された統計法の施行により，国の行政機関，地方公共団体が公的統計の作成およびその提供を行う体制が整備されてきた。公的統計には経済センサス，農林業センサスなどの統計調査により作成されるもののほか，業務データの集計により作成される業務統計，他の統計データの加工により作成される加工データなどが含まれる。さらに，国勢統計，国民経済計算等，総務大臣が指定する特に重要な統計を基幹統計（平成26年4月現在，55統計）と位置付け，この基幹統計を中心に公的統計の体系的整備が図られている。

このようにして整備された統計情報は，国，地方公共団体等のWebページで公開されている。たとえば，総務省統計局のe-Statのページからは各種統計データの検索，ダウンロードが可能である。これらの統計データは2次資料である。すなわち，調査により収集した個々のデータ（1次資料）に対して，分類，集計などの加工を行ったものである。調査方法，調査項目の設定，データの加工等は調査主体が計画，実行しているため，2次資料の利用者は独自の目的に応じた生データの分類，集計等ができないという制約がある。とはいえ，これらの公的統計は国や地方公共団体が統計法に基づいて整備したものであり，質の高い，継続性に富んだ情報源である。後述するマクロシミュレーションやミクロシミュレーションなどで用いるパラメータの設定には，これらの公的統計の情報が有用である。

公的統計は年度ごと，月ごとなど一定間隔で継時的に収集されているものが多い。これらの統計データを用いることで長期間の時系列解析が可能である。ただし，統計種目によっては途中で分類項目などの変更を行った場合があるので，時系列解析等で利用する場合は注意が必要である。

公的統計以外にも企業や各種団体が種々の統計データをWeb上で公開している。こまめにWeb検索を行うことで，2次資料ではあるが，必要とする統計データを入手することができる。ただし，これらの統計データの利用にあたっては調査の目的，調査の規模，集計処理の概要などをチェックしておく必要がある。

2

統計解析

統計解析の例

代表的な家庭料理である肉じゃがに用いられる食肉は，関西では牛肉，関東では豚肉が主流といわれている。そこで牛肉と豚肉の消費量に地域間で差が見られるかどうかについて，統計データを用いて検討してみよう。総務省統計局が公開している「家計調査（2 人以上の世帯）品目別都道府県庁所在市及び政令指定都市ランキング平成 24 年～26 年平均」（このデータは総務省統計局のホームページから Excel ファイルとして入手可能である）の中の牛肉，豚肉の世帯当たり年間消費量（g）を取り出してデータとして用いる。47 都道府県の県庁所在地および政令指定都市のデータが含まれているので，まずデータの分布を見るため，北海道，東北，関東，中部，関西，中国，四国，九州沖縄の 8 ブロックに分けて牛肉と豚肉の消費量を箱ひげ図で表したものが図 6-3 である。箱ひげ図は，箱の中にある太い直線が中央値を，箱の下辺が第一四分位点，箱の上辺が第三四分位点を表し，上下のヒゲは最大値（上部）と最小値（下部）を表している。中央値が箱の中央からずれていれば，データの分布に偏りがあることを示している。たとえば，図 6-3 の牛肉の年間消費量の中部地方の箱ひげを見ると，分布が値の低い方に伸びたものとなっていることがうかがえる。

図 6-3 から，牛肉の消費量は西日本の方が東日本に比べて多いのに対し，豚肉の消費量は逆に東日本の方が西日本に比べて多い傾向にあることがうかがえる。また，同一地域内の都市間での豚肉の消費量のばらつきは，特に関東地方と中部地方で大きいこともわかる。このように，統計解析の出発点としてはデータを適当な図（散布図，箱ひげ図など）で表し，その傾向を把握することが大切である。次に，牛肉および豚肉の消費に地域間で統計的に有意な差があるかどうかを検定してみよう。この種の統計的検定には分散分析が有効である。分散分析の結果，牛肉，豚肉の消費量は地域間で高度に有意な変動（$P<0.01$）が認められた。$P<0.01$ とは，有意確率が 1% 以下ということを表しており，この例では，牛肉，豚肉の消費量が地域間で差がないという仮説が統計的に成立する確率が 1% 以下であることを表している。すなわち，統計的に地域間差があると結論を出してもそれが誤りである確率は 1% 以下であることを表している。また，地域別の最小 2 乗平均値（地域ごとに繰り返し数が異なる場合，繰り返し数の

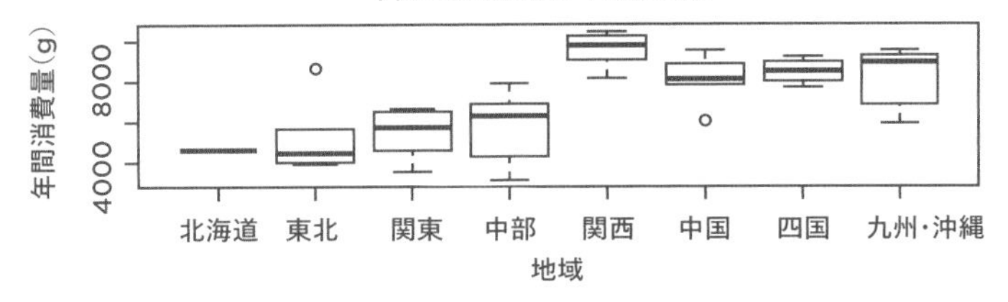

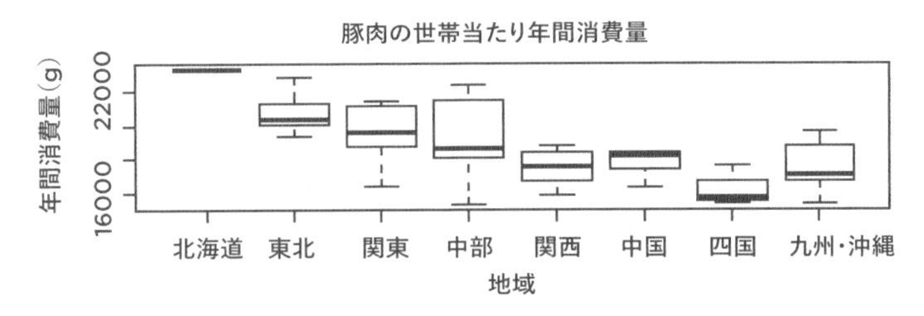

図 6-3　牛肉，豚肉の地域別世帯当たり年間消費量

不揃いを調整して求めた平均値）を表 6-2 に示したが，関西地方と他地域との Tukey HSD による平均値間の差の検定を行った結果，牛肉消費量については北海道，東北，関東，中部が関西に比べ有意に少なく，豚肉消費量については北海道と東北が関西に比べて有意に多い結果となった。

豚肉消費量について，北海道および東北のみが関西と有意な差となったが，これは図 6-3 で示したように関東と中部では，地域内のバラツキが大きかったことによる。

さらに，クラスター分析を用いると都市間の類似度に基づいて，いくつかのグループに分類することができる。図 6-4 には，牛肉と豚肉の消費量から計算した類似度に基づくクラスター分析の結果を示した。階層クラスター分析を用いた場合，任意の類似度で複数のグループに分類できる。たとえば，類似度 4000 では 5 つのグループに分類できる。あらかじめ分類するグループ数を決めてクラスター分析を行う方法として K-means 法などがある。K-means 法は非階層クラスター分析と呼ばれている。階層クラスター分析は，似たもの同士（類似度の大きなもの，すなわち距離行列の小さいもの同士）をまとめる作業を繰り返し行い，図 6-4 に示したように樹形図として分類する方法である。一方，非階層クラスター分析である K-means 法では，あらかじめグループ数を決め，データをまず無作為にグループ分けし，各グループの重心（平均）とデータとの距離を比較し，重心との距離が最小となるようにグループの再配置を繰り返し行い，最終的にグループ内のメンバー（データ）の移動がなくなったところでグループ分けを終了する方法である。

表 6-2　牛肉および豚肉消費量（g）の地域別最小 2 乗平均値

地域	牛肉	豚肉
関西	9602	17484
北海道	4605*	23333*
東北	5165**	20760**
関東	5415**	19666
中部	5680**	19162
中国	8066	17700
四国	8461	16020
九州沖縄	8065	17522

*（P<0.05）および **（P<0.01）は関西との間に有意差があることを示す

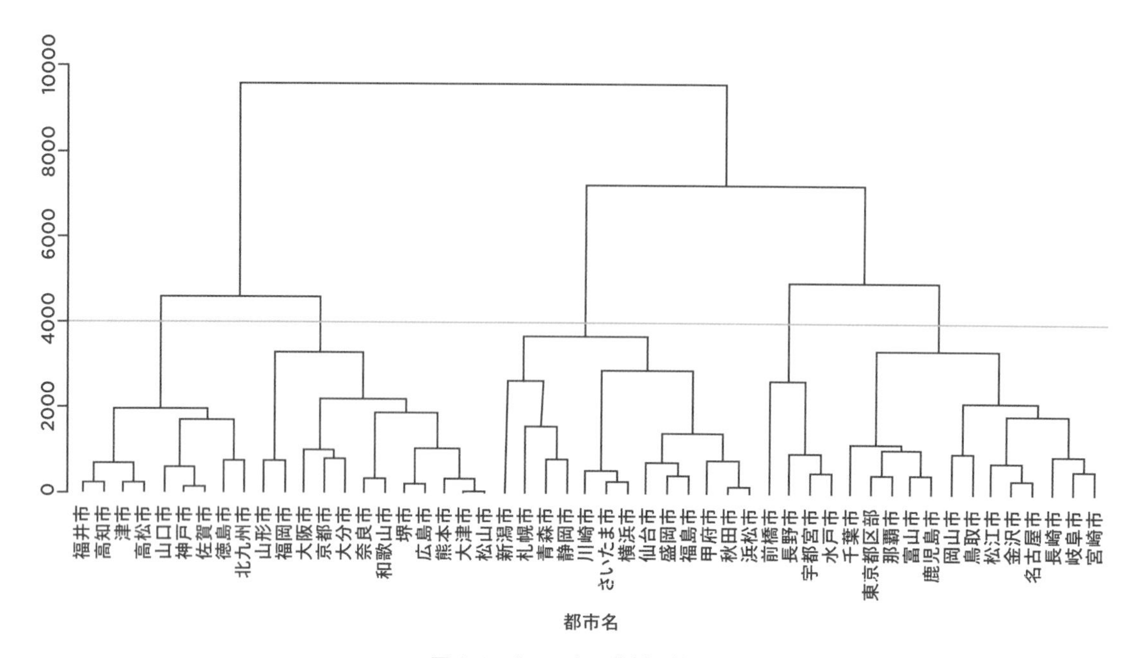

図 6-4　クラスター分析の結果

3 シミュレーション

シミュレーションのねらい

自然科学の分野では仮説検証の手段として実験がよく用いられている。しかしながら，実験が行えない課題も一方では存在する。たとえば，ある地域で巨大地震が発生した場合の災害予測といった課題では，実際に巨大地震を当該地域で発生させて災害の状況を観察，測定することは不可能である。この場合は，模型を用いた実験データ，過去の災害記録，種々の数理モデルなどを用いて実世界で生じると考えられる現象を模擬的に再現してその結果から予測を行う手法が用いられる。このように，現実世界の状態を模擬的にコンピュータ上などで再現し，実験を行う手法がシミュレーションである。

シミュレーションの手法にはシステム全体をマクロ視点でとらえてシミュレーションを行うマクロシミュレーション，ミクロな視点からシステム構成要素の個々の動作をシミュレートして，その総体としてシステム全体の挙動を見るミクロシミュレーションなどがある。

特に社会システムなどの場合，現状を反映したモデルを作成し，モデル内の要素間の関連性を検討することで，種々の条件下でのシステム全体の挙動の将来予測を行うことが可能である。現行の社会システムを反映したシミュレーションモデルに対して，いくつかの条件を変更した場合の将来予測を行うこと，すなわち，複数のシナリオの比較を行うことで，その結果を用いて当事者間の合意形成や意思決定に役立てることが可能となる。

このように，現状を反映したモデルを用いたシミュレーションは，フィールドでの実験や検証が困難な課題に対して有用な情報を得るための手法として用いられる。

マクロシミュレーション

システム全体の動態をマクロな視点でとらえる手法として，システムダイナミクスがある。

システムダイナミクスは，1950年代後半にマサチューセッツ工科大学のフォレスター（J.W. Forrester）が，工学分野で用いられていたシステム分析の手法を，経営学や社会科学の分野でのシステムの動的な解析に利用するために開発した数値シミュレーションの手法の1つである。システム内のある要素の経時的な変化が他の要素にどのような変化をもたらすか，また，そのときシステム全体ではどのような変化が生じるかをマクロな視点でとらえるシミュレーション技法である。

システムダイナミクスが注目を集めたのは，1970年にローマクラブが発表した『成長の限界』であった。この書籍の中でメドウズ（D. Meadows）らはフォレスターの世界モデルをベースとして，いくつかのシナリオの下での人口，資源，資本，食料，環境汚染の世界規模での動態をシステムダイナミクスによるシミュレーションで100年後の予想結果を示した。

システムダイナミクスによるシミュレーションの対象となるシステム内の要素は相互に因果関係をもっているため，システム内のある要素が，他の要素に影響を及ぼし，次々にその影響が伝播していくとシステム全体が動的に変化する。システムダイナミクスはシステム内のそれぞれの要素の状態を時間変化に基づく微分方程式（実際の計算は差分方程式）で表現し，システム全体の動的変化をシミュレートする手法である。

システムダイナミクスでは，対象システムをストック，フロー，コンバータ，コネクターを用いて表現する。経時的に変化する要素をストックで表し，ストックに対する流入，流出を制御する要素をフローで表す。コンバータは定数や計算式などを表す要素であり，コネクターはストック，フロー，コンバータ等の関係を連結する要素である。

システムダイナミクスの例として単純な人口－資源モデルを考えてみよう。

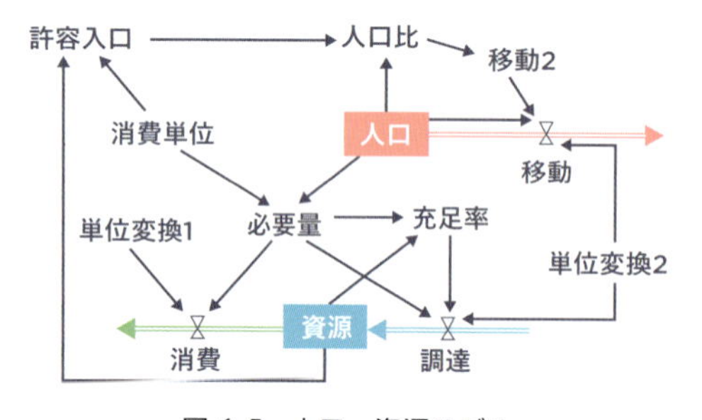

図 6-5　人口－資源モデル

このモデルでは，1人当たり年間2単位の資源を消費するものと仮定する。資源が少なくなると，人口の維持が困難となるため一部が流出し人口が減少する。逆に，資源が十分にあれば流入が生じ人口が増加するものとする。また，資源は消費量に応じて補充されると仮定した。図6-5にストック，フロー，コンバータを用いて表した人口－資源モデルを示した。

図6-5では「人口」のように四角で囲まれたものがストック，「移動」のように2重線の矢印で表されたものがフロー，「人口比」のように文字だけで表示されたものがコンバータ，ストック，コンバータ，フローなどを連結している矢印がコネクターである。

このモデルでは「人口」と「資源」をストックとする。「人口」の増減を制御するフローは「移動」とし，この値が負の場合は，人口増加，正の場合は人口減少となる。一方，「資源」を制御するフローとして「消費」と「調達」を用意した。初期値として「人口」は4000人，「資源」は20000単位，「消費単位」は1人当たり年間2単位とした。「許容人口」は「資源量」の値を「消費単位」の値で除した値とした。初期値では，20000/2＝10000となっている。許容人口に対する人口の比が1未満であれば人口流入が生じ，1以上であれば流出が生じる。また，必要量（「人口」×「消費単位」）に対する資源量で表した「充足率」に応じて資源が補充されるものとする。この条件下でシミュレーションを行った人口と資源量の変化を図6-6に示した。

図6-6から，充足率が1未満であれば，人口流入（増加）が生じるが，人口増加に伴い資源量の消費が増加する。一方，充足率が1以上となると，人口流失（減少）が生じて，資源量の消費は減少する。実線の場合，人口増加に対応して資源の調達を必要量の1.5倍としたにもかかわらず，

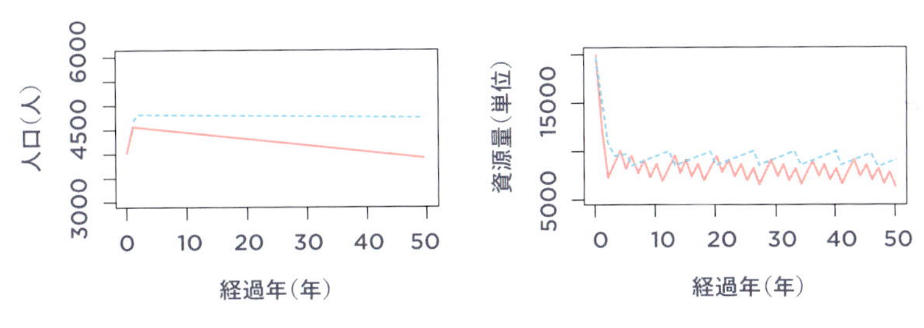

図 6-6 「人口」(左図)と「資源」(右図)の変化
実線は充足率が 1 未満の場合，必要量の 1.5 倍を調達し，1 以上の場合は必要量の 0.1 倍を調達したケース
破線は充足率が 1 未満の場合，必要量の 1.2 倍を調達し，1 以上の場合は必要量の 0.5 倍を調達したケース

充足率が 1 以上となった場合に資源の調達を必要量の 0.1 倍に抑えたため，人口の流失が大きくなり，経過年とともに人口が減少することになる。一方，破線で示した条件では，充足率が 1 以上となった場合に資源の調達を必要量の 0.5 倍としたことにより，流失が抑えられ，ほぼ一定の人口を維持できる。また，資源量については，実線の方が変動が大きい結果となった。

ミクロシミュレーション

マクロな視点でトップダウンに社会システム内の複数の変数間の因果関係を記述するシステムダイナミクスとは異なり，マルチエージェントシミュレーションは，社会における行動主体（個人や組織）をエージェントとしてモデル化し，多数のエージェント間の相互作用によって社会現象や社会システムの挙動を再現する手法である。多くの場合，エージェントは，環境から観測された局所的な情報と内部状態を元に行動を決定する行動ルールや，行動に伴う遷移先の状態を規定した状態遷移機械によってモデル化される。図 6-7 に示すように，各エージェントは自分のモデルに従って他のエージェントを含む環境と相互作用を繰り返し，その結果大域的な現象を創発する。また大域的な現象は各エージェントや環境にフィードバックされ，エージェントが学習機能などを有する場合，新しい行動ルールの獲得やルール内の閾値の更新が行われる。このようにマルチエージェントシミュレーションでは，ミクロレベルのエージェントの行動とマクロレベルの社会現象が相互に影響を与え合うミクロ・マクロループが形成される。

たとえば，システムダイナミクスの例で用いた人口－資源モデルをマルチエージェントシミュレーションで表してみよう。人口は資源を消費する消費者エージェントの数と資源を生産する生産者エージェントの数に分けられる。各エージェントは環境から人口と資源量を知ることができるが，エージェントによって消費単位が異なる。各自は自分の消費単位によって，全体の消費量を予測し，資源量との比較によって消費者エージェントは移動するかどうか，生産者エージェントは生産量を決定する。この消費単位の多様さが，システムダイナミクスの場合の調達量の多様さに対応する。

このようにシステムダイナミクスでも社会システム全体の挙動などを観察することはできるが，マルチエージェントシミュレーションを用いることで，社会システム全体の振る舞いと行動主体の振る舞いとの関係を明らかにすることができる。特に，実世界で観測の困難なエージェントの内部状態の変化をトレースすることは，行動主体の振る舞いの解析に非常に有用である。

このようなマルチエージェントシミュレーションの性質から，社会問題と行動主体の振る舞いとの関係の分析を目的とした社会シミュレーション[3]への応用が期待されている。たとえば，災害，交通，経済といったフィールドにおける社会問題に応用されている。

災害シミュレーション

電力，通信，ガス，上下水道といったインフラ間の相互依存関係を示した，インフラの復旧過程のマイクロシミュレーションなどが存在するが，マルチエージェントシミュレーションは避難者や誘導者，救助者といった各行動主体の避難行動，避難誘導，救助活動といった局所的な振る舞いが全体の生存率にどのような影響を与えているのか分析をするのに用いられる。現在，国や自治体が主導して作成している災害データと避難シミュレーションを連携し，シミュレーションの精度を向上させることが期待されている。

交通シミュレーション

交通量に影響を与える幹線道路周辺地域の車両保有台数や混雑度，時間占有率といった要素を用いた交通量のマクロシミュレーションなどが存在するが，マルチエージェントシミュレーションにより，若者や高齢者，男性，女性など行動主体のプロパティや交通需要（出発地と目的地）に応じて多様なモデルを用意することができ，より実世界に近い交通現象を再現できることが期待される。また，通行禁止や一方通行，公共交通機関優先といった交通規制を流量パラメータの変更による実装ではなく，行動ルールとして実装できるため，どのような交通規制が有効か交通施策担当者にとってわかりやすいという長所がある。

経済シミュレーション

経済では，GDPや国民所得，物価，貯蓄などを考慮したマクロシミュレーションなどが存在するが，マルチエージェントシミュレーションは異なる選好や効用を有した生産者や消費者のエージェントを用いて，より個人の振る舞いが市場にどのような影響を与えているか分析するのに用いられている。特にU-Martなど人工市場の研究が活発に行われており，エージェントだけでなく，人間参加型のシミュレーションも実施されている。人間も参加することで，合理性が仮定されたプレイヤーだけでなく，非合理の振る舞いも再現することが可能になっている。このような非合理な人間の経済行動をログデータの分析によってモデル化する試みも行われている。

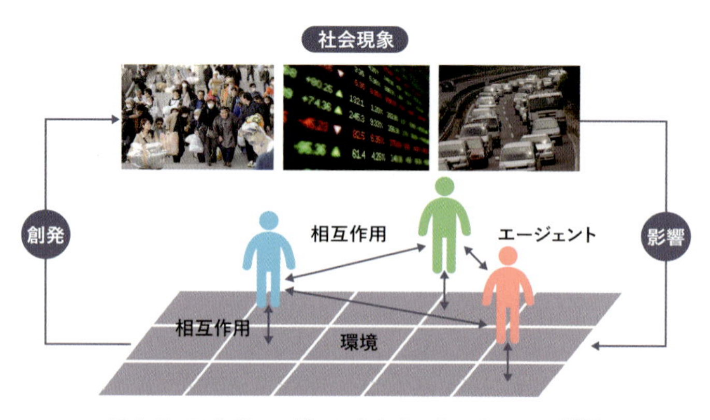

図 6-7　マルチエージェントシミュレーションの概要

マルチエージェントシミュレーションによる社会シミュレーションは，エージェントモデルの粒度により大きく分けて，内部モデルの単純なもの（以後，粗粒度と呼ぶ）と，複雑なもの（以後，細粒度と呼ぶ）の二つが存在する。

粗粒度マルチエージェントシミュレーション

複雑な社会システムの理解に用いられるマルチエージェントシミュレーションである。この種のシミュレーションでは，観察される事象は複雑であっても，モデリングにおける仮定条件はシンプルであるべきとするKISS原理（Keep It Simple, Stupid）[4]が適用され，パラメータを絞った単純な計算モデルによってエージェントは表現される。このようなアプローチは，主にシステム全体のマクロな特性と，システムを構成するエージェントのミクロな特性との関係の分析に用いられ，人種によって住み分ける分居現象や競争環境下での利他的行動，バブルの発生メカニズムなどの社会現象の理論構築に貢献している。

細粒度マルチエージェントシミュレーション

現実に近い状況を再現するために用いられるマルチエージェントシミュレーションである。この種のシミュレーションでは，できる限り現実に近づけるために，実世界の複雑さを反映したエージェントモデルを構築する。このようなアプローチは，理論構築のような一般化ではなく，フィールド固有の要因を分析するのに用いられる。そのため，単純なモデルでは実社会への適用を目指す社会システムや制度の事前検証にならず，モデルの多様性を詳細に表現することが求められる。詳細なモデルにより仮想空間上に再現された社会システム上で利用者に疑似体験を与えることで，人間の意思決定を分析することができる。このような人間が仮想空間上のアバターを操作して参加するシミュレーションのことを参加型シミュレーションと呼ぶ。特に現場での大規模な実験が不可能な防災や交通という分野では，こうしたシミュレーションの必要性は高い。シミュレーションをステークホルダー（当事者）に提示することで，ステークホルダー間の議論を促進させるメディアとなったり，シミュレーション内にステークホルダーを参加させることで，多様な視点で制度や社会システムを分析することが可能になる。

演習問題

（問1）「スマートフォンのアプリ利用に対する不安」という構成概念を測定するにはどのような下位概念に分解すべきか考えてみよ。また，この構成概念の妥当性を検証するには，どのような変数とどのような関連が認められればよいか考えてみよ。

（問2）一般に魚介類の消費に関して，東日本ではマグロなどの赤身魚が好まれ，西日本ではタイなどの白身魚が好まれると言われている。そこで，総務省統計局が公開している「家計調査（2人以上の世帯）品目別都道府県庁所在市及び政令指定都市ランキング」などのデータを用いて，この傾向が認められるかどうか統計解析により検討せよ。

（問3）口コミによるスマートフォンアプリのダウンロード数への影響をマルチエージェントシミュレーションにより分析するために，どのようなステークホルダーを考慮すべきか，また各ステークホルダーがどのような意思決定を行い，どのような相互作用が生じるか考えよ。

参考文献

[1] Szymanski, M. H.: *Making Work Visible: Ethnographically Grounded Case Studies of Work Practice*, Cambridge University Press, 2011.

[2] Emerson, R. M., Fretz, R. I., and Shaw, L. L.: *Writing Ethnographic Fieldnotes* (1st ed.), University Of Chicago Press, 1995.

[3] Gilbert, N., Troitzsch, K. G.: *Simulation for the Social Scientist*, Open University Press, 1999.

[4] Axelrod, R.: *The Complexity of Cooperation: Agent-based Models of Competition and Collaboration*, Princeton University Press, 1997.

PART

3 デザインの実践

デザイン実践の対象として，最初に思い浮かぶのは工業製品だろう。しかし，本書で取り上げるデザインの対象は，人と人を繋ぎ社会を支えるシステムである。まず，そうしたシステムに共通するサービスのデザインについて述べ，サービスの価値が，ステークホルダーの共創によって生み出されることを示す。次に，都市，ヘルスケア，教育，防災という，われわれの社会に欠くことのできないシステムのデザインについて述べる。これらのデザインは，それぞれに中核となる専門領域があるものの，社会で機能するためには，異なる領域の専門家や市民，行政，企業との協働が必要となる。都市，ヘルスケア，防災，教育のデザインをケーススタディとして学ぶことで，社会のシステムやアーキテクチャをデザインする疑似体験が得られるだろう。

CHAPTER

7

サービスデザイン

デザイン対象がモノから，包括的な体験の流れとしてのサービスに広がっている。本章では，まずサービスデザインと呼ばれるデザイン領域の基本的な考え方を議論し，そのための具体的な方法を紹介する。特に，顧客との接点であるタッチポイントをつなぎあわせ，顧客の体験の旅であるカスタマージャーニーを総合的にデザインすることを議論する。次に，現在議論されているサービスデザインの限界を指摘し，それを乗り越えるための視座を提示する。つまり，サービスとは顧客も参加し，共に価値を創造する過程であるとすると，顧客はサービスを自分から切り離された客体として捉えることはできず，サービスにその自己が内在される。このとき従来のプロダクトデザインとはまったく異なる新しいデザインの方法論が必要となる。本章ではそのためのアプローチを概説する。

（山内　裕）

1
サービスデザインの背景

近年，サービスデザインに注目が集まっている。そこにはこれまで商品やグラフィックといった個々のモノを主な対象としてきたデザイナーが，その範疇を越え，サービスをデザインの対象として考えるようになってきた背景がある。サービスデザインでは，サービスは顧客の体験の流れの全体としてとらえられている。サービスにおける顧客との接点は商品購入時だけではない。たとえば保険会社であれば，顧客の購入を促す事象から，顧客が保険を理解し，選び，買うことまでが重要な接点となる。また，保険料の支払い，保険金の請求，旅行時の保証対象の確認，さらには他人にその保険を勧める行為すら顧客のサービス体験の一環であり，サービスデザインにおいてはその一連の流れすべてがデザインの対象となる。

現在の産業界でサービスデザインが1つの重要なキーワードとなっている理由は，製造業の多くが，ただ商品を売るだけでは事業の継続が困難になってきているからである。サービスが事業を支えている企業の例としてゼロックス（Xerox）が挙げられる。Xeroxでは従来から売上の4分の3を，トナーやデベロッパーを売ることのほか，保守サービス費用から上げてきた。特に保守サービスは，顧客がプリントする都度，売上げが上がるように構成されている場合が多い。近年，このサービスへの傾向はさらに強くなっている。まず，顧客の文書機器すべての保守と運用を包括的に請け負うアウトソーシングサービスが増大した。このサービスは顧客にとって，コスト削減を期待できる。さらこの動きを加速し，Xeroxは2009年にビジネスプロセスアウトソーシング（BPO）大手のAffiliated Computer Services（ACS）を64億ドルで買収し，いよいよ文書機器を離れたサービスに進出した。BPOとは，顧客から送られてくる紙文書をコンピュータに入力する業務やコールセンター業務などの業務単位全体を請け負い，運用するサービスである。

サービスが企業にとって魅力的なのは，商品を売ることで利益を上げる場合と比べて，継続的に利益を上げ続けることができるからである。特に，現在は商品を売る場合，商品の開発・製造コストを基準にした競争に巻き込まれざるをえず，商品を売るだけでは長期的な業績を確保することが難しい。また現在，市場は飽和していることがほとんどであり，何もないところに商品を導入するときの付加価値に比べて，既存の商品を代替するときの付加価値は大幅に少なく，顧客による大きな投資を正当化できない。これらの事情により，商品を作って売るというだけでは，事業が行き詰まってしまうことが多い。

一方で，サービスというビジネスは，顧客が何かを使用するとき，その都度売上につながることになる。上述の Xerox の例では，コピー機を売るという一時点での売上だけではなく，コピー機を使用するごとに売上を認識することができる。ほかには，自動車を売り切るビジネスから，必要なときに自動車をレンタルするビジネスがある。顧客が何かを使用するということは，その時点で何らかの便益が生じており（たとえば，文書のコピーを得る，車で移動する），その便益を売上につなげることができる。

しかし，サービスへの傾向は企業にとって良いことばかりではない。サービスにはさまざまな難しさがつきまとう。商品を製造するときには顧客は参加しないが，サービスにおいてはその創出過程に顧客が参加することで，サービス自体の不確実性は増す。たとえば，企業の組織変革を依頼されたコンサルタントが，それを1人で実行するのは不可能である。このケースでは，顧客である企業が主導権をもってプロジェクトに参画することが必要となる。このような高いレベルでの顧客のサービスへの関与は，医師にかかるとき，教育を受けるとき，弁護士を雇うときなどにも見られる。これらのサービスを提供するためには，個々の事例にある程度の時間とリソースを投資することが必要となる。

一方，顧客の関与のレベルが低いサービスがあることも事実である。飲食サービスで客がメニューの中から料理を選択する場面などが挙げられる。しかしながら，これらのケースでは顧客の関与が低い，あるいはほとんどないように見受けられるが，それはそのサービスがそうなるようにデザインされているからである。つまり，顧客を限られた選択肢の中に制約することで，サービスの不確実性を下げているのである。

顧客がサービスの過程に参加することで生じる不確実性とは，事業者が事前に予測し，計画を立てることが基本的にはできないことを意味している。何かの商品を製造，販売するときとは異なり，顧客に近い場所で，従業員が直接やりとりをしていくことで構築されるサービスは，同じものを多く作り，売ることは難しい。加えて，必然的に多くの従業員が必要になり，組織が分散する（各地域に店舗を設置するなど）ことが多く，不確実性に対応することがより一層困難になる。それでもサービス事業者は，可能な限り予測し効率化しようと試みる。ファストフードが，画一的な商品を画一的な方法で提供するのは，裏舞台の製造過程を極力標準化し，集中管理することで効率化しようとした結果である。しかしながら，それでもサービスを完全に画一化することは不可能である。

また，以上のように事業上の理由によりサービスに着目することに加え，欧州を中心に，公共サービスの領域にサービスデザインが持ち込まれる事例が多い。たとえば，病院，空港，駅などである。これらの領域は従来ほとんど「デザイン」の視点が持ち込まれない傾向が高かった。病院や空港では建物自体は建築家がデザインするだろうが，その業務や顧客の体験は，従来の制度化された方法がそのまま継承され，それぞれの部門が局所的に最適化することが多い。そこで公共のサービスでも，顧客の体験の一連の流れを考え，部門を跨いでサービスを統合的にデザインすることが試みられている。

2 サービスデザインの方法

サービスデザインの革新性は，タッチポイントから体験の全体をデザインすることである[3], [7], [8]。タッチポイントとは，顧客にとってのサービスとの接点を構成する物理的なモノあるいはやりとりを指す。サービスデザインでは，多くのタッチポイントをつなぎ合わし，顧客の体験をジャーニー（旅）としてとらえる。サービスデザインは，このタッチポイント1つをデザインするのではなく，それらがつなぎ合わされた全体の流れであるジャーニーをデザインするということに力点が置かれている。

ジャーニーを表現するために，カスタマージャーニーマップというツールが利用される。このマップでは，すべてのタッチポイントと，その間の関係がマッピングされ，顧客の体験が流れとして表現される。範囲としては，サービスの提供者と出会う前の段階から，サービスを体験した後の段階までが含まれる。多くの場合，タッチポイントが起こる媒体が区別される。たとえば，紙の媒体によって接点をもつ，電話でやりとりする，スマホアプリでやりとりする，対面でやりとりするなどである。

図7-1に，デザインプロジェクトの初期に作ったカスタマージャーニーマップの例を示している。これは既存のレストランサービスを調査したときのジャーニーを表現したものである。カスタマージャーニーマップは，デザインしている新しいサービスを表現するときに効果を発するが，既存サービスを表現する用途でも用いることができる。ここではサービスの活動を，環境（environment），相互行為（interaction），感じたこと（How I feel）の軸で整理し，かつそこで関与しているモノ（object）も書き出している。左から時系列に体験の流れが記述され，まず店に行こうと思ったときのこと，つまり朝布団の中で，（スマホで）新商品のニュースを見たことから始まり，食事を終えて自転車で図書館に向かうところまでを含んでいる。各活動における感情の度合いを，正と負の軸で表示することで，このサービス体験の感情の起伏を表現している。カスタマージャーニーの右の余白には，支払のとき受け取ったレシートが貼り付けられ，また下には，手書きの店内の見取り図も貼り付けられている。サービス体験の流れの全体像と同時に，個々の詳細も表現されている。

このように顧客の体験の流れ全体を捉えることは，一見当然の取り組みに見えるが，実際にはそれほど簡単ではない。ジャーニー全体を総合的に考慮すると，まず問題となるのは，組織の複数部門や組織外の人々にまたがった連携の必要性であ

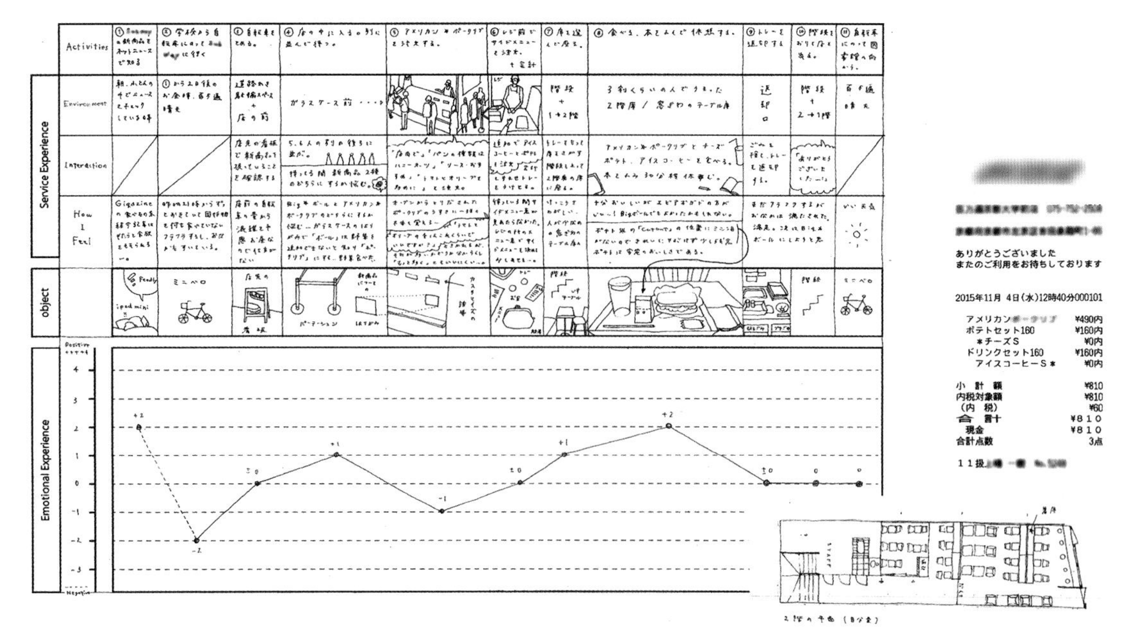

図 7-1　カスタマージャーニーマップの例

る。サービスデザインでは多くのステークホルダー（利害関係者）がかかわり，他のさまざまなサービスも関係する。よって，タッチポイントという場面からボトムアップに積み上げていく方法と並行して，サービスの生態系と呼ばれるような全体をとらえることが重視される[7]。

サービスデザインには，サービスを提供する組織のデザインが重要な側面として含まれる。そこで，タッチポイントのみならず，背後のプロセスやリソースを含めてサービスをデザインする，サービスブループリンティングの手法が役に立つ。サービスブループリンティングでは，顧客の体験とこの裏舞台の活動を結び付けたデザインがなされる。たとえば，背後でサポートする情報システム，商品をストックする倉庫，各店舗からの依頼を処理するセンターなどの連携が構築される。また，それぞれどのようなチャンネルでやりとりするのか，それらがどう連携するのかもマッピングされる。

図 7-2 は，問題発見型学習（FBL：Field based Learning）/ 問題解決型学習（PBL：Problem based Learning）で，モスバーガーやモスカフェという店舗を運営する株式会社モスフードサービスと実施したファストフード店舗におけるサービスのブループリントの 1 つである。このサービスは，店舗内の本棚を活用し，客が自分の本を並べ，他の客とつながり，コミュニティを形成するものであった。たとえば，本棚にコミュニティに関連する本を設置し，他の客に情報発信すると同時に，この店舗で朝活のようなコミュニティ活動を実施することが想定された。この場合は，店舗の従業員に過度の負荷をかけることなく，サービスを実現する必要があったが，このブループリントにより現場の作業や責任範囲を明確にしていくことができた。同時に，これで IT システムの扱う範囲が明確になったため，ウェブページのプロトタイプを作成することが容易となった。

組織を含めたデザインは，ただ組織のプロセス

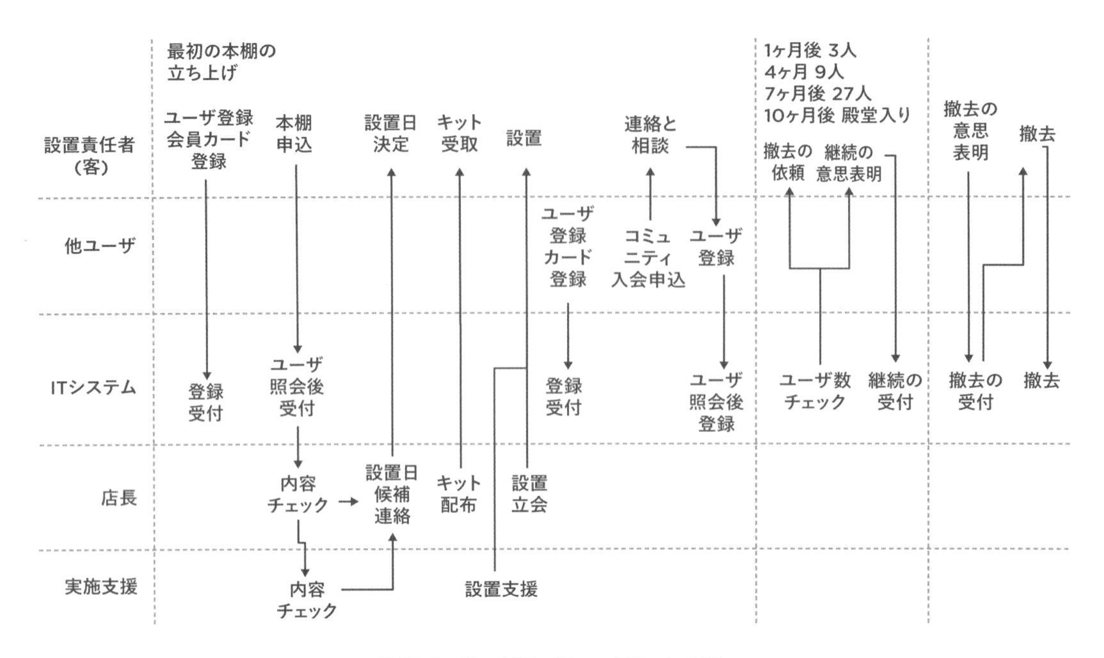

図 7-2　サービスブループリントの例

をデザインするだけではなく，従業員の働き方，マネジメントのあり方などにもかかわる。The Ritz Carlton ホテルでサービスの変革を行ったデザイン会社の IDEO は，疲れてホテルに着いた顧客に，スタッフがハイテンションで話しかけ，多くの質問をしてフォームに情報を書かせることが果たして良いサービスか，という疑問を投げかけた[2]。実際には，部屋について座ってほっとしたシーン（場面）が顧客にとって重要であるのだが，そこをデザインするという観点は今までなかなか出てこなかった。そこで IDEO のデザイナーは，世界中の The Ritz Carlton の従業員が考えた特別なサービスシーンを *Scenography* という本にまとめ，全従業員で共有できるようにした。他の従業員が工夫したシーンを参考に，自分のホテルでは見過ごされていたシーンに着目し，それに独自の工夫を重ねることが可能となった。これまで従業員には作業項目のチェックリストを1つひとつこなしていくことが求められていた。その結果，フロントでは画一的な業務ができあがっていた。*Scenography* により，そのような画一的な業務ではなく，従業員は自分で新しいシーンを作る機会を得た。ところが，*Scenography* を使うということは，チェックリストを廃止することを意味しており，マネジャーは猛反発した。なぜか？マネジャーにとってチェックリストは従業員をコントロールする手段であり，それを放棄することは自らの存在を否定することになりかねなかったからである。最終的に The Ritz Carlton と IDEO は実際にこの *Scenography* によってサービスを変革していったが，そのためには組織のあり方，マネジメントのあり方も変革していく必要があった。

　サービスデザインで強調されるのが，ステークホルダーの共創（co-creation）である。マーケティング研究では，価値の共創という形で，顧客や提供者がともに価値を作り出すことが語られる[3]。つまり，レストランでは，客はサービスの外側にいて，一方的にサービスを受けるのではなく，自分の要求や知識を提示し，また適切な服装，マナー，言葉使い，同行者など自らの資源を持ち込み，総合的にサービスが達成される。サービスデザインにおいては，この共創が拡大して理解され，共同生産（co-production）も含めて議論されている。つまり，客だけではなく他のステークホルダー，具体的には従業員，サプライヤー，代理店などがサービスデザインに参加するとされている。特に客がサービスデザインに参加することは効果的であるが，同様に社内のさまざまな部門や社外の関係者を一堂に集めてデザインすることは，一貫した全体的な経験をデザインするためには欠かせない。

同様に，具体的なものを作るプロトタイピングも，物的証拠（evidencing）という名前で呼ばれ，重要とされている[7], [8]。デザインは体験の全体を取り扱うため，抽象的な議論になることが多い。しかし，顧客にとっては個々のタッチポイントでどのような体験が可能になるのかが重要性を帯びており，全体をデザインしながら個々のタッチポイントを作り込まなければならない。同時に，その個々のタッチポイントにおいて，サービスの全体像が感じられ，理解されることも重要となる。そのため，各タッチポイントでの具体的な体験は，カスタマージャーニー全体にかかわると言ってもよい。

図 7-3　物的証拠の例

サービスをイメージするために，商品の包装（パッケージング），パンフレット，新聞広告を本物と同じように作ることも効果的である。包装や広告などを本物のように作るということは，商品やサービスの名前，コンセプト，価格，形態などを詳細に詰め，使う場面，使い方，他の商品と並べて置かれる場合に商品間の関係などが一瞬で感じ取れるようにしなければならない。臨場感を出すために，包装にはバーコードや法規上必要な情報などを載せることもある。新聞広告も，その広告を見た人が，サービスの全容を感じられるように，詳細を詰めて，その表現方法を考える必要がある。このような物的証拠によって，サービスに形が与えられる。

たとえば，図 7-3 には，株式会社モスフードサービスと実施した FBL/PBL において，サービスを説明するためのトレーシート（ハンバーガーや飲物が置かれるトレーに敷かれる紙）の例を示している。このトレーシートによって，提案するサービスがどのようなものなのかを説明している。特に効率化されたファストフードでは，客に対して時間をかけて説明する機会が少ない。そこで，注文された食事が運ばれてくるのを待つ間の時間を利用し，サービスを説明することを検討した。このシートの大きさの中で，サービスの全体像がすぐにわかるように表現しているが，このトレーシートを作るためには，サービス全体のコンセプトをシンプルに研ぎ澄ませ，詳細を統一的に作り込むことが必要である。実際に店舗でこれを使用し検証した。

未だ実現されていないサービスのプロトタイプとして，実店舗の模型や実寸大モックアップ，メニュー表，制服などが作られる。図 7-4 は，実際のファストフード店の図面を用いて模型を作成し，サービスの流れを検証している場面を示している。レゴのブロックや人形を使いながら，実際

図 7-4　実店舗の模型を利用したサービスの検証

図 7-5　実寸大モックアップの検証場面

にサービスの体験がどのようになるのかを確認することができると同時に，空間を配置し直すことで新しい発想を得ることができる。

図 7-5 は，移動販売のサービスをデザインしたときに，実寸大モックアップを作成し，実際にサービスを提供することで検証したときの様子である。段ボール紙で店舗を作成し，大判プリンタでデザインしたものを貼り付けることで簡単に店舗を立ち上げ，実際に料理を提供することで細かなプロセスを検証した。

このようなデザインを実践するために，さまざまな方法が議論されている。実際には，これらの方法は，従来のデザイン方法論から引き継いだものである。たとえば，利用者の文化を理解するために現場に入り込むエスノグラフィは多くのプロジェクトで用いられている（第 6 章参照）。何らかの記録媒体を参加者に渡して利用してもらうことで参加者の生活を理解するカルチュラルプローブもよく用いられる。たとえば，参加者にデジタルカメラを渡し気付いたものを撮ってもらうことで，その人の生活がわかりやすくなるし，日記（ダイアリー）を渡して 1 日の中での特定の体験を記録してもらうこともできる。また，スマートフォンのアプリで定期的に質問を表示し，記録してもらうことも多い。このようなカルチュラルプローブを使うことで，調査者が常に参加者に寄り添う必要性を省くだけではなく，通常であれば調査者が見ることができないような生活の側面をとらえることが可能となる。

利用者の生活状況を理解した後，デザインを考えるときには，具体的な利用者を設定するペルソナという手法もよく用いられる。ペルソナとは，デザイン対象となる利用者を想定し，表現したものである。多くの場合は架空の人を表現するが，名前（仮名），年齢，ライフスタイル，家族構成，友人関係，趣味などを具体的に記述する。一般的なユーザではなく，具体的なペルソナをターゲットとすることで，状況を詳細にイメージしながらデザインしていくことができる。

たとえば，大学の研究者支援のサービスをデザインするワークショップにおいて利用したペルソナ（この場合，実在の新任教員）を図 7-6 に示している。研究者支援サービスとは，研究者に対して外部資金に関する情報を提供することや，外部資金の申請書作成方法をアドバイスすること，また英語での論文の書き方についてのトレーニングプログラムを運営するなどを含む。具体的に着任して間もない教員を選び，インタビューを通して，その教員の着任前から着任後の体験の流れを時系列に記載していった。これも 1 つのカスタマージャーニーマップと言える。このカスタマージャーニーマップの上に，付箋に各サービスがど

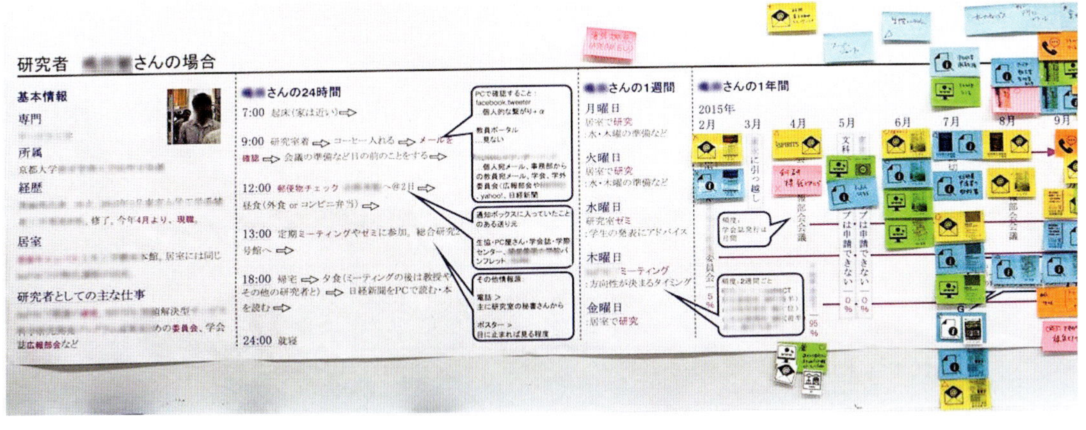

図 7-6　ペルソナによってサービスを整理した例

のようなチャンネル（対面，電話，メールなど）で，各種サービスに関する情報を教員に発信したのかを，それらのサービス担当者に張り出してもらった。この場合は，実際にこの新任教員にも参加してもらい議論することで，多くの教員向けのさまざまなサービスがある中で，教員の視点ではサービスの関係がわかりにくいこと，似たサービスを他の支援組織も提供しており混乱があることなどが明確になった。この後，このジャーニーを統合的にデザインするワークショップへと導いた。通常であれば，各部署の人は自分の担当している事業の範囲内に留まって議論することが多いが，このように具体的な利用者の視点で整理することによって，自分の事業を他の事業とも関連した中で，具体的に利用者とどう接触するのかに視点を移すことができる。

以上のように，エスノグラフィなどの方法によって利用者や客の暗黙の文化を理解し，デザインのための洞察を得て，ペルソナなどを利用してデザインを詰め，そしてカスタマージャーニーマップで体験の流れを構成していくという手順が考えられる。これらの方法を利用して，デザイン対象を1つのタッチポイントから，多くのタッチポイントの連鎖としての全体の流れに広げる。

3

既存のサービスデザイン方法論の限界

上記のようなサービスデザインの方法論は，デザインの対象を個々の商品や1つのタッチポイントから，それらのタッチポイントの連鎖としての顧客の体験全体に広げるという意味で，大きな成果を上げてきた。しかしながら，現時点ではサービスデザインの方法論は，従来のデザイン方法論，特に人間中心設計の方法論の枠組みに留まるため，その独自性がわかりにくくなっている。タッチポイント，カスタマージャーニーマップなどの概念や方法は，サービスデザインの成功とともに広まったため，それを特にサービスデザインと言わなくても使用されるようになった。そうすると，これまで議論してきたサービスデザインは1つの独自のデザイン理論・方法論ではなく，従来のデザイン理論・方法論の延長にすぎないことになる。

しかしながら，本来のサービスデザインには独自の理論と方法論が必要なのである。なぜなら，デザインの対象が個々のタッチポイントから全体の流れに広がったというだけの問題ではなく，サービスというデザイン対象がこれまでのデザイン対象とはまったく異なる理論概念に基づいているからである。このことを現在のサービスデザインの諸前提を検証することで見てみよう。それにより，サービスデザインがこれまでの方法論を越えて，新しい方法論を必要としていること，そしてそのための視座を提示したい。

現在のサービスデザインにおいて中心となる概念は，利用者の「体験」とさまざまなステークホルダーの「共創」である。まず「体験」という概念は，ユーザエクスペリエンス（UX）デザインや人間中心設計と呼ばれる方法論から引き継いだものである。しかしながら，サービスデザインの文献では，デザインするべき体験とは，よくない体験の排除として語られる。つまり，部門に分かれて統一感のない体験，顧客のことを考えていない使いにくい体験などである。一方で，どのような体験を目指してデザインするべきかは，よくない体験の否定という以上には語られない。つまり，目的は利用者にとって問題のない，スムーズな活動を可能にすることに限定されかねない。たとえば，人間中心設計を提唱したノーマン（D.A. Norman）は次のように書く。

> 人間中心設計はよいプロダクトを保証する。それは確実な改善をもたらす。また，優れた人間中心設計は失敗を未然に防ぐこともできる。それはプロダクトがきちんと動くこと，人々がそれを使いこなせることを保証する。しかし，よいデザインがゴールなのでしょうか？　私たちの多くは素晴らしい（great）

デザインを望んでいるのです[6]。

つまり，人間中心設計では，失敗を防ぐこと，人々が使いこなせることを目指すために改善が行われる。それ以上にどのような体験をデザインするべきかを語り得ないのは，サービスデザインにおいてサービスに関する理論が不足しているからである。

次に「共創」の概念が議論されるとき，ステークホルダーの多様性が前提とされている。つまりステークホルダーは独自の視座や利害をもち，そのままでは統一感のあるサービスがデザインできないということが前提となっている。しかしながら共創という過程を経て，その多様性が統一されるという調和が語られる。サービスデザインの文献を読むと，ステークホルダーの結集，統一，ステークホルダー間の円滑なコミュニケーション，利用者のデザインに対する思い入れや所有意識の向上などが議論される一方で，ステークホルダー間の矛盾，緊張，衝突などの言語が排除される。このような前提では，あたかもステークホルダーの多様な声を１つの声に還元するかのように理解されてしまう危険性がある。しかし，そもそも多様性が前提である限り，それらのステークホルダーを１つの声に還元することは原理的に不可能である。それではどのような状態を目指しているのか，そしてどのようにそれに到達するのかが曖昧なままである。

この「体験」と「共創」というサービスデザインにとっての中心概念が曖昧なまま置かれていることにより，サービスデザインの独自性がかき消されてしまっている。次にサービスデザインの独自性とその可能性について議論する。

4

相互主観性としてのサービス

結論から言うと，サービスデザインにおいては，「体験」という概念は適切ではない。なぜなら体験は，一般的に主観性の概念であるからである。図 7-7 に示したように，1 人の利用者が主観的にデザインされた客体をながめ，感じ，理解し，利用するということが前提となっている。このような主観性を前提としたとき，使いにくい，統一感がない，わかりにくいなどの問題がまず主題化するため，それを排除しようというのは自然な選択肢となる。

しかし従来の商品やグラフィックのデザインにおいては，このような主観性を前提としても，デザインを記述できたかもしれないが，サービスを主観性で語ることはできない。サービスにおいては，客や提供者などのステークホルダーが参加して，共に価値を創造する限りにおいて，その中心には社会的関係性がある。つまり，サービスとは相互主観性の水準の現象である。一般的に主観性から出発すると，相互主観性を説明できない。なぜなら，ある人が主観的に見て，感じて，理解していることと，他の人が主観的に見て，感じて，理解していることを前提に議論すると，それらの人々が見て，感じて，理解していることが一致する保証はないし，それがどのように一致するのかを説明できないからである（図 7-8 を参照）。人は別の人が考えていることをテレパシーのように読み取ることができないため，互いの主観性は直接的にはアクセスできない。

相互主観性とは，図 7-9 のように，人々が自らの行為を他者に提示すること，そのときにその行為の理解を提示すること，そして他者はその行為をどのように理解したのかを自らの行為を通して提示すること，この過程によって達成される。実際にそれぞれの人が頭の中で何を考えているのか

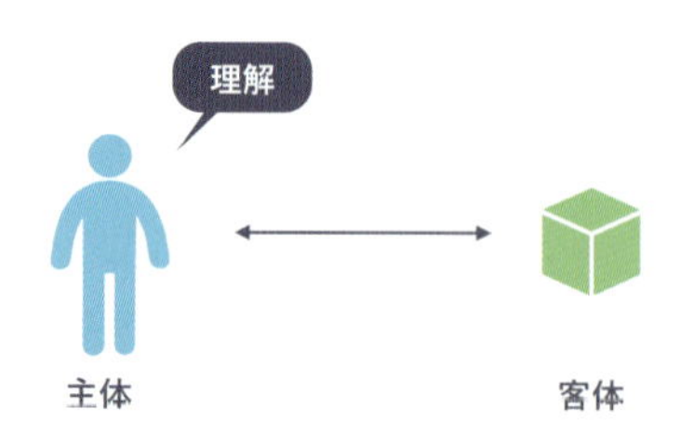

図 7-7　主観性の枠組み

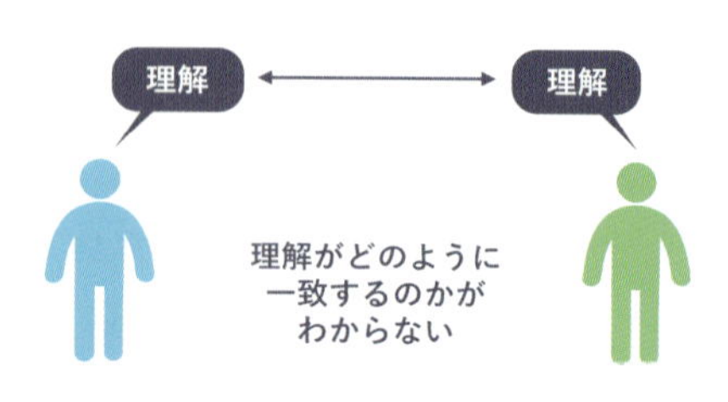

図 7-8　主観性の前提に立ったときの関係

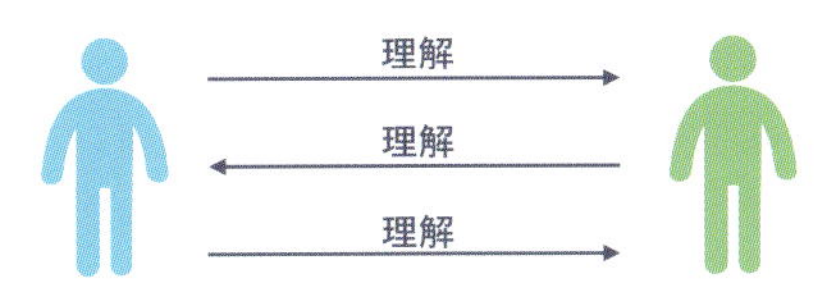

図 7-9　相互主観性の前提に立ったときの関係

は問題とならず，そのように考えていることをどう示し合うのかが主眼となる。サービスにおいては，客も提供者も相手が考えていることはわからないが，それでも互いに自らの理解を示し合いながら，相互主観性を達成する。つまりサービスを達成する。このとき，それぞれの主観性が一致しないことは問題とならないし，むしろそれらが一致しないことが前提なのである。

ある人があるサービスに対して何らかの判断をしたとすると，その判断を他者に提示しなければならない。しかし，自らの判断を提示するということは，同時に自分自身を示すことになる。つまり，自分がそのサービスの価値に対して，どういう位置付けにあるのかを示さなければならない。一般にサービスの目的は客の要求するものを提供し，客を満足させることとされる。あるいは要求するもの以上のものを提供し，客を感動させることとされる。しかしこの言説も主観性を前提としている。たとえば，レストランでシェフがこれまでにない革新的で驚くべき料理を提供したとしよう。客が主体として，単にそれを客体として喜んで賞味するだけでは済まされない。単に「おいしい」というような月並な言葉で表現すると，その客の力量が疑われかねない。それを自分がどのように考え，どう評価し，それによって自分がどれだけの実力をもっているのかを示さなければならない。

おもしろいことに，店員の態度は，高級なサービスになるほど笑顔はなくなり，フレンドリーさが軽減される（もちろん，感じ悪い態度を取るわけではない）。同じ会社が運営するカジュアルなイタリアンレストランとフレンチのオーベルジュを調査・比較したところ，後者では店員の笑顔がなくなる[8]。前者では店員はひざまずいて応対するが，後者では姿勢をくずさず毅然と立ったまま応対する。前者のメニュー表にはさまざまな情報が盛り込まれ，わかりやすさが志向されているが，後者のメニュー表はよりシンプルになり，多くの客にとって理解不可能なフランス語が説明もなく載せられている。付加価値の高いサービスの方が，より丁寧で，より気配りが増し，そしてより多く客の要望を聞くというような考え方と，現実は正反対になっている。サービスは高付加価値になるほど，提供者と客の関係性が対等になり，それぞれの人が自らを提示し，相手を見極めるという関係性が強くなる。高級店になると，サービスにふさわしい客であるかが試されることになる。

すなわち，利用者の「体験」をデザインするというとき，利用者が使っているモノや見ている光景をデザインしているのであり，そもそもサービスをデザインしているとは言い難い。サービスのデザインが対象とするべきは，相互主観性である。そのとき，それぞれの人がどういう人なのかが主題化する。

「共創」の概念も検討しなおさなければならない。共創によって，多様なステークホルダーの声が 1 つの声に還元されかねない。1 つの声しか残らない「独話（モノローグ）」としてのサービスは，事前に筋書が決められ，かかわる人々がそれに従うことにつながり，サービスの価値を毀損する可能性がある。このモノローグは，多様なステークホルダーが互いに挑戦しながら，緊張感のある関係を保つ「対話（ダイアローグ）」とはまったく正反対の概念である[1],[9]。サービスにおいては後者が適切である。

主観性から出発すると，サービスにかかわるそれぞれの人の意見が一致しないことは当然の前提である。そして，その主観性の間の相互行為を考えると，これらの多様な意見をどのように一致させるのかという議論になってしまう。しかし相互主観性の観点から出発すると，意見を一致させることを保証する必要はない。なぜなら，参与者自身が意見の食い違いを理解しているし，その理解を示し合えるからだ。自分の理解が相手の理解と食い違うとき，相手の理解に挑戦することができる。相互主観性とは，このように意見を闘わせる過程によって達成されると言える。重要なのはこのような緊張感であり，緊張感のない調和ではない。

サービスにおいて，モノローグを前提としてしまうと問題に直面する。たとえば，さまざまな従業員の声を1つの声に還元し，統一されたサービス体験を実現したとしよう。そのときに従業員は自分の声を失う危険性がある。そのようなサービスにおいては，従業員はあらかじめ決められた筋書に従ってロボットのように客に応対することになり，客にとってはわかりやすく居心地がいいかもしれないが，本当に望ましい体験になっているのか疑問である。そこで笑顔やフレンドリーさ，そして個性を付与するようにデザインされたとしても，前提がモノローグであればほとんど効果はないだろう。

さらに問題なのは，客を含めた声を1つに還元するというとき，そこに相互行為は必要なくなるということである。たしかに客の要望を受け取り，それに対するサービスの提供という意味での情報の交換はデザインされるが，それぞれの人に自分がどういう人なのかを示す機会は与えられない。あたかもデザイナーが利用者やその他のステークホルダーの水準を超越した立場にあって，それぞれの人がどういう人なのかという問題は解決済みで，それぞれの人の要求を充たすように計画されているように見えてしまう。これではサービスの魅力が半減してしまう。

このようにサービスを理解していくと，サービスデザインが，プロダクト（製品）をデザインすることとは，本質的に異なっていることがわかるだろう。サービスデザインは，ただプロダクトデザインを複雑にしたものではない。その本質はデザインする対象が，相互主観性であるということである。そのためには新しいデザイン方法論が必要となるが，サービスデザインの取組みは，これに挑戦するべきである。

5 サービスデザインの展望

それでは，サービスはどのようにデザインされるべきか？すでに明らかなように，サービスデザインは一貫して相互主観性の水準で，つまり相互作用によって互いに自らを示し合う過程としてデザインされなければならない。

人間中心設計を提唱したノーマンによると，人間中心設計において利用者の体験をデザインするとき，利用者にとってのわかりやすさ，ストレスのなさ，利用者が主役となっていることなどが強調される[5]。しかし多くのサービスにおいて，サービスはわかりやすくてはいけない。わかりやすいサービスは，客にとって馴染みのある日常にすぎず，そのようなものに客は価値を見出さない可能性が高い。京都の料理屋にかけられている掛軸は完全に読めないことが重要なのである。つまり，デザインの方法が正反対となる。ノーマン自身，人間中心設計を否定し，エモーショナル・デザインを提唱したとき，このわかりやすさの「正反対」のアプローチを提唱した。このとき彼が利用したような事例は，アパレルのDIESELの店舗のデザインであったのだが，これが客と応対するというサービスの事例であったこととは無関係ではない。DIESELでは，店を暗くし，音楽を大音量でかける。明るくて見やすく落ち着いた環境で，わかりやすいサービスを実現するのではなく，むしろ見にくい居心地の悪い環境を作っているという。

サービスデザインとは，参加する人々がどういう人なのかが問題となる過程である。そのためには，それらの人々に挑戦し，否定するような契機を含まざるを得ない。高級なサービスが客にとってわかりにくく，客に一定の緊張感を与えるようにデザインされていることを理解することが重要である。伝統的なカウンター形式の鮨屋を「立ちの鮨屋」と呼ぶが，親方の前で食事をすることに緊張するという経験は広く共有されている。しかも，このような鮨屋にはメニュー表もなく，また丁寧な説明もない。人間中心設計とは正反対である。つまり，客にとってわかりにくく，ストレスのあるものであり，親方に試されることになる[9]。高級なフランス料理店においても同様である。よくわからないワインリストを渡されて，不安気にワインを選ばなければならないし，料理の食べ方や作法を知らない不安もある。

また，高級でない一般的なサービスも，実は同じように構成される。カジュアルなイタリアンで料理に「ピッツァ・メランザーネ」というような，ほとんどの客が理解できない名前を付ける。スターバックスコーヒーでも，コーヒーのサイズを聞かれ，「トール」という大きさが大体どういうものかわかったとしても,「グランデ」や「ヴェンティ」というような英語ですらもないような名前が使用されるに際しては，戸惑うしかない。つまり，これらの高級でないサービスでも同様に客の否定が見られる。

このようにサービスが構成されるのは，サービス自体をより価値のあるものとして提示するからである。鮨屋の親方は，メニュー表がなくても，客はその季節で旬となっている魚を正しく伝えることができるべきであると主張しているのである。そのような高度な客を相手にする店であるという主張である。そして，そのように定義されたサービスに対峙して，客はそれにふさわしい人を演じなければならない。多少背伸びをすることになる。客を試し，客は自分を証明することになる。同じく，メニュー表で客が知らないような名前を付けるのも，提供者は自らのサービスを，客が知っている日常を越えたものとして定義しているのであり，客はそのような非日常で多少の違和感を感じながら，そこで背伸びをして適切に振る舞おうとする。

もちろん，客にとってまったくわからない，ストレスだけのサービスは意味がないだろう。問題はわかりやすさや緊張感を独立に取り出して議論するのではなく，相互主観性としてのサービスにおいて，人がそれぞれ自己をどのように示し合うのかという点に着目することである。場合によっては，わかりやすいサービスにおいても，そのような相互主観的な過程を作り込むことは可能だろう。

このような相互主観性の観点からのサービスデザインは，未だ発展途上であり，今後の研究が求められている。適切なデザイン理論と節合することによって，サービスデザインの可能性が広がると期待できる。

演習問題

(問 1) 実際に 1 つのサービスを自ら体験し，そのサービスのタッチポイントを列挙せよ。また，自らの体験に基づき，サービスをリデザインするためのインサイトを記述せよ。

(問 2) 問 1 のインサイトに基づき，タッチポイントをつなぎ合わせ，カスタマージャーニーマップを作成せよ。カスタマージャーニーマップのフォーマットや素材は，下記から Creative Commons Attributio-ShareAlike 3.0 ライセンスの下，ダウンロードできる（あるいは，“This is service design thinking” で検索できる)。
[http://thisisservicedesignthinking.com]

(問 3) 問 2 のサービスの相互主観性を分析し，デザインを修正せよ。特に，客がどういう人かがサービスの過程で問題となり，再定義されていくようなデザインを議論せよ。

参考文献

[1] Bakhtin, M. M.: *Problems of Dostoevsky's Poetics* (*Russian*), Khudozhestvennaja literatura, 1963.

[2] Brown, T.: *Change by Design*, HarperCollins, 2009.（千葉敏生（訳）:『デザイン思考が世界を変える』, 早川書房, 2010.）

[3] Lusch, R. F., & Vargo, S. L.: *Service-Dominant Logic*, Cambridge University Press, 2014.

[4] Moritz, S.: *Service Design*, Lulu, 2005.

[5] Norman, D. A.: *Emotional Design*, Basic Books, 2004.（岡本明, 安村通晃, 伊賀聡一郎, 上野晶子（訳）:『エモーショナル・デザイン』, 新曜社, 2004.）

[6] Norman D. A.: Human-centered design considered harmful, *Interactions,* 12(4), pp.14-19, 2005.

[7] Polaine, A., Løvlie, L., & Reason, B.: *Service Design*, Rosenfeld Media, 2013.（長谷川敦士（訳）:『サービスデザイン』, 丸善出版, 2014.）

[8] Stickdorn, M., & Schneider, J.: *This Is Service Design Thinking: Basics - Tools - Cases* (1st ed.), BIS Publishers, 2011.（長谷川敦士, 武山政直, 渡遺康太郎（訳）:『This is Service Design Thinking』, BNN, 2012.）

[9] 山内　裕:『「闘争」としてのサービス—顧客インタラクションの研究』, 中央経済社, 2015.

CHAPTER

8

アーバンデザイン

今や世界人口の半分以上が都市圏で生活しており，居住・コミュニティ問題，モビリティ問題，防災・防犯問題，環境問題，景観問題など，現代社会の多くの課題は端的に都市問題として現れる。それゆえ，アーバンデザインはこれらの問題解決の鍵を握る重要な営みと言える。本章では，都市という複雑なシステムのあり方を考察し，それを制御する都市計画・まちづくりの仕組みを検討した上で，意味・生命を内包する都市システムを生成する記号論的なアーバンデザインの方法を探求する。具体的には，“コミュニティによる街並み景観のデザイン”と“持続可能社会のための都市エリアのデザイン”を取り上げ，都市計画とまちづくりを統合する，多主体の対話によるアーバンデザインの方法論を展望する。

（門内 輝行）

1
都市システムのデザイン

都市化する世界

人間の居住拠点としての都市の歴史は古く，紀元前4000年頃には，採集および栽培生産の発達によって可能になった余剰生産物の蓄積の上に，広域的な交易と支配を行う場所として誕生したとされる。その後，古代から現代に至るまで，世界各地で多種多様な都市づくり・まちづくりのプロセスが展開され，自然・社会・経済・政治・文化等と調和した集落や都市が形成されてきた。そして18世紀の産業革命以降に，工業化と資本主義経済が世界的規模で進展し，人口の急増，都市への集中，都市の拡大・拡散が大いに進んだ。

そして21世紀を迎えて，2008年に世界人口の半分以上にあたる33億人が都市圏で生活することになり，2030年までにはこの数が約50億人にまで膨れ上がると見込まれている。こうした都市化の進行に伴い，土地・住宅問題，家族・コミュニティ問題，モビリティ問題，災害・犯罪問題，資源・エネルギー問題，食糧問題，環境問題，景観問題など，人類は多岐に渡る都市問題に悩まされるようになっている。都市とは大多数の人間と膨大な地球資源が集まる場所であるが，最近の都市圏の規模と到達度は，良きにつけ悪しきにつけ，人類社会と地球環境に及ぼす影響力の大きさを示している。それゆえ，都市を適切にデザインすることは，人類が直面している多くの困難な課題の解決に多大な貢献をする可能性がある。

空間と社会が重層する都市システム

都市とは何か，という定義をめぐっては多くの議論がある。都市は物的な「空間」であるが，それだけではなく，さまざまな人間の営みが繰り広げられる「社会」としても実在する。空間と社会が重層する都市については，これまで生態学，都市計画学，社会学，地理学，経済学，政治学，人類学，記号論など，多角的な視点から多くの研究が展開されてきた。

1920〜1930年代にシカゴを対象として社会と空間の関係を探求し，都市を空間と社会が重層するシステムとみなす試みを展開したのは，「都市社会学」(urban sociology) を提唱した社会学者たちである[1]。バージェス (E.W. Burgess) は，貧困，家族解体，少年非行などの社会問題のケースを空間的な地図にプロットすることにより，社会と空間との間に一定のパターンが存在することを発見した。また，ワース（L. Wirth）は，「都市は社会的に異質な諸個人の，相対的に大きい・密度のある・永続的な集落である」と定式化するとともに，都市に人口が集中し，人口密度や異質性が増すと，社会組織の面では，階層分化，集団分化，家族や近隣の解体が起こり，パーソナリティの面では，疎外，人格的分化，非人間性化が起こると考え，人口・社会・人格の連鎖的変化による都市的生活様式を「アーバニズム」（urbanism）と呼び，そのメカニズムを解明した。ワースによれば，都市は「経済的・政治的・文化的生活の主導的・統制的中心地であって，世界のさいはてのコミュニティさえその軌道にのせ，多様な地域，国民，および活動をひとつの宇宙におりこんでいる」ものなのである。

人間の諸活動が集中する都市では，空間は絶対的に稀少な資源である。生産活動，消費活動のいずれにおいても基本要素である空間は，いかに生産され配分され占有されるかが問われる。こうした経済的視点から，都市は「資源配分システム」としてとらえられる。店舗，病院，図書館，公園緑地などの施設の配置は，都市における財・サービスという資源の配分に大きな影響を及ぼすからである。また，異なる利害をもつ多数の主体が取り結ぶ社会関係は都市空間を分節化し，独特の空間を創り出す。その結果，それらが織りなす都市は，さまざまな欲望や意図が幾重にも組み込まれた「意味が生成する場」となる[2]。

このように，都市は物的な施設や環境の集合からなる空間であるが，同時に人間の居住地であり，社会の容器であって，人々が社会生活を営む手段であることから，都市のデザインには，物理的計画（physical planning）と社会的計画（social planning）が求められる。

21世紀都市のデザインビジョン

複雑なシステムである都市は，人類史上始まって以来，かつてなかったほどの人口を抱えており，未来文明の行く末は，都市によって，および都市において決定づけられることは疑いを入れない。都市は世界のエネルギーの4分の3を消費し，地球規模の汚染の少なくとも4分の3を引き起こしているからである。それゆえ，「持続可能な都市」（sustainable city）をデザインすることは，現代社会が直面する最大の課題の1つと言ってよい。持続可能な都市を実現するためには，都市システムを構成する①空間・場所・環境・景観と，②社会・経済・政治・文化のいずれもが持続可能であることが求められる。すなわち，自然生態系を守り，自らが住む都市の空間・場所・環境・景観をより人間的なものにするとともに，都市社会で活動する個人，コミュニティ，企業，行政などの多様な主体が，社会・経済・政治・文化などの活動を協働して実践することが不可欠となるはずである。

政治学者ウォルツァー（M. Walzer）は，「単一目的に特化された」（single-minded）都市空間と「多様なものを受容する」（open-minded）都市空間を区別しているが，この観点からすると，20世紀の都市は単一の機能を有する空間として発達したが，21世紀の持続可能な都市は，いくつもの機能を充足し，多様な経済活動や文化活動が相互に重なり合うコンパクトな空間を基盤として構想すべきであると思われる。

イギリスの建築家ロジャース（R. Rogers）は，持続可能な都市のビジョンとして，次のような側面を描き出している[3]。正義・食物・教育・健康などを公正に分かち合い，誰もが行政に参加できる「公正な都市」，建築・景観などが想像力をか

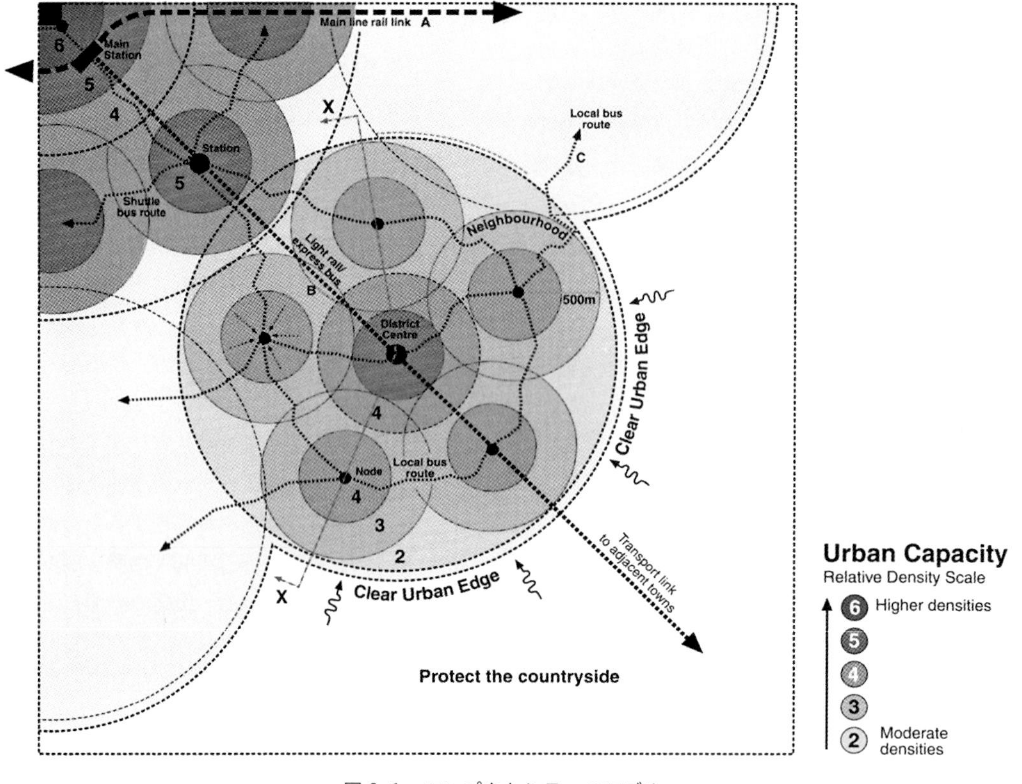

図 8-1　コンパクトシティのモデル
持続可能な都市では，交通の核を高密な地域が囲む。
（Rogers, R., Power, A.: *Cities for a Small Country*, Faber & Faber, 2000）

きたてる「美しい都市」，人々の創造性を引き出す「創造的都市」，環境への影響を最小にする「エコロジカルな都市」，異なる人々が出会う「ふれあいの都市」，近隣にまとまりのよいコミュニティがある「コンパクトで多核的な都市」（図 8-1），さまざまな活動の重なりが活気を生む「多様な都市」などがそれである。

こうした 21 世紀都市を構想する上で留意しておくべきことは，全世界を覆い尽くすコンピュータネットワークによってサイバースペースが形成され，それがフィジカルスペースと重なり合って，都市を大きく変容させつつある点である。たとえば，テレコミュニケーションは遠く離れた場所にいる人間を結びつけ，ものや環境にデバイスを埋め込むユビキタスコンピューティングは，都市における生活・生産活動にも決定的な変革をもたらすはずである。

2
都市計画・まちづくりとアーバンデザイン

都市計画とまちづくり

都市は人間の営みによって創り出されたものであるが,「都市計画」(urban planning) を担う専門的職能と技術が社会的に確立してくるのは，実はこうした近代以後の都市化に伴う都市問題への対応策としてのことである。すなわち，19 世紀中頃には，産業革命が進行した都市では大気汚染や居住環境の劣悪化等の都市問題が深刻化し，公衆衛生という政策概念に基づく都市計画が実行されるようになったのである。そして 1898 年には，イギリスの法廷書記官であったハワードが「明日の田園都市」の提案を発表し，大都市問題を解消し健全な社会を形成するために，都市と農村のそれぞれのよい点を融合する田園都市の建設に着手したし，1920 年代になると，フランスの建築家ル・コルビュジエは，“太陽・水・空間”の明るくて健康的で合理的な機能的都市の空間像を提案し，以後，モダニズムの都市計画・デザインが強力に推進されていくこととなった。

日本の都市計画は，明治維新後の近代国家体制への再編と工業化・資本主義経済の発達に伴う都市建設の時期に始まるが，本格的な展開をみるのは，第 2 次世界大戦後の高度経済成長期における都市化と都市建設の時期になってからのことである。この段階になると，さまざまな都市開発プロジェクトが活発に展開されるようになり，制度面でも，1968 年には「都市計画法」が全面的に改定され，1969 年には「都市再開発法」が制定されるに至る。

都市計画の役割は，都市社会の構成員である個人およびコミュニティが健康にして文化的な生活を営むことができるように，その基礎となる空間と社会の諸条件を整えることである。具体的には，総合基本計画，土地利用計画，公園緑地計画，交通および脈絡系施設の計画，景観計画，居住地計画，市街地開発・再開発，防災都市計画，地区計画などが含まれる[4]。これらの都市計画の多くは行政主導の都市政策として行われてきたが，大きな変動が予測される 21 世紀の都市社会では，市民とコミュニティ，事業者，専門家などが参画し，協働して個性あるまちを育てていく「まちづくり」(town making) が注目を集めるようになっている。

意味・生命を内包する動的システムとしての都市

都市計画・まちづくりは，基本的に都市問題を解決するという機能的側面を色濃く宿している。それに対して，機能的次元を超えて，意味・生命を内包する動的システムとして都市を理解する試みが始まっていることにも注目しておきたい。

21 世紀都市を考える上で，都市論者ジェイコブズ（J. Jacobs）の理論は示唆に富む。彼女は大都市を「組織された複雑性（organized complexity）をもつシステム」としてとらえ，そこには多様な用途・機能が経済的・社会的に絶え間なく支えあっている秩序が存在しており，それを無視した大規模な都市計画・再開発プロジェクトは問題を引き起こすだけだと述べている。『アメリカ大都市の死と生』（1961 年）では，大都市における人々の社会的行為や経済活動を詳細に観察して，都市が安全で暮らしやすく，かつ経済的な活力を生み出すためには，きめ細かな多様性が必要であり，そうした多様性を生成するためには，次の 4 つの条件，①街路を活性化するさまざまな用途が混合していること，②街区内に人々が入り込めるように街区が短く区切られていること，③異なる古さ，タイプの建物が混在していること，④人口密度が高いこと，が必要であると主張した[5]。③は，新規事業を始めるためには，賃料が安く古い建物が必要であり，古さや条件の異なる建物が混在していることで，居住者や事業に多様性が生じ，それが経済の活力をもたらすことを指摘したものである

このようにジェイコブズは，多様性は混沌ではなく，きわめて発達した秩序であり，都市は組織化された複雑性の問題であると考えていた。多様性の重要性を，創発・自己組織化・進化原理を扱う「複雑性の科学」が注目されるはるか以前に論じている点は驚きである。

さらに『都市の経済学』（1969 年）では，①イノベーションは都市の多様性が生み出す，②都市の発展はイノベーションの持続的な生成によってもたらされる，③国の経済発展の源泉はイノベーションであり，それを生み出す都市の存在が国の盛衰を決定する，④プロダクト・イノベーションは，古い仕事にわずかな新しい仕事を付け加えることで生み出される，⑤輸入品を自前生産に切り替える「輸入置換」（import replacement）が都市発展の原動力となる，といった議論を展開し，異業種が集積することによるメリットである「都市化の経済」の重要性を指摘しているが，現代都市にも十分通じる興味深い内容である。

デザイン方法研究で著名なアレグザンダー（C. Alexander）の都市論も注目に値する。『都市はツリーではない』（1966 年）は，長い時間を経て自然発生的に生まれた「自然の都市」と短期間のうちに人工的に作られた「人工の都市」を比較し，両者の本質的な差異が，要素の部分集合に重なり合いがない“ツリー構造”（tree）と 1 つの要素が同時にいくつもの部分集合に属している“セミラチス構造”（semi-lattice）というシステムの構造特性にあることを指摘した（図 8-2）[6]。自然の都市の豊かさはシステムとしての複雑さ（セミラチス）によってもたらされ，人工の都市の貧しさはシステムの単純さ（ツリー）に起因するというわけである。

その後，アレグザンダーは生命の概念を大きく拡張して，人工システムにも生命を認め，生命の創造をデザインの目標とする新たなデザイン理論を展開している。すべての物理的構造が「生命の段階」（degree of life）をもっていると言えるような生命概念を採用すると，生命の段階を人工システムに与えることがデザインの役割となる。

このような文脈で忘れることができないのは，

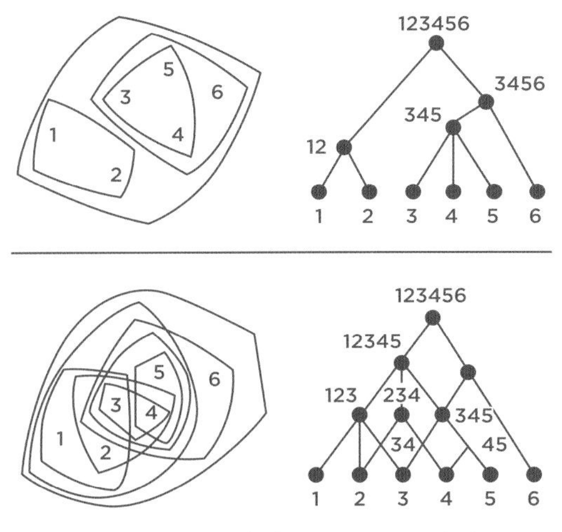

図 8–2　ツリー（上）とセミラチス（下）

都市研究者リンチ（K. Lynch）の『都市のイメージ』（1960 年）である[7]。都市のイメージが「わかりやすさ」（legibility）に大きな影響を及ぼすことに気づいたリンチは，パス，エッジ，ディストリクト，ノード，ランドマークという 5 つのエレメントを発見したのである。これらのエレメントから組織されるイメージが，人間の行動を滑らかにし，集団の記憶のシンボルとしても機能するのである。

さらに，ランドスケープアーキテクトのマクハーグ（I.L. McHarg）が『デザイン・ウィズ・ネーチャー』（1969 年）で提唱した生態学的なデザイン方法論も重要である[8]。「人間は自然から離れて存在しえず，その存在も健全なる営みも，自然とそのプロセスを正しく理解することから生まれる」という思想を踏まえて，気象，地形，地質，水系，土壌，植生，歴史記念物などの空間分布図を作成し，それらを重ね合わせて生態的環境の構造を把握するオーバーレイ法を考案し，土地利用の適合性を示す方法を提示したのである。

以上のように，20 世紀後半に意味・生命を内包する都市を構築する試みが開始され，「アーバンデザイン」（urban design）の世界が浮かび上がってきたのである。

3

アーバンデザインへの記号論的アプローチ

人間－環境系のデザインとしてのアーバンデザイン

アーバンデザインの役割は，空間と社会が織りなす都市システムを媒介とした「人間－環境系のデザイン」を展開することである。そこには，自然環境，社会 - 文化環境，人工環境（構築環境），情報環境といった多層に及ぶ環境が含まれる。また，ミクロな集落からマクロなメガシティに至る階層性があり，スケールによって都市システムの内容は大きく異なる。

一方，都市全体を見ると，ある敷地では新しい建物が建設され，別の敷地では古い建物が取り壊され，といった具合に，都市システムはいつも変化しているものであり，“つくる”というよりも“育てる”という方がふさわしい対象と言える。

デザインと記号論

デザインが計画と実行の分離を前提として成立したことを想起すれば，デザインが記号と密接な関係にあることは明らかである（design は sign を含む）。そこで，「記号論」（semiotics）を導入して，意味づけられた人工物のデザイン方法論を構築する可能性について考える。

●記号現象のカテゴリー

記号学者パース（C.S. Peirce）は，すべての現象を分類できる普遍的な 3 つのカテゴリーとして，「1 次性」（firstness），「2 次性」（secondness），「3 次性」（thirdness）を導出している。

① 1 次性とは，何かそれ自体であり，他のものと関係を持たないようなもののあり方である。

② 2 次性とは，何か他のものと関係しているが，いかなる第三のものをも含まないような（実在する）もののあり方である。

③ 3 次性とは，第二のものと第三のものを互いに関係づけるような（法則もしくは目的から切り離せない媒介する）もののあり方である。

1 次性・2 次性・3 次性というカテゴリーは，「質・関係・表象」（quality, relation, representation），「可能性・実在・法則」（possibility, existence, law）といった質料的表現によっても提示される。外からの強制もなく，法則に縛られることもない，記述することのできない未分化な無秩序の多様性である 1 次性は，潜在的な可能性にあふれる，言わば世界の原初的なあり方であっ

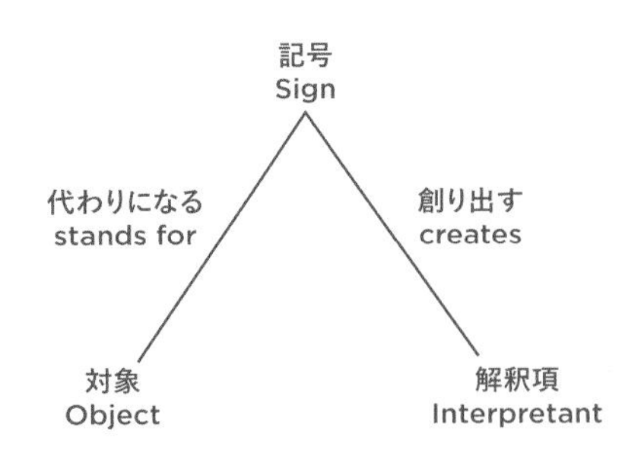

図 8-3　記号の三項関係

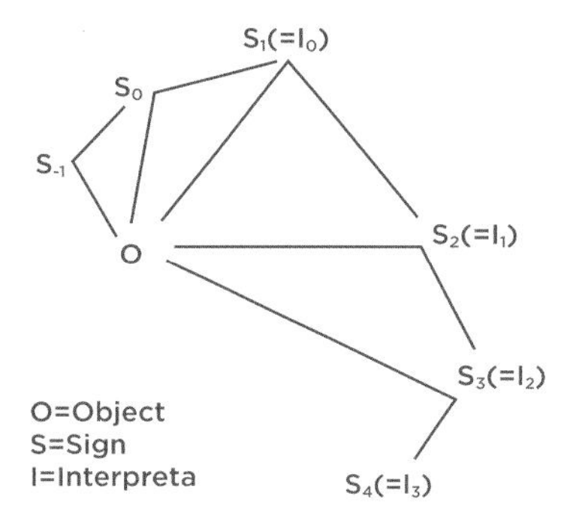

図 8-4　無限の記号過程

て，芸術家の観察力と想像力によって把握されるような様相である。未分化で無限定的に多様な1次性の様相に，分化，対立，特殊化が生まれると，強制的な事実や努力という経験，理性を伴わない盲目的な力動性，個体性や単一性によって特徴づけられる2次性の様相が現れる。そこでは，事実を看破する決定的な識別力や実践力が問われる。こうした分化・対立・特殊化は，やがて，表象，法則，一般性，連続性，習慣などの普遍的法則的なもののあり方へと発展し，秩序づけられた3次性の様相へと到達する。ここで必要とされるのは，理性や知性であり，抽象的な式を生み出す数学者の一般化の能力である。

ここで留意すべきは，宇宙におけるいっさいの現象をカオスからコスモスへ，偶然から法則へ，対立から統合へと至る秩序の「生成」(generation) として，あるいは逆の過程を「退化」(degeneration) としてダイナミックにとらえている点である。

●記号のモデル構造

パースは，1次性から3次性に至るプロセスを三項関係としてとらえ，その第一の相手を「記号」(sign) もしくは「表象体」(representamen)，第二の相手を「対象」(object)，第三の相手を「解釈項」(interpretant) として，次のような記号モデルを定式化している（図8-3)。

「記号，あるいは表象体とは，ある観点もしくはある能力において，誰かに対して何かの代わりとなるものである。それは誰かに話しかける。つまり，その人の心の中に同等の記号，あるいはさらに発展した記号を創り出す。それが創り出す記号を，私は最初の記号の解釈項と呼ぶ。記号はその対象である何ものかの代わりとなる。」

この定義によれば，同じものでも観点や能力が違えば，別の記号として現象しうる。たとえば赤信号は《止まれ》の代わりとなる記号であるが，交通法規を知らない人には単なる《赤い丸》であり，急病人を抱える人には《注意して進む》という解釈を創り出す。

ここで解釈項とは，記号が誰かに話しかけ，その人の心の中に創り出す「同等の記号，あるいはさらに発展した記号」である。つまり解釈項も記号であり，それがまた新たな記号である解釈項を生成していくように，思考は連続的に展開していく。この記号の定義には，無限の記号過程が含まれているのである（図8-4)。

パースはカテゴリーの三分法に基づいて，「記号それ自体の在り方」「記号とその対象との関係」「記号とその解釈項との関係」に区分し，次のような記号類型を導出している。

第一に，記号が本質的に単なる質であるのか，

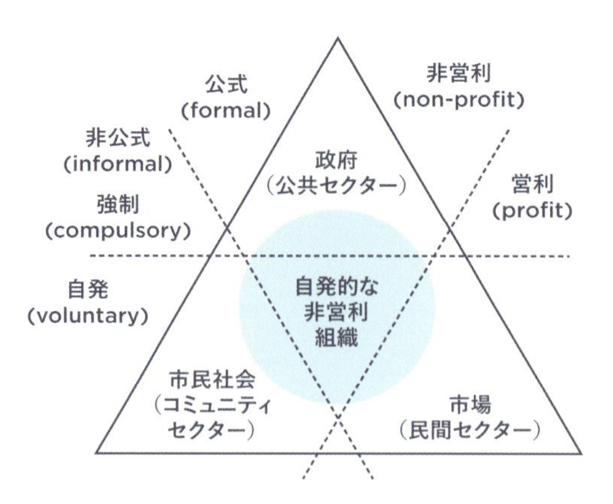

図 8-5　アーバンデザインにおけるアクター・ネットワーク

現実の実在であるのか，一般的な法則であるのかに従って，記号は「性質記号」(qualisign)，「単一記号」(sinsign)，「法則記号」(legisign) と呼ばれる。

第二に，記号と対象との関係が，記号が自分自身の中にある特性をもっていることによるのか，その対象との実在的な関係によるのか，その解釈項との関係によるのかに従って，「類似」(icon)，「指標」(index)，「象徴」(symbol) と呼ばれる。

第三に，その解釈項が記号を可能性の記号として表象するのか，事実の記号として表象するのか，理性の記号として表象するのかに従って，記号は「名辞」(rheme)，「命題」(dicent)，「論証」(argument) と呼ばれる。

多主体の対話によるアーバンデザイン

複雑・不安定で，うまく定義できないアーバンデザインの問題を解決するためには横断領域的アプローチが不可欠であり，デザインプロセスは本質的に多くの異質な主体の「コラボレーション」(collaboration) によって展開されることになる。そこでは，多主体の「対話によるデザイン」を創発的なデザインとして展開することが課題となる。

アーバンデザインにかかわる力は，「行政によるコントロールの力」(規制)，「近隣社会によるコミュニティの力」(協働)，「民間企業によるマーケットの力」(市場) の3つに大別される[9]。これらの3つの力の関係によって都市づくりの仕組みが変わってくる。近代都市計画がコントロールの力の発揮という形でまず成立し，さまざまな都市問題を解決する役割を担ったが，やがて近代化は民主化と一体化することとなり，都市づくりにもコミュニティの力が働くようになってきたのである。さらに近年のアーバンデザインの特徴は，マーケットの力を有効に活用する仕組みが多様に工夫されてきたことである。

これらの力の主体に焦点を結ぶと，政府 (公共セクター)，市民社会 (コミュニティセクター)，市場 (民間セクター) の区別が浮上する。今日，NGO (非政府団体) や NPO (非営利団体) なども登場し，PPP (Public-Private Partnership) や PFI (Private Finance Investment) を含む多様なアクターによる問題解決が注目を集めている (図 8-5)。

4
コミュニティによる街並み景観のデザイン

街並み記号論の展開

街並みは，人々の生活の舞台となる街路を形成し，豊かな意味を表現する。街並みのたたずまいや雰囲気は，未分化な全体的な印象であり，身体で感じとることのできるものである（1 次性）。道や住居の配列は，地形や気候をそれとなく指示し（2 次性），家々のファサードは，住み手の個性や社会階級を象徴する媒体となる。街並みには「集団の記憶」が刻印され，人々はそこに深い愛着すら抱く（3 次性）。街並みは，こうした多種多様な「記号」が重なり合う 1 つの生きた全体を構成する「テクスト」（text）として解読される。

景観論者カレン（G. Cullen）が，「半ダースの建物が集まると，そこに建築をしのぐ芸術が芽生える」と述べて，それを「タウンスケープ」（townscape）と呼んだのは，第 2 次世界大戦後のことである。わが国では 1970 年代になると，伝統的建造物群としての街並みの保存が社会的関心を呼ぶようになる。格子状の壁面パターンと見越しの松が印象的である＜近江八幡＞，抜けるような青空に赤い瓦と白い漆喰が映える＜竹富島＞などの日本の伝統的街並みをテクストとして解読する「街並み記号論」を展開することが可能となる[10]（図 8-6）。

●街並みのコード

街並みを構成する記号には，色彩・素材・テクスチュアなどの特徴，屋根・格子などの形態的要素やその集合状態，妻入り・平入りといった形式や住居の配列規則などが含まれる。記号の対象に

図 8-6　日本の伝統的街並み：平福（左），黒石（中），有田（右）

は，色彩や素材が醸し出すイメージや雰囲気，住居の配列が指示する水系や道の方向，卯建が象徴する経済的な豊かさなど多様な意味が含まれる。記号の解釈項には，推論の内容のほかに，解読者の心・行動・思考に及ぼす実際の効果，さらに記号を解読するコンテクストが含まれる。パースの記号分類を用いると，これらは表 8-1 のように分類できる。

こうした記号現象の多層性を，言語における「体系文法」(systemic grammar) を参照してモデル化した。すなわち，街並みのコード (code) を，

①意味システム (meaning) [自然・政治・経済・文化などのコンテクストにかかわる]
②形式システム (form) [形態素，屋根，格子，住居などの建築言語のシンタックスにかかわる]
③実質システム (substance) [形状・スケール，色彩，素材・テクスチュアなどにかかわる]

といった 3 つのシステムが重なり合う多層構造としてモデル化した。

●類似と差異のネットワーク

日本の伝統的街並みの特性は，限られた数（30 程度）の記号群（屋根，庇，卯建・袖壁，駒寄せ，看板，柱，格子，戸，窓，壁，戸袋など）を共有しており，個々の街並みはその中から選択された記号の変形・結合によって実現されている点にある。これは数学的には「離散無限」(discrete infinity) と呼ばれる仕組みである。日本の街並みでは，共有された記号が反復利用され，しかも状況に応じて適当に変形・結合されるため，「類似と差異のネットワーク」が縦横に張り巡らされた魅力的な景観が実現されるのである。

実際，多様に見える街並みの景観もすべて，共有されたコードから抽出された記号の連鎖として記述できる。図 8-7 に有田（佐賀県）の街並み（図 8-6 右）の記号連鎖を示す。

有田の景観を見ると，[道に直接面している] [2 階建て] [大壁造り] という特徴はすべての住居に共有され，[道との向き（平入り，妻入り）] [屋根（切妻，入母屋）] [ファサードのパターン（シンメトリー，その他）] といった特徴が変化している。すべての住居に共有された特徴を「コネ

表 8-1　街並みを構成する記号のタイポロジー

建築的記号　S	
性質記号	形状・色彩・素材・テクスチュアなどの特徴
単一記号	個々の単一の形態（屋根，卯建，樹木，山，川など）やその集合状態（住居，街並み，山並み）
法則記号	形態のパターン，建築的な形式・様式，諸要素の配列規則，景観図式
記号とその対象との関係　R (S,O)	
類似記号	イメージやメタファ，たたずまいや雰囲気
指標記号	物理的な機能（雨や雪を防ぐこと，通風・換気など），指標的方向性（住居における窓の位置，道路との関係を示す出入り口の位置，地形の傾斜・水の流れ・風向きなどと相関する住居の配列など）
象徴記号	象徴的な意味（身分，防衛，職業，街の産業，経済的地位，祝祭性など），アイデンティティ（街の個性，個と集団の関係，他の街との関係）
記号とその解釈項との関係　R (S,I)	
名辞	一般的記号のレパートリーとして解読される内容や効果（建築的記号のレベル）
命題	テクストの要素として解読される内容や効果（街並みのレベル）
論証	テクスト相互の関係を含む完全な関係に不可欠な部分として解読される内容や効果（街並みの相関関係のレベル）

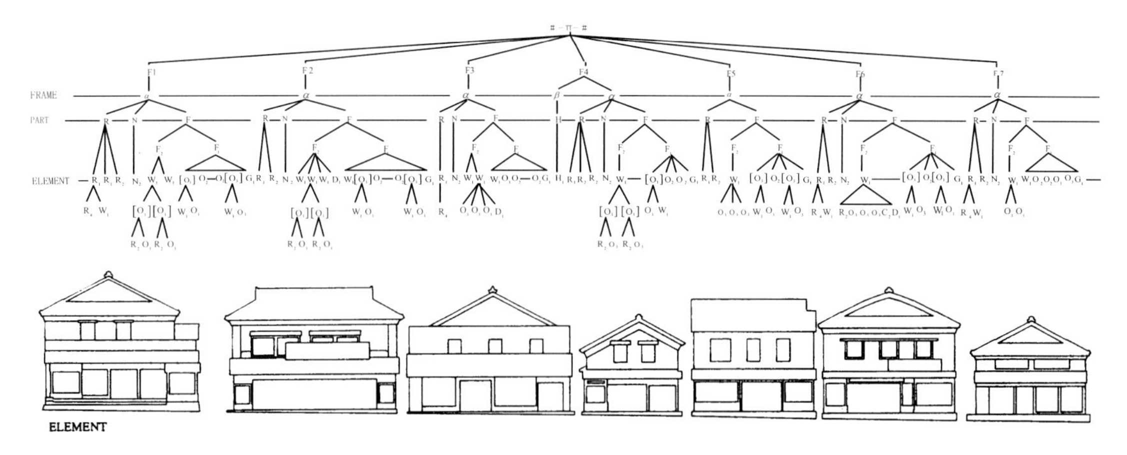

図 8-7　記号連鎖による街並み景観の記述と領域分割図（有田）

クター」(connector)，住居によって変化する特徴を「シフター」(shifter) と呼ぶことにすると，有田の場合，安定した骨格としてのコネクターに支えられて，シフターとしての特徴が街並み景観にゆらぎを与え，心地よいリズムを刻んでいることがわかる。

こうした類似と差異のネットワークが，集団の協調的関係と個の自己主張という生活のドラマにおける緊張関係を連想させ，互いに他を生かすことによって自らの個性を発揮する機会を得る「共同体（コミュニティ）の景観」を形成し，街の個性を表現しているのである。

集合的活動としての街並みの景観形成

多くの現代都市では，伝統的な街並みの美的秩序が失われてしまい，町家とビルが混在する混乱した景観が日常化している。①同じ街に住む多く人々は大抵別々の職業に就いており，相互に助け合う必要性がないため，コミュニティが崩壊していること，また，②日本の都市計画の法体系の下では，自分の敷地の中では，建物の高さなどの最低限の法規制を守っていれば，あとは何をしても良いという「敷地主義」が浸透していること，といった社会的事実があるため，「共同体の景観」を形成することが本質的に困難になっているのである。

これに対して，現代都市の文脈において，類似と差異のネットワークからなる「共同体の景観」の創造を目標として設定し，街並みの景観形成を推進している京都市修徳学区の取組は，敷地主義に根ざした孤立した建築行為の単なる集積からもたらされる景観破壊を超えて，互いに他を生かし合う魅力的な街並みを多主体が協働して創造していく集合的活動として注目すべきものである。具体的には，学区内で建築プロジェクトが発生すると，施主，設計者，事業者，町内会，まちづくり委員会，行政，専門家などの関係者が集まり，3次元 CG モデルを活用しながら，建物の高さ，色彩・素材，窓，格子，樹木などの記号変更を行い，周辺の街並み景観と調和する建築をデザインするのである（図 8-8)。

こうした多主体の対話によるデザインワークショップを通して，街並み景観のアーバンデザインが進み，それがコミュニティづくりにもつながっていくわけである。

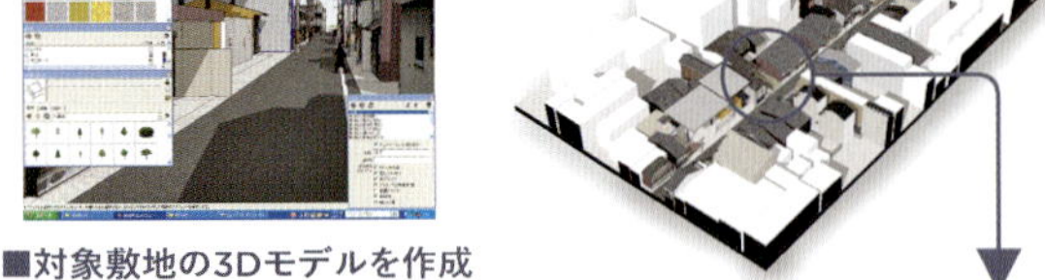

■対象敷地の3Dモデルを作成

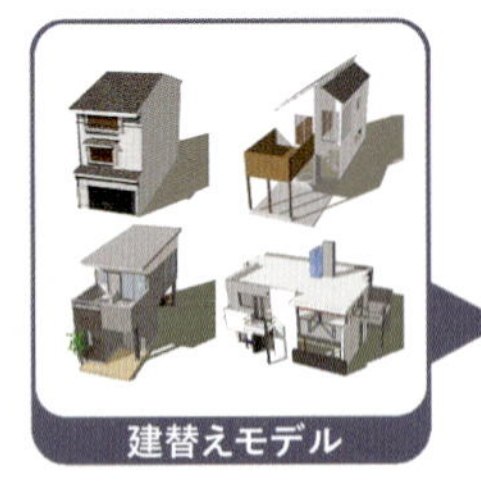

■建替えモデルをもとに代替案の作成・検討

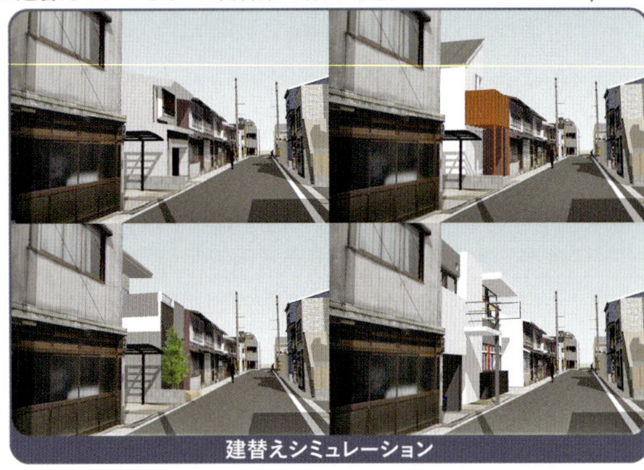

大学A：リートフェルトというオランダの建築家が設計したシュレーダー邸という建物がありますので，それも試してみたいと思います．
大学A：入れてみると意外と悪くないんですね．
住民A：周りの建物が統一されていて，ひとつだけ変わったのが入ってくるのはよいかもしれませんね．
大学B：次に，ハウスメーカーのものを入れてみたいと思います．
住民B：いかにも新興の住宅地という感じですね．
大学A：まわりに傾斜のついた屋根の建物が並んでいますから，それに合わないですね．

図 8-8　街並み景観デザインワークショップ（3 次元 CG を用いた景観シミュレーション）

5 持続可能社会のための都市エリアのデザイン

都市エリアのデザインとマネジメント

21 世紀都市のためのアーバンデザインでは，「つくる」段階から「育てる」段階へと重心を移すことが強く求められている。実際，わが国においても「都市エリア」を単位としたマネジメントの必要性が認識され始めており，「エリアマネジメント」(area management) が実践されている。エリアマネジメントとは，「地域における良好な環境や地域の価値を維持・向上・形成するための，住民・事業主・地権者等による主体的な取組」であり，一定のエリアを対象として，住民・事業主・地権者等が主体的に進めるものである。

ここで留意すべきは，都市エリアのスケールである。エリアを育てるためには，人間の感覚でとらえられ，デザインやマネジメントにおいてコンセンサスが形成できるように，ヒューマンスケールの都市エリア（近隣・街並み）を戦略的に設定する必要がある。

生命と暮らしを育むスマートコミュニティのデザイン

豊かな生命と暮らしを育むためには，人工物相互の関係や人工物と人間・環境との関係を含む「都市エリア」のデザインを展開する必要がある。都市レベルの全体最適化を目指す「エリアデザイン」の戦略には，①自然生態系と調和するエコロジカルな環境の形成，②類似と差異のネットワークからなる美しい景観の創生，③エネルギー・情報・モビリティ等のエリア最適化を図るスマートコミュニティの実現，④エリア内の地域資源をネットワーク化した新しいサービスの創出，⑤ MICE・観光戦略，ユビキタス社会の推進，⑥文化・芸術，科学・技術が集積する創造都市の実現などがある。ここでは，デザインセミナー「アーバンデザイン」（デザインイノベーションコンソーシアム主催，京都大学デザインスクール後援）で実施した「生命と暮らしを育むスマートコミュニティ」のデザイン実践を取り上げる。

●スマートコミュニティの概念

「持続可能な都市」を実現する方策の1つとして,「スマートコミュニティ」が注目を集めているが,スマートコミュニティの本質は,今日の都市が直面しているさまざまな問題を,都市の構成要素や個人のレベルで解決するのではなく,都市というシステムやコミュニティのレベルで解決していくことを目指すところにあると考えられる。

スマートコミュニティについては,「市民の生活の質を高めながら,健全な経済活動を促し,環境負荷を押さえながら継続して成長を続けられる,新しい都市の姿」(経済産業省),「人的資源,社会資本,従来的なインフラに加え,ICT インフラへの投資をもって,市民参加のガバナンスを通して,自然資源を賢く管理し,持続的な経済成長と市民生活の質向上を目指す概念」(Caragliu. A) といった定式化が行われ,少しずつ概念が拡張されている。

●スマートコミュニティのデザイン実践

European Smart Cities は,スマートコミュニティの評価指標として6つの中枢的概念を提案している。すなわち,経済 (Smart Economy),環境 (Smart Environment),モビリティ (Smart Mobility),人間 (Smart People),居住 (Smart Living),ガバナンス (Smart Governance) がそれである。デザインセミナーでは,経済,環境,モビリティにとどまらず,人間,居住,ガバナンスなども取り入れた多層構造からなる「スマートコミュニティ」をテーマとして取り上げることとし,多主体の対話によるデザインが可能となるコミュニティレベルの都市エリアに焦点を結び,「生命と暮らしを育むスマートコミュニティ」のデザイン実践を行い,「持続可能社会のための都市エリアのデザイン (方法)」を探求したのである。

【課題】

400m×400m の空間を設定し,周辺のコンテクストをさまざまな拡がりの中で解読しながら,生命と暮らしを育む視点から,未来のスマートコミュニティのデザインイノベーションを実践する。そのためにユーザのエクスペリエンスを考えるところからスタートし,持続可能社会のための都市エリアとしてのスマートコミュニティのシステム,プロセス,主体のあり方を探求し,スマートコミュニティのブレークスルーを図る。

※敷地としては,市街地内の工場跡地の空間を想定した。20 世紀の工業社会から 21 世紀の知識社会への移行に伴い,日本では都市部にあった工場の海外への移転が相次いでいる。その跡地は,市街地というブラウンフィールド内の“グリーンフィールド”である。郊外のニュータウンとは異なり,敷地周辺には市街地が広がっているため,アーバンデザインではコンテクストとの関係が問われる。

【スマートコミュニティの提案】

デザインセミナーでは,参加者は5班に分かれてデザインワークショップを行った結果,5つのスマートコミュニティのモデルが得られた(表 8-2,図 8-9 に5案のうちの2案を示す)。それぞれに周辺のコンテクストを読み込み,時代や社会のコンテクストを考慮した,生命と暮らしを育むユニークなスマートコミュニティのモデルとなっている。いずれも,空間のシステムにとどまらず,社会・経済のシステム,まちづくりのプロセス,街の運営のための主体・組織に至るまで,多層にわたるスマートさのデザインが展開されていて,生命と暮らしを育む持続可能な都市のビジョンとしてレベルの高い提案と言える。

表 8-2　生命と暮らしを育むスマートコミュニティの提案

班	タイトルとコンセプト	概要
A	【スマートノマドライフスタイル】 最適な所有の在り方（シェアの方法）により，さまざまな流れがある街	・スマートな生命と暮らしという観点から，住居やモノなどの最適な所有の仕方を実現するために，①ライフスタイルに合わせた住み替えの提案，②交流人口を増やす提案，③シェアから価値を創造する提案を考えた。 ・住み替えを可能にするため，居住のタイプを選択できる街にする。 ・将来の変化に備えて，あらかじめ計画に空地を残しておく。 ・中心に大きな緑地を配置し，さまざまな場所からアクセスできるようにネットワーク化して，アクティビティが生まれるようにする。 ・家と家の間も共有地化し，多様なアクティビティが生まれるようにする。 ・モノを保管する場所と，モノをシェアできる場所が一体となった「ストレージ」を分散して配置する。
B	【「暮らし」を「つくる」未来ファクトリー】 暮らすコミュニティとつくるコミュニティが共存する街	・暮らす場とモノを作る場・働く場を作りだしていく必要がある。暮らしの場と生産の場を近接させる新しい生活を考える。 ・21 世紀におけるものづくりの価値は，作る・暮らすなどを含めて，この敷地の中で共に実現することが重要である。 ・通勤時間が不要となるため，働く人の心にゆとりが生まれる。 ・地域の主体を形成するところからスタートして，街を建設するだけでなく，世界との関係を築くところまでプロセスとして想定しておく。 ・地域を運営する組織を設立する。この組織がエネルギー供給，住民活動のサポート，匠の活動・生活支援などの役割を担う。 ・路（みち）をうまくデザインし，敷地内の施設をネットワーク化する。

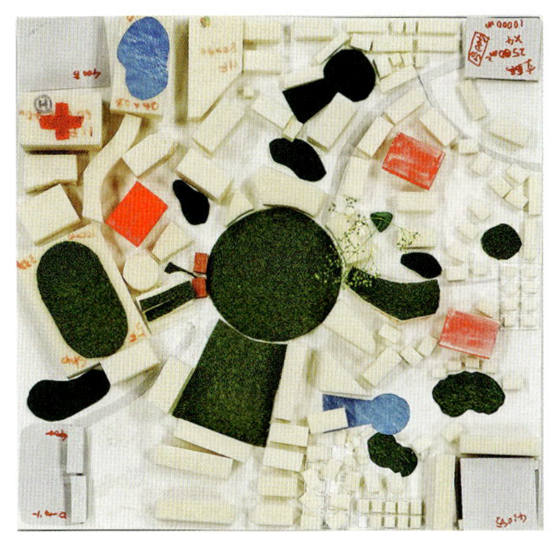

A 班：スマートノマドライフスタイル

B 班：「暮らし」を「つくる」未来ファクトリー

図 8-9　デザインワークショップで作成されたスマートコミュニティのモデル

6
アーバンデザインの展望

計画理論のパラダイム

古典的な計画理論としては，合理的包括的計画理論（Rational Comprehensive Planning）がある。これは最適なビジョンを確定的に描き，これを着実に実現するというものであるが，1960年代からその限界が指摘され，これに代わるさまざまな計画理論が展開されてきた。

リンドブローム（C. Lindblom）の「インクレメンタリズム（微増主義）」(incrementalism）やエツィオーニ（A. Etzioni）の「混合スキャニング法」(mixed scanning method）などが，合理主義の計画理論を超える方法として提案された。インクレメンタリズムは，少しずつ計画を立案し，実行し，その結果を見ながら漸進的に計画を修正し，それを繰り返す方法である。混合スキャニング法は，計画の基本的方向性を設定する戦略(strategy）の選択とその戦略に基づく実施レベルの戦術（tactics）の選択を区別し，後者については個別問題には異なる合理的選択を組み合わせて対応する方法である。

1970年代以降には，多主体の参加と協働を重視する計画理論が注目を集めてきた。公的な計画にはマイノリティを含む多くの主体が参加すべきであり，彼らの考えを代弁する専門家の役割を重視したアドボカシー・プランニング（Advocacy planning），参加型のプランニング（Participatory planning），多様な主体間での対話を重視するトランスアクティブ・プランニング（Transactive planning），公共性に関する社会規範理論を理論的背景として，討議を通じて了解を達成するコミュニケイティブ・プランニング（Communicative planning）などがそれである。

成熟社会のアーバンデザイン

20世紀の工業社会から21世紀の知識社会への移行を背景として，規模の拡大を目指す都市化が終焉を迎え，生活の質を重視する成熟社会の都市のあり方を模索する動きが加速している。その中で，広域主義，産業中心主義のアーバンデザインからヒューマンスケールの都市エリアを対象とする生活中心のアーバンデザインへの転換が求められている。コンパクトに住みながら働き，生活や心のリズムが完結しているエリアが都市の原型なのである。このような都市エリアを育てるためには，インクレメンタリズムに基づくデザインを多主体の対話によって展開することが求められる。

このとき，農山村の限界集落から現代のメガシティに至る多様なコンテクストが想定されるが，いずれにおいてもコミュニティレベルの都市エリアがアーバンデザインの基盤となることは疑いを入れない。そこでは，多層に及ぶ意味・価値を解読し，それをもとに空間・形態を生成する記号論的アプローチが有効である。さらにそのような都市エリアをネットワーク化すれば，さまざまな都市エリアが織りなす複雑な階層的秩序が姿を現すことになろう。

演習問題

（問 1） 伝統的な集落には，現代都市からは失われた豊かな意味を読み取ることができる。両者の間にどのような違いがあるかについて，事例を示して分析しなさい。

（問 2） 21 世紀のアーバンデザインでは，多主体の対話によるデザインが不可欠になる。そのようなデザインでは，どのような点に留意すべきかを考察しなさい。

（問 3） 2004 年にわが国では「景観法」が成立し，景観への関心が高まっている。美しい景観を保全・再生・創造することが，アーバンデザインの中でどのような意義をもつかを考察しなさい。

（問 4） 現在，地球環境問題の深刻化，経済・文化のグルーバル化，ICT の進化などを背景に，持続可能な都市としての「スマートコミュニティ」が注目されている。あなたが考えるスマートさの意味を説明しなさい。

参考文献

[1] 鈴木広（編）:『［増補版］都市化の社会学』，誠信書房，pp.113-126, pp.127-147, 1978.
[2] 吉原直樹・岩崎信彦（編著）:『都市論のフロンティア－《新都市社会学》の挑戦』，有斐閣，1986.
[3] ロジャース，R.:『都市，この小さな惑星の』，鹿島出版会，2002.
[4] 三村浩史:『〔第二版〕地域共生の都市計画』，学芸出版社，1997.
[5] ジェイコブズ，J.:『〔新版〕アメリカ大都市の死と生』，鹿島出版会，2010（原著，1961）.
[6] アレグザンダー，C.:『形の合成に関するノート／都市はツリーではない』，鹿島出版会，2013（原著，1964 ／ 1966）.
[7] リンチ，K.:『都市のイメージ　新装版』，岩波書店，2007（原著，1960）.
[8] マクハーグ，Ian L.:『デザイン・ウイズ・ネーチャー』，集文社，1994（原著，1969）.
[9] 小林重敬:『都市計画はどう変わるか―マーケットとコミュニティの葛藤を超えて―』，学芸出版社，2008.
[10] 門内輝行:「街並みの景観に関する記号学的研究」，東京大学学位論文，1997.

CHAPTER

9

ヘルスケアデザイン

本章では，ヘルスケア，すなわち，医療・介護・福祉領域全体のデザインに焦点を当てる。ヘルスケアを支える情報システム [1] にかかわる事項を中心に，ヘルスケア特有の制約条件を整理した後，個別のケーススタディを示すことで，ヘルスケアのデザインの考え方を読者に体感していただくことを試みる。最後に，現在の社会や科学技術の変化の中で，今後ヘルスケアがどこに向かおうとしているのかについて，著者らなりの私見を示す。

（黒田 知宏，田村　寛，加藤 源太，条　直人，荒牧 英治，岡本 和也，小林 慎治）

1

ヘルスケアデザインの制約条件

ヘルスケアシステムは社会システムである。したがって，社会の有り様をどのように考えるかにその様相は大きく左右される。広く知られているように，米国のヘルスケアシステム[2]は，独立した行政権をもつ各州の連邦として設立された国家の成り立ちと，個人の選択と自由を尊重する考え方に基づき，メディケイド（medicade：低所得者医療保健），メディケア（medicare：老人医療保健）など一部を除いて公的保険は導入されておらず，多くはIHN（Integrated Helthcare Network：統合ヘルスケアネットワーク）[3]と呼ばれる保険・医療・介護産業複合体による市場主義に則った医療サービスが提供されている。一方，欧州主要国では，国家を中心とする公的機関が医療費を引き受け，GP（General Practitioner：総合診療医）[4]と呼ばれる，あらかじめ定められた診療所の医師の診療を受け，必要のある場合にのみ専門医に紹介されるシステムを採用している。このように，医療を「サービス業」ととらえるか「公的サービス」ととらえるかで，医療サービス全体の設計図が大きく異なってくる。

一方，生命や家族に対するとらえ方によっても制度は大きく変わりうる。欧米では，自らの力で食事がとれなくなったときを「終末期（死に近づいた状態）」であるととらえ経管栄養（tube feeding：体外から消化管内等にチューブを通して流動食を投与する処置）を選択する確率が低いのに対し，日韓では逆の傾向があることが報告されている[5]。終末期のQoL（Quality of Life）を重要視する欧米では緩和医療が制度・費用面から推奨されるのに対し，終末期の治療を重要視する日韓では延命治療が選択されやすいような制度となっている。また，家族単位での育児・介護を重視する東アジア地域と比較し，個人の独立性を重んじる欧州では，育児・教育・介護を公的サービスとして提供することを前提とした制度整備が進んでおり，これが出生率の維持などに大きな役割を果たしている[6]。

さらに，ヘルスケアの制度は，人口動態などの影響も強く受ける。人口密集度の低いカナダ，豪州，北欧などでは，医療者の役割を機能別に分解し，地域を回る看護師などに医療・介護ケアの決定権を与え，情報システムを用いた遠隔ヘルスケアの導入が盛んである。一方，人口集中度が高い日本では，歴史的経緯も相まって，医師がすべての医療行為の決定権を占有する法体系をもち，遠隔医療の導入も進んではいない[7]。

上記いずれの例でも明らかなように，ヘルスケアを支える社会のシステムは，一義的には費用負担のあり方に集約されるが，その後ろを支える多くの歴史的・社会的要因も考慮に入れなければ理解できない。本邦の医療制度が，国民皆保険とフリーアクセスという一見矛盾する2つの制度を基礎として構築され，明治期の社会制度整備時の要求などから医師がすべての医療行為の決定権を占有する法体系を有していることや，本邦の診療報酬制度等の根幹を定める中央医療審議会（中医協）が，支払い側委員（健康保険，船員保険及び国民健康保険の保険者および被保険者，事業主及び船舶所有者を代表する委員），医療者側委員（医師，歯科医師及び薬剤師を代表する委員），公益委員（公益を代表する委員）の3種類の委員から構成されていることが，その状況をよく表している。

マクロな視点を離れて，たとえば病院などの個別組織の個別サービスを考える場合にも，同様に多くのステークホルダー（利害関係者）と多くの要素を考えなければならない。一般的に業務システムを形作ることは組織の有り様を形作ることにほかならないが，医療機関には互いに絶えず情報交換を行っているさまざまな専門性を有するさまざまな医療従事者が組織内部にいるとともに，患者本人，患者家族，保険者（診療報酬の支払者）というさまざまな利害関係者が周辺に存在することに留意が必要である。多くの場合，業務システムの設計の要諦は，利害関係者それぞれの効率性，経済性，安全性のバランスをいかに保つかという事項に集約される場合が多い。たとえば，2つの医療機関の間である患者の医療データを共有する場合，データ受領側の効率性と安全性を重視するならば，必要十分な情報をとりまとめたサマリと呼ばれる文書を作成することがデータ送信側に求められるが，サマリを書く作業には一定の負担が伴う。国家全体の医療動向を即時に把握し効率化を図るためには，全患者の医療データをあらかじめ定められた形式で1か所に集積することが好ましいが，特定の形式での情報入力は医療機関にとって大きな負担となり，患者にとってはプライバシーにかかわる情報の漏洩リスクを高めることになるのではないかという不安を増大させる要因になる。

これらの要因を整理し，責任分界点を定めるために，さまざまな法制やガイドラインが整備されているが，法制の変化は社会的状況の変化と必ずしも一致して進められるわけではない。その制度に基づいて作られた社会システムとの相乗効果によって，年月が経つほど変更しにくくなることから，大きな歪みを生み出す要因にもなりうる。長い歴史の中で培われたシステムを有する先進各国では，特にその傾向が強い。

しかし，いくら歪んでいるからといっても，社会の根幹をなすヘルスケアサービスを，たとえ一時的にではあっても，壊滅的に壊すことは許されない。個別サービスを設計するだけではなく，社会構造をどのような形に持ち込むことが望まれ，かつ，どのように社会の各構成員をその体制へと（一定の時間をかけて）導くのか，「最終形態」と「変える道筋」を丁寧にデザインすることが必要である。

2
ケーススタディ

本節では，どのようにヘルスケアサービスがデザインされてきたかを，具体的な事例を用いて示す。各節では各事例において注目すべき要素を「現状と克服すべき課題（目的）」「デザイン上の制約条件（制約）」「具体的な解決方法（方法）」の3つに分けて示す。示される解決方法が情報システム導入などの技術的なものだけに限定されず，運用方法や社会的コンセンサスの醸成にまで言及されていることに特に注意を払ってほしい。本節ではそれを感じてもらえるよう，技術導入のみで解決される比較的軽微な事例（事例1）から，技術導入が唯一の方法ではない事例（事例2），技術と運用を組み合わせることによって初めて実現される事例（事例3〜5）を示す。最後に制度改正や社会的コンセンサスの醸成が必要な事例（事例6〜7）を示す。

なお，ここで示される事項や事例は，ヘルスケアを取り巻く数多の事象のほんの一部に過ぎないことにも注意されたい。

事例1：医療テキストの匿名化

個々の患者ではなく集団を対象として行う研究は疫学と呼ばれ，医学研究の1つの要素をなしている。疫学的研究を行うことで，特定の流行性疾患の感染源を推定[1]したり，特定の病気が発生しやすくなる条件を推定したりすることができる。疫学研究のうち，すでに記録されたデータを分析することによって行う研究を特に「後向き研究」と呼ぶ。電子カルテの登場によって，後向き研究が飛躍的に容易になり，多くの新たな医学的知見が得られるのではないかと期待されている。

一方，カルテは究極の個人情報であることから，研究などに適用する際には，元の個人情報が漏洩しないよう，匿名化（anonymization）[2]を行う必要がある。米国では1996年にHIPAA（Health Insurance Portability and Accountability Act）が制定され，どの項目を個人情報として扱わなければならないかが明確に定義され，これらの個人情報を削除することで匿名化情報（de-identified information）として扱ってよいことが規定された。しかし，個人情報を削除するだけでは十分な匿名性（anonymity）を確保できない場合がある。年間に数例しか行われない治療を受けた患者の場合，個人情報の範囲外である単なる年代と術名の組合せから個人が特定可能になることもある。同じ状態の患者が k 人以上存在することを保証する k 匿名性（k-anonymity）を担保することができればこれらの問題は解消されるが，膨大な量のカルテ文書の全記述に渡って調査を行い，これを人手で実現することは大変困難な作業である。また，検索条件によって抽出される患者数は変化するため，事前に一律な処理を施すことも難しい。

そこで，自然言語処理技術を適用し，同じ値，あるいは同じ値の組合せをもった患者が k 人以上となることを自動的に保証する仕組みを構築する。具体的には，同じ部分文字列が k 個より少ない患者のデータにしか存在しないとき，図 9-1 に示すように自動的にこれらを削除する。こうすることで，人手を介さずに確実に k 匿名性を担保できるようにすることができる。

このように，情報だけを扱うような場合には，技術を導入するだけの比較的軽微な方法で問題解決を図ることができる。ただし，実際に導入・運用する際には，誤りが起きた場合の対応方法を定めるなどの運用面の設計が必要であることにも注意が必要である。

目的：研究用データの適切な匿名化。
制約：大量の診療記録の文字列を人手で確認して同じ値の組合せが k 回以上現れること（k 匿名性）を担保するのは不可能。また，検索条件によって条件が変化するため，事前に一律の処理を適用して k 匿名性を担保することも困難。
方法：自然言語処理技術を適用し，出現回数が k 回より少ない部分文字列をすべて自動削除。

事例 2：遠隔医療における医療機器の操作支援

少子高齢化と医療者の都市部への集中に伴い，地方の診療所は減少するとともに医療従事者の高齢化も進んでいる。診療所訪問が困難な患者や軽微な症例の患者を往診で診ることは困難になっている。一般的に「医師の偏在」と呼ばれるこの問題に対応する最適な方法として，医師がテレビ電話などを通じて遠隔から患者を診療する「遠隔医療」の導入が効果的である可能性が指摘され，古くから多くの取り組みが行われてきた。

しかし，遠隔医療を成立させるためには，医師が診断を行うのに必要な情報を十分提供することが必要である。したがって，患者の状態を計測して医師に伝えるためのさまざまな医療機器を患者側で利用できるようにする必要があるが，医療者と非医療者の間には医療知識に大きな隔たりがあることから，患者側と医師側の知識の差を埋める必要がある。

一般的には患者側に看護師などの医療知識を有したスタッフを送ることが広くなされている。このようにすることで，医療機器を患者側で適切に用いて簡単に情報を遠隔地の医師に伝えることが可能になるが，往診主体が医師から看護師に変わるだけ[3]で，本質的な問題の解決はなされない。

もう 1 つの解決策として，患者，あるいは，患者の家族に直感的な方法で医療機器の使い方を指示する仕組みを提供することが考えられる。た

処理前	処理後
口側及び肛門側断端部の腸管も壊死性である.	口側及び肛門側断端■■■も■■性である.
粘膜上皮の島状の残存部に再生性変化を認める.	粘膜上皮の■■■残存部に再生性変化を認める.
脂肪組織には変性が目立ち，多数の組織球の出現を伴っている.	脂肪組織には変性■■■■■■■■■■■■■■■■る.
針生検膠原線維や脂肪織中に乳腺組織が観察される.	針生検膠原線維や脂肪織中に■■■■が観察される.

図 9-1　文字列の削除の様子（左：処理前，右：処理後）

とえば，図 9-2 に示すように，現実の空間に直接画像情報を重ねて合わせて提示する仕組みであるAR（Augmented Reality：拡張現実感）[8]を用いることで，「ここにこう，聴診器を当ててください」などと，専門用語を用いずに直接指示することが可能になる。プロジェクタ装置等を用いて直接患者の体の上に指示情報を投影すれば，よりその効果は高まると期待される。また，直接的指示手段を医師に提供することで，十分な知識を有さない患者や患者家族が医療機器を操作していることをあえて意識させて，コミュニケーションを律する効果も期待される。

コミュニケーション支援を伴う場合には，このように知識のギャップを意識し，どのような手段を用いてこの間を埋めるべきなのかを十分検討する必要がある。逆に，知識のギャップがないのであれば，非常に限られた情報でも十分な効果を上げられる可能性があり[4]，多大な投資は必要ない。新しい技術の導入にタブーなく取り組むことも，投資対効果費を冷静に判断して運用方法を考えることも，ともに必要である。課題を解決するためのデザインは一通りとは限らない。

目的：遠隔診断に耐える適切な情報を習得するための，医療機器（聴診器）操作の実現。
制約：患者と医師との間にある医療機器操作に関する知識の差。
方法：1）医療知識を有するスタッフの派遣。
2）直接的に指示できる AR ツールの提供。

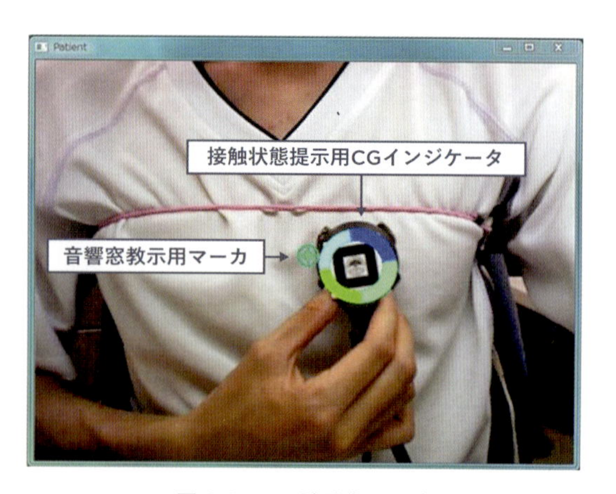

図 9-2　AR 聴診指示環境

事例 3：外来病棟での患者情報の半自動収集

詳細なデータの収集は，情報技術を最大限活用してヘルスケアを高度化する上で，重要な課題である。不十分な情報や間違った情報が与えられれば，間違った判断が行われ，最終的に患者に危害が及ぶことになる。すなわち，良い医療が提供されるようにするためには，正確なデータが大量に収集される必要がある。一方，従来診療データは人手で収集されてカルテに記録されている。データを計測し，情報システムが利用しやすい形で入力する作業は多大な人手を要するため，情報システムの導入によってかえって医療スタッフの業務負担が増えてしまっている実態があった。この問題を解決するためには，医療スタッフの人手を介することなく，医療機器から自動的に情報を収集するようにする必要がある。

たとえば，抗がん剤や抗生剤を注射する化学療法においては，診療開始前にバイタル情報[5]を計測して体調を確認するとともに，投与する薬の量を定めるために体重を計測する必要がある。また，抗がん剤投与中も，一定時間ごとにバイタル

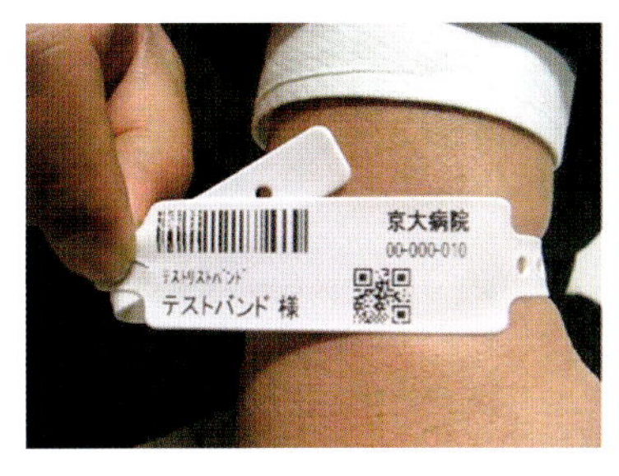

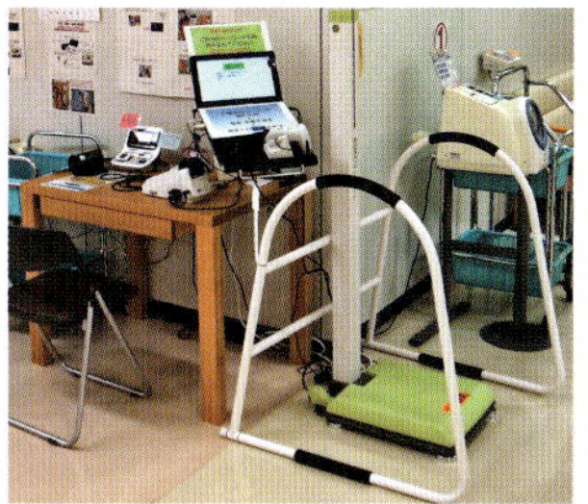
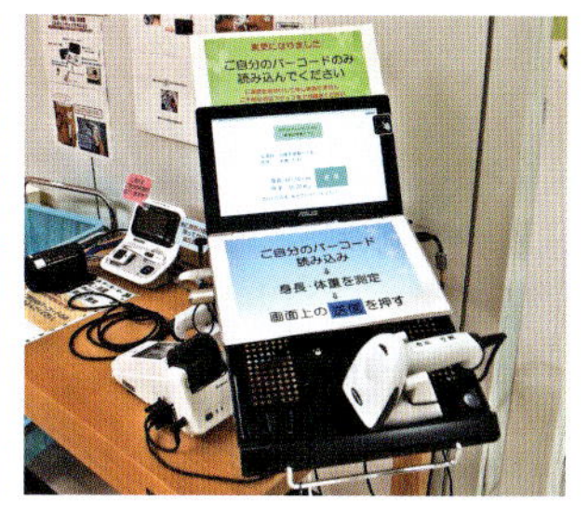

図 9-3　バーコード入りリストバンド（左）と計測システム（中・右）

情報を計測して患者の体調を管理する必要がある。計測した情報を送信できる機器を導入し，患者自身に体重などを測ってもらってデータを記録することができれば，看護師などの医療スタッフの負担を大幅に減らすことができるとともに，人手を介さないことで情報の入力間違いを防ぐことができる。

しかし，患者自身に体重を測ってもらうことには一定の危険を伴う。患者自身が自分の名前を入力し間違える可能性もあるし，自分の名前の入力を忘れることで，直前の患者の記録に誤って自分の体重を入力してしまう可能性もある。これらの入力エラーが発生した場合，投薬する薬の量が間違われるなど大きなトラブルが発生する可能性がある。

そこで，患者の受付の方法からデータの確認までの流れ全体を変更し，患者自身に名前入力をさせないとともに，最終的に患者の体重などの重要な情報を主治医の目で確認させるようにする。具体的には，受付時に患者に図 9-3 に示す患者 ID の記録されたバーコードが印刷されたリストバンドを装着し，これを機械に読み込ませて初めて体重などの計測が行えるように機器を構成する。また，医療的必要から看護師が患者の状態を定期的に確認する投薬中のバイタル計測については，患者自身にさせるのではなく，同じ自動情報転送機器を用いて看護師によって情報を計測させるようにする。すなわち，患者自身による計測は，治療開始前の体重・バイタル入力に限定する。加えて，患者由来で計測された情報を峻別して電子カルテに渡し，医師がデータを確認して初めて電子カルテのしかるべき場所にデータを転記する仕組みを導入する。このようにすることで，入力ミスの可能性を減じるとともに，最も重要な投薬開始前の情報については，患者と医療者によるダブルチェックの体制を整え，医療スタッフの負荷軽減と安全性の確保を両立する。

医療現場において，負荷軽減と安全確保は時にトレードオフの関係に陥りがちである。効率性を向上する 1 つの技術を導入する際にも，使い方という「最終形態」を丁寧に確認しながら全体を設計することがなによりも大切である。

目的：バイタル・体重等の情報の半自動記録による診療の効率性と安全性の向上。
制約：患者自身にデータを計測させつつ，患者に入力負荷と情報確認の責任を転嫁しない運用を確立する必要。
方法：1）リストバンドの導入による情報入力の自動化。
2）医療者による情報確認行為が徹底されるようシステムを構成。

事例４：外来電子カルテの導入

カルテの電子化は，1）カルテ保管スペースの削減，2）カルテ取り出し・収納作業の効率化，3）記録文字の可読性の向上[6]，4）情報伝達の高速化，5）情報アクセスの容易化（いつでも・どこでもアクセス），6）アレルギーや投薬禁忌（飲み合わせ）等の自動チェック（CDSS：Clinical Decision Support System：臨床判断支援システム）などにより，業務の効率化と医療安全に大きく貢献する。

一方，従来の外来業務では，「患者に紐付く唯一の物理的存在」である紙カルテを患者と一緒に運搬することで，診療順の把握や紹介状等の紙資料の整理が行われてきた。具体的には，背表紙に患者名が書かれた紙カルテを受診順に本立てに並べることで診療順序を把握し，表紙に貼られた多くの付箋紙やシールによって患者の状況を一目で把握していた。電子カルテ導入によって紙カルテが失われれば，これらの情報確認を直感的に行うことができなくなり，かえって業務効率や安全性が下がってしまうことが予測される。

そこで，「外来患者受診票」を毎回印刷し，背表紙付きファイルに挟んで紙カルテの代わりを作る。こうすることで，診療の順序の把握や紙資料の整理，初診・再診の別や禁忌情報などの重要な情報を一目で見せる機能も維持できる。最新の禁忌情報が印刷されることから，情報の最新性が担保できない紙カルテを用いるよりも，安全性の向上も期待できる。

一方，患者が病院・医療機関に到着したことや，予定されている検査が終了したことなど，検査機器等から自動的に収集できる情報を，一覧できる情報システムを提供し，紙カルテに綴じた受診票に医療スタッフが都度記入していた運用を改める。これにより，検査を行う医療スタッフの業務負担を増加することなく，手書き記録に頼っていたときよりも迅速・確実に診療の進行状況が把握できるようになる。

このように，ある情報システムを導入する際には，それによって廃止されるメディア等が果たしていた役割を丁寧に確認し，その役割を果たすの

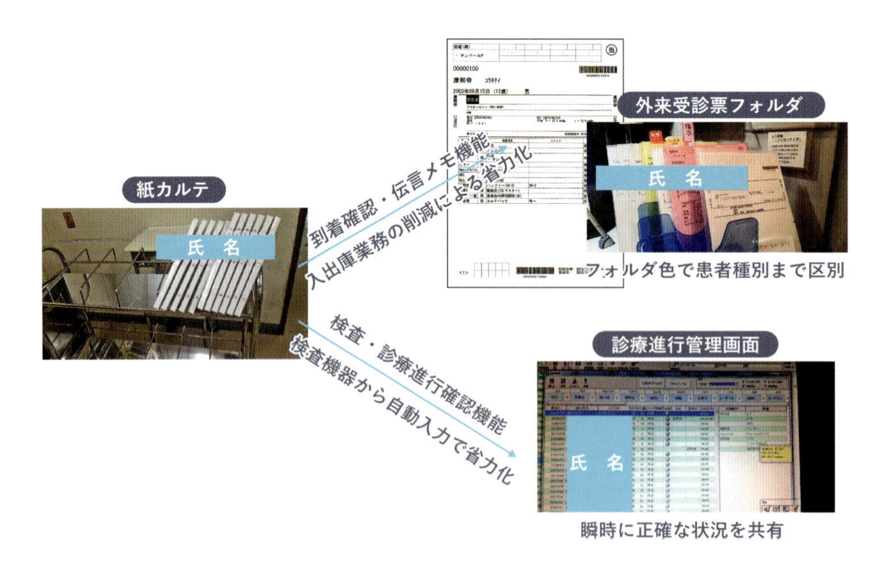

図 9-4　外来カルテのもつ機能の置き換え

に最適なメディアは何であるかを冷静に分析した上で，全体の運用の有り様をデザインすることが重要である。

目的：	電子カルテ導入による診療の効率化。
制約：	「患者に紐付く唯一の物理的存在」である紙カルテにより実現されてきた，検査等の進行状況の把握などの各種業務の保障。
方法：	1）受診票をファイルに挟んだ「物理的存在」を用意。 2）検査等の進行状況を半自動で収集・提供するソフトウェアの導入。

事例5：診療データを活用した医療安全支援

電子カルテの普及などによって，診療情報などの診療データが電子的に蓄積されることで，コンピュータが得意とする大規模データの検索・チェック・分析が可能となり，医療の安全性が向上することが期待されている。しかし，診療データは必ずしも検索しやすい形で記録・蓄積されているわけではなく，情報へのアクセスも「電子カルテ端末」などの限られたインタフェースを通じてのものに限られている。現実的な情報検索，活用の仕組みを実現するためには，現在の情報環境と，複数の人がかかわる現実環境の双方を考慮に入れて，適切にデザインする必要がある。

B型肝炎ウイルスに感染している患者に対して，強力な免疫抑制剤を投与するような化学療法を行うことで，劇症肝炎と呼ばれる強い肝臓障害を引き起こした例が，多数報告された。これを受けて，2013年5月に日本肝臓学会ではB型肝炎治療ガイドラインを策定し，これに従った治療の実施を全病院に求めた。このガイドラインに従った治療を強制するためには，該当する薬剤を投与する際に必要な検査が実施されているかどうかを確認する仕組みを導入することが望ましい。

電子カルテなどの現在の病院情報システムが安全チェックを実施できるのは，薬を投与（注射）する時点ではなく，薬を処方する（発注する）時点に限られる。検査結果が得られてからしか処方できないようにすると，医師にも患者にも検査結果を待たなければならないという大きな負担がかかる。一方，検査結果が陽性，すなわち，B型肝炎ウイルスの感染が疑われた際に，警告を発する仕掛けを電子カルテに導入しても，投与までの間に医師がこれを目にするとは限らないという問題がある。加えて，検索対象となる薬剤や検査が多いことから，処方時にリアルタイムに情報検索を行ってしまうと，電子カルテ自身が遅くなってしまう恐れもある。また，ガイドラインの周知徹底のためにも，システムの完全自動チェックに任せることは好ましくない。

そこで，図9-5に示すように，一定期間ごとに，リストアップされている薬剤を処方された患者について検査が行われているか否か，かつ，検査結果が陽性でないかどうかをチェック・集計する仕組みを導入し，感染対策を行うスタッフが責任をもって結果を確認し，必要に応じて診療スタッフに注意情報を提供する体制を整える。こうすることで，ガイドラインに沿った治療が行われるよう周知し，病院全体として安全性を向上することができる。

ここで重要なことは，情報システムだけに頼るのではなく，責任者を定めて業務の流れを修正するとともに，啓蒙・教育も視野に入れた運用デザインを行っていることである。医療現場では，情報システムの導入で業務が増えた，あるいは情報システムに過度に頼ることにより現場の対応力が

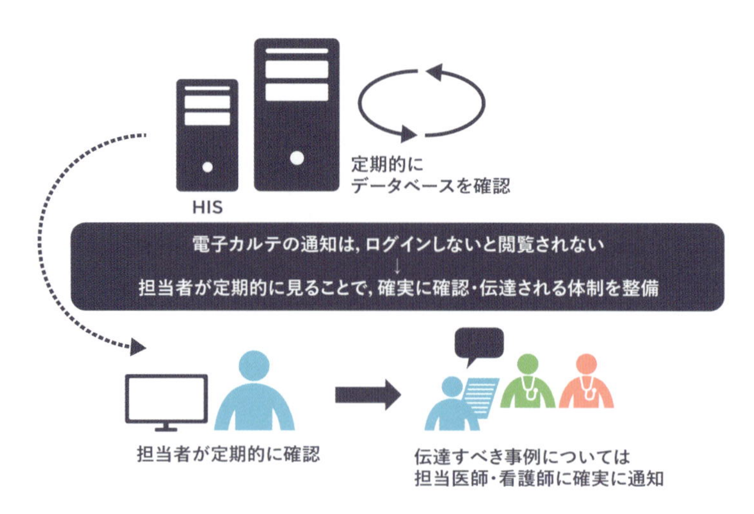

図 9-5　B 型肝炎診療ガイドライン検索・通知システムの概要

失われたとの批判が時に聞かれる。しかし，情報システムの導入によって業務が可能になっただけであり，情報システムがあろうとなかろうとその業務が追加される必要があった場合が多い。このような不要な批判を避けるためにも，業務の必要性について，設計時だけでなく，運用中でも啓蒙・教育が継続的に行えるように，丁寧にシステムと運用をデザインすることが必要である。ユーザに業務の必要性に対する理解が醸成されなければ，情報システム導入はかえって現場の問題を悪化させる可能性があることに注意が必要である。

目的：B 型肝炎診療ガイドラインに沿った診療の実施。
制約：実施診療の検索は情報システム上で可能であるが，検索後の警告を情報システム上で行っても，適切なタイミングで情報を伝える術がない。
方法：ガイドラインに沿った診療実施の有無を確認する情報検索ソフトウェアの導入と，この情報を確認し，伝達する人的システムの確立。

事例 6：地域医療連携情報システムの導入

ヘルスケアサービスは，単一の事業者によって提供されるものではなく，さまざまな専門性をもった多くの医療機関や，介護事業者，健康サービス事業者などの協業によって実現されるものである。したがって，円滑なヘルスケアサービスの実現のためには，ヘルスケア産業にかかわるあらゆるステークホルダーの間で患者の診療情報，すなわち，カルテを共有することが望まれる。このように診療機関で発生した情報を共有するような仕組みは，EHR（Electronic Health Record）[7] と呼ばれ，古くから世界各国で導入が検討されてきた。

しかし，日本の医療関連法制は，永らくカルテを病院や診療機関の外に保存することを認めてこなかった[8]。したがって，医療機関が，自らが管理している電子カルテを，他の医療機関から閲覧できるように外部に保存することは困難であった。加えて，カルテは究極の個人情報であるとともに，診療情報提供書（いわゆる紹介状）は宛先に書かれた医療者以外が閲覧することを禁ずる「信書」である[9]ことからわかるとおり，個別の情報のアクセス権は詳細に管理される必要がある。

そこで，診療機関が互いに必要な診療情報を都度（自動的に）問合せ，情報を互いに提供する，図 9-6 に示す分散型の EHR が提案・構築された。このようにすることで，自らの管理下にある診療情報を病院の外に保管することなく，連携医療機関に診療記録を提供することができる。このとき，患者が自らの記録をどの診療機関に対して開示して良いとしているかどうかをあらかじめ同意書として取得しておき，これに合わせてアクセス権を管理することで，特定の医療者にのみ情報提供ができる仕掛けが実現できる。しかし，この方法では，ある病院が医師法で定められた保存年限である 5 年を経過したカルテを廃棄したり，また，その病院自体がなくなったりした際には，元のカルテが滅失するため情報にアクセスできなくなることや，アクセス要求があるたびに情報を電子カルテから取り出さなければならないために，診療機関の電子カルテシステムに負荷がかかってしまうことなどの問題が発生する。

もう 1 つの解決策として，各診療機関は患者からの「カルテ開示請求」に応じて，患者の指定する形式で患者の指定するデータセンターにカルテ情報を送信し，患者自身が他の診療機関にその閲覧権限を提供することで情報連携を実現する PCEHR（Personally Controlled EHR）[10]が提案・構築された。この仕組みは，図 9-6 に示すように，銀行口座に給与が自動振込され，各種料金が自動引落される仕組みと対比すると理解しやすい。すなわち，PCEHR は情報（データ）が自動振込・自動引落とし される「情報銀行」として機能する。このようにすることで，診療機関は自らの管理下の情報を外部に保存する必要はなく，アクセス権の管理も患者自身に委ねられることになる。（不特定の）医療従事者にのみ提供したい情報については，当該データに対して特別なアクセ

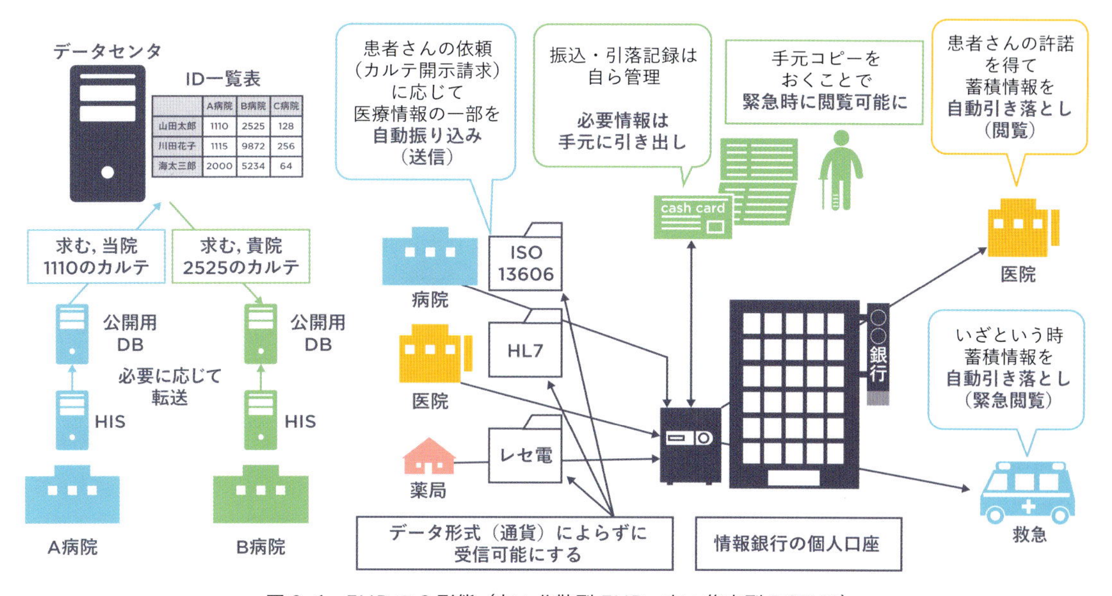

図 9-6　EHR の 2 形態（左：分散型 EHR，右：集中型 PCEHR）

ス権を設定することによって対処可能である。また，分散型 EHR が抱えていた情報滅失の問題も回避されるとともに，医療機関から患者への即時の情報提供も可能になる。

本邦では，上段で説明した分散型のシステムが先に広く導入された。これは，2002 年以前はカルテを病院の外に保管することが認められていないなかで，後段で説明した集中型のシステムが診療録の外部保存には当たらないことが理解しにくいことや，カルテの提供範囲のコントロール権が診療機関に留保されることなどから，関係者の理解が得られやすかったことに拠っている。分散型システムの導入・運営の広がりによって EHR 導入の効果が社会に広く認知されるようになることで，カルテの他診療機関や患者との共有に対する医療者や社会の抵抗感は徐々に解消されたと考えられる。その後，2005 年の個人情報保護法導入でカルテの開示が「義務」となったことと，2011 年の東日本大震災で集中型のシステムによる情報保全の機能が注目されたことによって，近年では集中型システムの導入も進んでいる。このように，社会的な機能を有するシステムを構築する場合には，法令等を十分に分析し，また，運用にかかる負荷を十分に検討して，全体をデザインする必要がある。加えて，社会の理解を醸成するために，一見無駄に見えるステップであっても，段階を追って導入の道筋も丁寧にデザインされなければならない。

さて，これらのサービスには，十分なセキュリティや個人情報保護対策を担保して情報システムを運営するための運営コストや，診療機関ごとに患者 ID が異なるなかで，複数機関に分散された同一人物の情報を紐付ける作業のための運営コスト，さらには，同意情報の確認・保存・変更作業等に伴う運営コストが必要になる。現在これらの地域連携システムは，診療機関等の自助努力やボランティアなどによって運用されている。これらのコストをどのように担保し[注]，紐付け作業等の負荷をどのように軽減するかなどは，安定的にシステムを維持するために今後に残された課題である。コスト担保のさまざまな手法に対する社会的コンセンサスの醸成は，本書が書かれた 2015 年において，まさにこれから行われるところである。

目的：診療機関間での診療情報（カルテ）の共有。
制約：診療機関外への情報保管が認められない法制。
方法：1）相互に照会し，これに応じる分散型の EHR。
2）患者個人に情報を開示し提供する PCEHR。

事例 7：国有大量診療データの公開

診療現場の電子化が進むことによって，多様なヘルスケアデータが電子化された形態で保存されるようになってきた。これらのデータを大量に集めて分析することで，新しい医療政策立案に活用できるのではないかと期待されている。一例として，「日本再興戦略－JAPAN is BACK－」では，すべての健康保険組合[11]にデータ分析結果に基づいて加入者[12]の健康保持増進のための事業計画「データヘルス計画」の整備を求めることが提言されている。これなどは，ヘルスケアデータの活用という具体的な手法によって健康増進を目指す方針が閣議決定事項として明文化されたものであり，言うなれば「保険者が」「ヘルスケアデータの利活用によって」「被保険者の健康増進を図る」というソーシャルデザインが政府によって宣言された事例として指摘することができるだろう。

レセプト情報・特定健診等情報データベース（NDB[13]）は，レセプトと呼ばれる診療所や病院などの診療機関から保険者に対して出された「診療報酬の請求書」と，特定健診（いわゆるメタボ健診）・特定保健指導の記録を，全国規模で蓄積したデータベースである。NDB は，「高齢者の医療の確保に関する法律」によって，「医療費適正化計画[14]」に用いるために整備されてきたが，2010 年 6 月 22 日の閣議決定「新たな情報通信技術戦略工程表」において，政策立案や疫学研究などの他の目的にも活用できるよう，公開することになった。

しかし，国保有のデータベース情報の提供が統計法の枠組みで実施されている以外には事例に乏しい上，個人を直接特定しうる情報（氏名，生年月日，被保険者証等記号・番号など）が，匿名化（de-identification）されているとはいえ[15]，他の公知の情報と照合することで個人が特定される可能性があるため，「行政機関の保有する個人情報の保護に関する法律」の元で適切に取り扱われなければならないという制約があった。なによりも，国家保有のデータベースの公開にあたって，国民の理解が得られる仕組みを整える必要があった。

そこで，厚生労働省は，NDB のデータを「個人情報に準ずる情報」として位置づけ，独自に「レセプト情報・特定健診等情報の提供に関するガイドライン」を整備し，データ提供の際の利用者が満たさなければならない条件などを定義し，審査体制（図 9-7）の整備を行った。高い要求水準のガイドラインを設定することで，国民の理解を得ながらデータ提供を行える制度が整った。

NDB の事例では，まず立法が容易である行政的目的でのデータの蓄積と利用を定めて運用に移し，蓄積された情報を活用しなければ「もったいない」という社会的コンセンサスを醸成して，

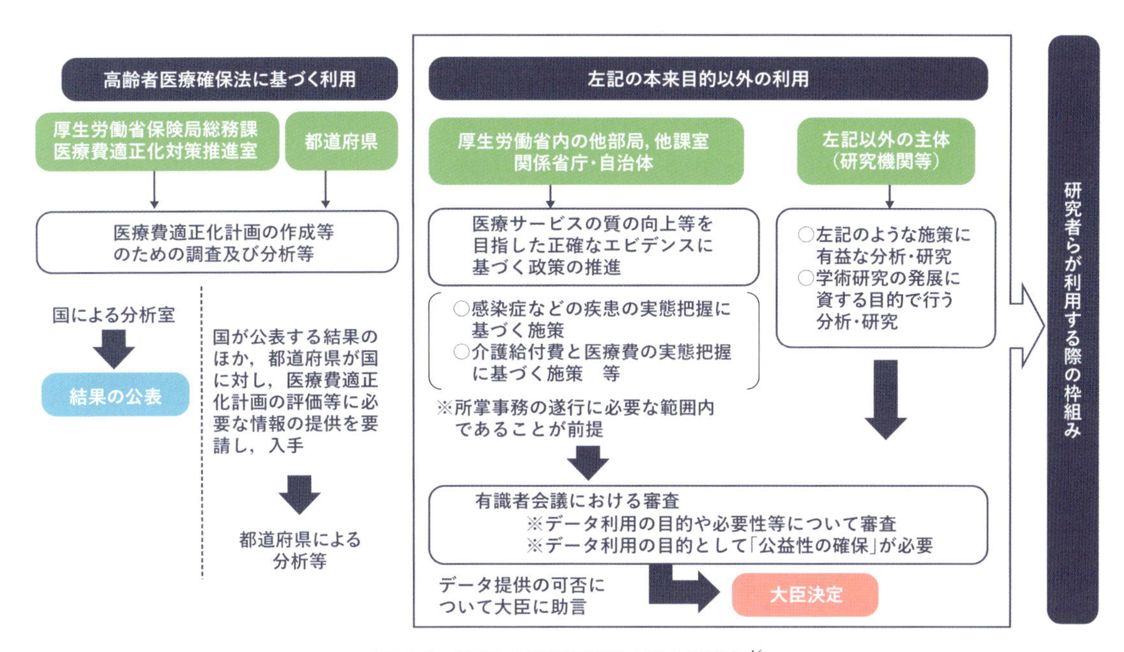

図 9-7　NDB の情報利活用の際の手続き[16]

「閣議決定」「ガイドライン」「審査体制」などを整えて国民の理解を醸成した上で，利活用への道筋を付けている。非常に丁寧に社会的コンセンサスを醸成して，あるべき形にたどり着く道筋がデザインされていることが見て取れる。

国家保有データベースの利活用は，世界各国で進められている[9]。今後，具体的なデータ利用，データ分析の実例を積み重ねながら，国民の理解が得られ，かつ，有効に情報活用が実現できるような制度や仕組みを整えていく必要がある。最終的にあるべき法体系も含めた「ビッグデータ利活用の枠組み」を整える道筋のデザインは，NDBの経験を経て，本書が書かれた2015年，まさに行われているところである。

目的：国有大規模ヘルスケアデータベースを多目的に供するための公開。
制約：国有大規模データベースの公開手法について定めた法制の未整備。個人情報漏洩に対する国民の不安を払拭する制度整備の必要。
方法：独自ガイドラインと審査体制の整備。

注

国が認めた事業者（認定匿名加工医療情報作成事業者）にのみ医療機関等から顕名で医療情報を収集し，匿名化して企業・研究者に提供することを認める「次世代医療基盤法（医療分野の研究開発に資するための匿名加工医療情報に関する法律）」が2018年5月に施行された。EHRに集積された情報を匿名加工して提供することで得られた対価で，EHRサービスの運営コストを賄えるようにする制度として注目を集めている。

3
ヘルスケアデザインの今後

1980年代以降に始まったとされる情報革命は，農業革命，産業革命に続く第三の波として世界全体を変えてきた。

ヘルスケア分野は最も情報化が遅れた分野であると言われて久しい。しかし，21世に入ってヘルスケア分野の情報化は急速に進んだ。特に，1989年のベルリンの壁崩壊，1991年のソ連（ソビエト社会主義連邦共和国）の解体に伴って，大幅な体制変更を行ったり，新たに生まれたりした東欧諸国では，情報通信技術の存在を前提とした新たな社会システム作りが行われている。たとえばエストニアでは，X-Roadと呼ばれる国家全体を支える情報基盤の上にすべての医療機関や政府機関を結びつけ，医療機関間のカルテの共有だけに留まらず，運転免許証取得・更新に必要な過去一定期間の健診・受診記録の自動送信などの，さまざまなサービスをワンストップで行う環境が提供されている[10]。

医療情報共有基盤の整備は，GP制を採用している欧州諸国などでは国家システムとして，市場主義経済原則に基づいた医療システムを有する米国等では顧客囲い込みツールの1つとして広く整備されてきており，医療サービスの円滑化だけでなく，大量診療データを用いた後ろ向き疫学研究へも活用されつつある。加えて，人口密集度の低い地域等では，テレビ電話を含むさまざまな情報通信技術を活用した，患者搬送前のスクリーニングや予後の病態管理，リハビリテーションなどが実施されている。

一方，日本はさまざまな制度上の制約などから，情報化や医療連携が遅れていることが指摘されている[11]。制度的な問題や社会の新技術・新サービスの受容状況が情報化進展の「妨げ」になっているのは日本特有の状況ではなく，医療を取り巻く社会制度が一定確立している先進各国に共通した状況である。社会システムの再編は大きなエネルギーを必要とするため，現在ある医療制度が安定してサービスを維持することができるのであれば，必ずしも再編をする必要はない。しかし，先進国を中心に急速に進む少子高齢化は，多数の若年層が少数の高齢者を支える従来の医療財政のモデルを破綻へと導いており，ヘルスケアを取り囲む社会の姿は大きく変わりつつある。医師不足に代表される医療リソースの不足を補うためには，医療サービスを医療者だけが担うのではなく，社会全体で分担しなければならない[12]。

本書を執筆している今，先進各国の医療システムの軸足は「治す」ことから「予防」や「予後管理」へと移りつつある。さらには，ゲノム医学などの最新の知識を用いて，先回りして病気の発症を遅らせることなどを目指す「先制医療」[13]のようなコンセプトも提案されている。

予防を目指すにせよ，予後管理を目指すにせよ，医療現場ではなく，日常生活の中で健康状態を頻繁に計測でき，予防・予後管理が自律的に行える環境が実現される必要がある。Internet of Things（IoT）と呼ばれるように，さまざまな医療機器をネットワークに接続し，日常生活の中に展開することは技術的には可能になってきている[14]。情報通信機器が生活の隅々に入り込んだときに，どのような社会システムを創り出すのか，またその社会を実現するために，社会のコンセンサスをどのような手順で醸成すればよいのか，今まさにそのデザインを探る努力が，世界各国で行われている。

演習問題

（問 1） 病院に行くと，受付，検査，診察，料金支払いのそれぞれの場面で待たされる。この待ち時間をできるだけ短くするためには，どのようなシステムを構築すればよいか，考えよ。

（問 2） 病院で処方された薬をもらいに薬局に行くと，ここでも受付，薬の受け取り，料金支払いのそれぞれの場面で待たされる。この待ち時間をできるだけ短くするためには，どのようなシステムを構築すればよいか考えよ。このとき，病院と薬局の間の連絡手段をどう変えれば効率的かを考慮せよ。

（問 3） 上記で構築したシステムで得られた情報をもとに，病院・患者・薬局の間の関係性を分析する仕組みを構築したとする。社会的視点から，どのような分析は許されて，どのような分析は許されないかを考え，許された分析のみが実現できる仕組みをどのように構築すればよいか考えよ。

（問 4） 上記で考案したシステムを利用することで，どのようなことが明らかになると考えられ，それによってどのような社会的変化が促進されると考えられるか，その得失も含めて議論せよ。

参考文献

[1] 黒田知宏（監），電子情報通信学会（編）：『医療情報システム』，現代電子情報通信選書－知識の森，オーム社，2012.

[2] 李啓充：『続 アメリカ医療の光と影』，医学書院，2009.

[3] 松山幸弘：「IHN 統合ヘルスケアネットワーク日本版の可能性」，JAHMAC，19-23，2011 June.

[4] 一戸由美子：「英国の家庭医教育システム」，週刊医学界新聞，2589，2004.

[5] 葛原茂樹：「自然死か人工的延命か―胃ろう問題から見た高齢者の終末期対応の日欧比較と，わが国での自己決定権確立に向けて―」鈴鹿医療科学大学紀要，19，pp.15-27，2012.

[6] SIMSAM: Swedish registers a unique resource for health and welfare, Hero Kommunikation, Stockholm, 2013.

[7] 中島功，十蔵寺寛，北野利彦，石橋雄一：「遠隔医療の普及を妨げる社会的要因の調査研究」，J-Global，24，pp.229-241，2010.

[8] 蔵田武志，清川 清（監），大隈隆史（編）：『AR（拡張現実）技術の基礎・発展・実践』，科学情報出版，2015.

[9] 吉原博幸：「世界と日本における EHR の現状と問題点」，新医療，434，pp.104-110，2012.

[10] ラウル・アリキヴィ，前田陽二：未来型国家エストニアの挑戦 電子政府が開く世界，インプレス R&D，2016.

[11] 富岡康充，中島功，猪口貞樹：「遠隔医療における対面診療の法的評価―医師法第 20 条に関連して―」，日本遠隔医療学会雑誌，6(2)，pp.156-159，2010.

[12] 西村周三（編）：『医療白書 2015-2016 年版』，日本医療企画，2015.

[13] 井村裕夫：『日本の未来を拓く医療―治療医学から先制医療へ』，診断と治療社，2012.

[14] 小谷卓也：「特集：ソーシャルホスピタル」，日経デジタルヘルス，2(3)，23-48，2014.

注

1 英国の医師ジョン・スノウが 1848 年に行った，コレラの感染源となる井戸を特定した事例（ブロード・ストリート事件）は，疫学が効果を発揮した最初の事例として大変有名である。

2 匿名化の議論では，anonymization（誰だかわからないようにすること）と de-identification（個人情報を取り除くこと）を明確に分けて議論する必要がある。完全な anonymization はほぼ不可能であることから，国際的には de-identification をもって匿名性が論じられる場合が多い。

3 ただし，看護師が医師に対して十分多ければ効果を発揮する。一般的にはこれは成立する。

4 国境なき医師団の 1 人としてコンゴ民主共和国に赴いていた英国人医師が，経験豊かな同僚医師からの SMS（携帯電話のテキストメッセージ）の指示だけを頼りに，少年の腕の切断手術を成功させた 2008 年の事例は，この典型であると言えよう。

5 体温や血圧などの人体の状態を表す数値情報。

6 米国の医療安全ガイドラインでは「まず，医師の書いたカルテが読めるかどうか確認しましょう」と書かれている。手書きのカルテは判読性が低く医療事故の原因になると指摘されている。

7 これに対して，特定の病院や診療所等の診療機関の中だけで用いられる，いわゆる電子カルテは，EMR（Electronic Medical Record），あるいは，EPR（Electronic Patient Record）と呼ばれる。

8 病院外での診療記録の保存が認められたのは，平成 14 年（2002 年）3 月 29 日の厚生労働省医政局長・保険局長通知「診療録等の保存を行う場所について」（医政発第 0329003 号・保発第 0329001 号）以降である。

9 個人情報保護法では紹介状を含む診療諸記録（カルテなど）を患者本人に開示されるべき個人情報の 1 つとしているが，紹介状が信書であることを考慮すると法に矛盾が生じている。制度の完全性が必ずしも担保されないことは，この事例からも明らかである。

10 PCEHR は診療機関で発生した情報を蓄積する。これに対して，家庭で測った血圧などの診療機関以外で発生した健康情報を蓄積する仕組みは，PHR（Personal Health Record）と呼ばれる。

11 日本の医療制度は，国民全員が健康保険に加入する国民皆保険制度になっている。この健康保険を運営する団体が健康保険組合である。健康保健組合には，大きな会社が独自で運営するものや，農協などの団体が運営するもの，あるいは，都道府県が運営する国民健康保険組合など，多くの健康保健組合が存在する。略して「保険者」と呼ばれる場合もある。

12 その保険者の運営する健康保険に加入している人。被保険者と呼ばれる場合もある。

13 NDB：本データベースは企画当初，「ナショナルデータベース（National DataBase）」と呼ばれていた。2015年12月現在，その略語である「NDB」という通称が広く定着しているが，正式な英語名称は定められていない（本書出版後の2016年1月20日に開催された「第27回レセプト情報等の提供に関する有識者会議」において，「National Database of Health Insurance Claims and Specific Health Checkups of Japan」（略法 NDB Japan）と定められた）。

14 国全体でかかる医療費（健康保険・介護保険などによって支払われるお金）を適性化（削減）するための計画。

15 この匿名化の仕組みの不備などによって，同一人物が複数診療機関にかかった場合に，これを結びつけて分析することができないということが指摘されている。

16 2010年10月5日第1回レセプト情報等の提供に関する有識者会議資料より引用。

CHAPTER

10

教育のデザイン

教育という社会的機能は，ほぼ人間固有のものであるが，それが組織化・体系化されたのは 19 世紀後半以後であると考えてよい。公教育の導入以前は，家庭でのしつけや職場での徒弟制度が重要な教育の場であったが，公教育の導入以後は，教育という機能を発展させるため，さまざまな制度・組織・集団がデザインされてきた。今日では，教育の場は，公は，放送，インターネット，ミュージアムに展開しているということも重要な点である。

本章では，第 1 に教育のデザインについて，伝統的な教育のデザインとして制度や学校のあり方を振り返り，第 2 に，ICT（Information and Communication Technology）の導入によって，こうした制度や学校のあり方が変わりつつあることを述べ，人の学びの活動とその空間を含む新しい学習環境のデザインの方向性を論ずる。

（子安 増生，楠見　孝）

1
伝統的な教育のデザイン

学校教育以前と以後

教育という機能は，親から子へのしつけなど，家庭の間で成立するものとしては，人類の歴史と共にあったと言えよう。大家族においては，父母だけでなく，祖父母，おじ・おば，年長のきょうだいなどが年少者に知識や技能を直接教えたり，間接的に役割モデルを示したりすることによって，教育機能が満たされる時代が長く続いた。そのような種々の教育的行為は，いわば自然発生的に生じたものであり，特に教育として体系的にデザインされたものではないので，時には折檻や体罰などネガティブな要素も含められ，必ずしも適切なものばかりではない。

教育のデザインが最初に組織的に考慮されるようになった1つの重要な契機は，宗教教育であったと言えよう。たとえば，ヨーロッパ最古の大学の1つとされるフランスのソルボンヌ（現パリ大学）は，神学者ソルボン（Robert de Sorbon, 1201～1274）が13世紀半ばにキリスト教の教育のために始めた学寮を起源としている。英国のオックスフォード大学については，その創設年は実はあまり定かではないが，ソルボンヌ創設に前後して，やはりキリスト教の教育のために設置された学寮が発展して形成されていったものである。

これに対し，近代の学校は，宗教と教育の分離を原則とする世俗主義（secularism）に基づいてデザインされている。そのことは，歴史的には，フランス革命がキリスト教会の権威と権力を否定する方向性を強く有していたこととも関係する。フランスにおける学校週5日制の起源は，「日曜は神の安息日，水曜は宗教教育の日」という取り決めに基づくものであり，フランス国家とキリスト教会との教育権争奪の妥協の産物であった。

わが国の教育は，江戸時代の18世紀半ば以後に，各藩において藩士の子弟に文武両道を教える藩校が設立され，町人などの子弟には手習いやそろばんを教える寺子屋が普及するという経過を辿った。あるいは，商工業における丁稚奉公のような徒弟制度も，一定の教育的機能を有していたと言えよう。しかし，わが国に本格的な教育制度が導入されたのは，明治維新以後，「邑に不学の戸なく，家に不学の人なからしめん事」を宣言した1872年の学制発布以来のことであり，さらに1879年には教育令が発布されて，学校教育が日本の近代化を支える大きな柱の1つとなっていった。

近代学校のデザイン

6 歳の誕生日の次の 4 月になると小学校に通い始めるということは，日本の子どもたちにとっては，空気のように当たり前になっているが，過去を歴史的に振り返ってみても，広く世界の国々を見渡してみても，そのことは決して当たり前のことではない。同じ年齢層の子どもたちが，校舎という教育専用の建築をもつ学校という場所に集められ，教えることを職業とするための資格を有する教師の指導の下に，一定のカリキュラムに基づいて教育を受けるという近代学校のデザインは，さまざまな試行錯誤の結果，現在の形をとるに至っているのである。

まず，学校建築のデザインから検討しよう。前述の学制発布を受けて，各市町村では次々と学校が建設されていった。長野県松本市の旧開智学校（図 10-1）は，1873 年に開校した現存するわが国最古の学校であり，重要文化財に指定されている。いわゆる擬洋風建築として建てられた美しいモダンな建物であるが，廊下の両側に教室を配したため，北側の教室は冬には寒くて暗いという居住環境上の問題があった。1895 年に文部省（当時）は，「学校建築図説明及ビ設計大要」をまとめ，校舎の形状は矩形，凸型，凹型，工の字型のいずれかとし，廊下の片側に矩形の教室を配置する片廊下式に基準を定めた。教室の床面積は，4 間×5 間（約 7.2m×9m）が標準となっていった。図 10-2 のように，伝統的な教室は，廊下の片側に東西軸上に設置されることが望ましいとされ，西に教卓が置かれる。児童・生徒は右利きが多いので，南側からの光は鉛筆を持つ手が手暗がりになることを防いでいる。第 2 次世界大戦の前後で学校建築が大きく変わったのは，木造校舎がコンクリート造になったことと，音楽教室・理科教室・視聴覚教室などの特別教室が設置されるようになったことぐらいであり，伝統的な教室のデザインの優秀さが光っている。

教室の形態は，その中で行われる授業の形態と密接に関連する。伝統的な教室は，1 人の教師が大勢の児童または生徒全員に同時に同じことを教える講義形式（lecture style）の一斉授業には適したデザインであると言えよう。第 2 次世界大戦以前の授業形態は，ほぼ一斉授業だけであったが，戦後は一斉授業だけでなく，いくつかのグループに分かれて討議や共同作業を行う小集団学習（small group learning）が導入されるようになった。さらに，児童・生徒の特性や学習進度を

図 10-1　旧開智学校（松本市）；子安撮影

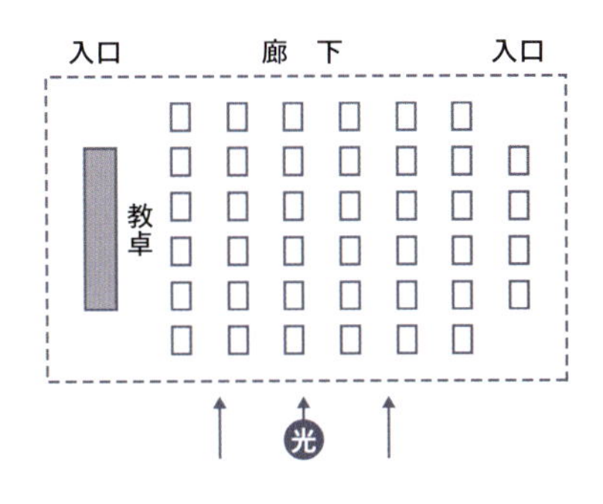

図 10-2　伝統的教室の基本デザイン

考慮して行われる個別処方授業（individually prescribed instruction）は，同じ時間帯に1人ひとりが別々の学習を行う授業形態であるが，そのような授業形態においては，図10-2の伝統的なスタイルの教室が最適であるとは言えない。

このような授業形態の変化に対応する新たな学校方式にオープンスクール（open-space school; open plan school）がある。オープンスクールは，最初イギリスで始まり，1970年代にアメリカで発展したものであるが，教室の建築デザインと授業形態の両方において，固定的で閉じられたものではない柔軟でオープンな学校づくりを目指すものである。教室のデザインとしては，図10-2のような教卓に向かって机と椅子が整然と並べられた四方を壁で囲まれた教室から，壁の一部を取り払って視覚的に開放された空間を作り出し，教室の隅には児童・生徒が自習や個別作業を行える学習スペースを設置するなどの変更が加えられる。授業形態の面では，一斉授業だけでなく，小集団学習や個別処方授業などを適宜組み込むような柔軟なカリキュラム設計となる。

教育制度のデザイン

戦後のわが国の教育制度は，児童・生徒の年齢によって学年および学習内容を決定する「年齢主義」の立場に立っている。少なくとも高等学校までは，何歳（何年何月生まれ）なら何年生ということがほぼ一義的に定められている。しかし，この方式は必ずしも世界標準というわけではない。他方，年齢ではなく，個々の児童・生徒の学力や履修状況によって学年および学習内容を決定する方式を「課程主義」という。課程主義では，学習進度が速い者は飛び級が可能であるが，学習進度が遅い場合には落第や留年による原級留置が行われる。わが国では，課程主義は，皆無ではないものの，実際上ほとんど行われていないと言ってよい。

表10-1　個人差に対応する教育制度[4]

教育目標	教育方法	個人差への対応
固定	固定	1a. 多段選抜 できる/できない 1b. 修学期間調節 スピード
選択	固定	2a. 複線型教育
固定	選択	3a. 治療教育 3b. 補償教育 3c. ATI

児童・生徒の学力の個人差への対応の仕方を，個人ベースでなく制度として考えると，表10-1の6種類の制度が考えられる。この分類の重要な基準の1つは，教育目標と教育方法がその学習者集団で固定されているか，選択可能かということにある。

1a. 多段選抜：教育目標と教育方法は固定され，その結果生ずる学力の大きな個人差に対して，上級学校への進学の可否という形で対応する。個人差は「できる／できない」の基準で判断される。どの国の教育制度も，大枠では多段選抜方式をとっていると言えよう。

1b. 修学期間調節：学力の個人差を学習の「スピード」の個人差ととらえ，飛び級や落第や留年などによって修学期間の調節を行って個人差に対応するものである。わが国では，自動車教習所の教程が基本的にこの方式である。

2a. 複線型教育：個人差の背後にその個人の適性や志向性があるととらえ，教育目標自体が個人ごとに選択されるが，ある教育目標の中では教育方法は基本的に一定である。ヨーロッパの伝統的な教育体系では，アカデミック教育コースと職業訓練コースが中等教育の時点で分岐する。イギリスのパブリック・スクール（public school），フランスのリセ（lycée），ドイツのギムナジウム（gymnasium）などは前者の例であり，男女別学で古典語重視の教育を特徴としてきた。

3a. 治療教育：治療教育（remedial teaching）は，教育のメイン・トラックを走ることができない障害児や学業不振児（underachiever）に対して，個人が抱える障害や問題に対応した教育を行うものである。近年わが国では，治療教育や障害児教育について，特別支援教育（special needs education）という呼称が使用されるようになり，2006 年の学校教育法の改正では養護学校を特別支援学校，特殊学級を特別支援学級に名称変更している。

3b. 補償教育：補償教育（compensatory education）は，貧困と教育欠如の悪循環を断ち切るため，家庭の経済的条件などが原因で教育のメイン・トラックを走れない子どもたちのために，準備教育や補習教育を施すものである。アメリカ合衆国のヘッドスタート計画（project head start）は，1965 年頃から開始され，州単位で幼児への就学前準備教育等を提供している。

3c. ATI：適性－処遇交互作用（aptitude-treatment interaction；ATI）は，アメリカの教育心理学者クロンバック（L. J. Cronbach, 1916-2001）が提唱した教育方法である[4]。例として，図 10-3 は，大学の教養科目で物理学を教えるときに，教育目標は同一であるが，外向的な学生には対面形式で発言が求められるアメリカ流の講義，内向的な学生にはフィルム・ライブラリーを用いた視聴覚授業がそれぞれ適している（期末試験の成績がよい）ことを示すものである。

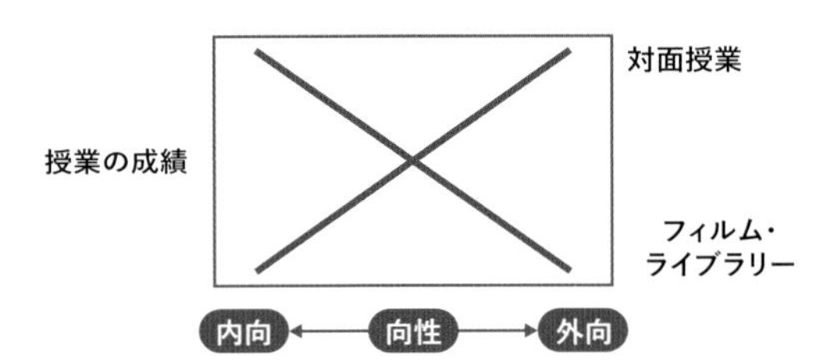

図 10-3　適性－処遇交互作用（ATI）
物理学の教養科目を対面授業で受ける群とフィルム・ライブラリーで受ける群で，期末試験の平均得点は変わらなくても，外向群では対面授業の方が成績がよく，内向群はフィルム・ライブラリーの方が成績がよいという，授業法と向性の間に統計的交互作用が見られたことを示す模式図。

入学者選抜方法のデザイン

前節で述べたように，どの国の教育制度も多段選抜方式は避けられないので，上級学校入学のために何らかの選抜が行われている。ここでは，大学入学における選抜方法のデザインについてまとめる。大学入学者選抜において，大学教員自身が入学試験（entrance examination）を実施するということは，必ずしも世界の常識ではない。ここでは，入学試験制度と推薦入試制度以外の 2 種類の制度について以下にまとめる。重要なことは，下記の 2 つとも，大学教員が直接入学者選抜にかかわるものではないという点にある。

a. 大学入学資格試験制度

典型例として，フランスの大学への入学資格を得るための国家試験であるバカロレア（baccalauréat）を取り上げる。高等学校修了時の全国統一試験の成績が大学進学のための資料として決定的な重みをもつという点では，英国の A レヴェル試験やドイツのアビトゥーア（abitur）なども同じ方向性をもっている。バカロレアは，1808 年にナポレオン・ボナパルトによって導入され，当初はエリート養成機関のための資格試験であったが，現在はフランスの大学が大衆化しており，

2008年度のデータでは，対象年齢の72 %がバカロレアの取得可能なクラスに在籍し，同世代の青年のバカロレア取得率は63.8 %にのぼる（在日フランス大使館ホームページの記事より）。

バカロレアにも種類があるが，進学希望先の学部学科が指定するバカロレアを取得すれば，地域性も勘案しつつ，一応希望の大学に入学できることになっている。そこで，首都の名門パリ大学には入学希望者が殺到し，現在はパリ第13大学まで設置され，学生数は30万人を越えるという。そのため，フランスではエリート教育は大学でなく，エコール・ポリテクニーク（理工科学校）やENA（国立行政学院）など，少数精鋭のグランドゼコール（grandes écoles）で行われるようになった。他方，大学では教育水準を低下させないために厳しい留年制度が敷かれ，1年から2年への進級合格率は45 %，大学中退率は27 %とされる。

b. アドミッションズ・オフィス制度

アメリカ合衆国の大学入学者選考制度の特徴として，アドミッションズ・オフィス（admissions office）の存在がある。これは，わが国のAO入試のモデルになったものとされるが，わが国のAO入試との根本的な違いは，(a) アドミッションズ・オフィスは入学者選考のための専門家集団であり，大学教員は必ずしも入学者選考に関与しないこと，(b) 学部の入学者選考を一手に引き受けている（大学院については事情が異なる）こと，(c) オープンキャンパスや高校訪問など入学者のリクルートも業務範囲としていることである。アメリカでは州ごと学校ごとに高校教育のカリキュラムが多様であるため，高校の成績のみで一律に入学の可否を判定することは難しいので，進学希望者は大学評議会（college board）が実施する標準テストのSAT等を受験することが求められる。なおSATは，1926年にScholastic Aptitude Test（大学進学適性試験）として始まり，1990年にScholastic Assessment Test（大学能力評価試験）に名称が変わり，現在はSATそのままが正式名称になっている。各大学では，このSATの成績をベースに，高校でのさまざまな活動をも評価して入学許可者を決定するのである。

2
新しい学習環境のデザイン

前節では，教育のデザインを近代学校と教育制度のデザインの観点から見てきた。本節では，こうした近代学校と教育制度のデザインに基づく教師−学習者，学習教材が，近年のICTの学校への導入によって，大きく変わりつつあることを述べ，学習空間（学校，コミュニティ，ICTなど）を包含した学習環境のデザインという観点で教育のデザインを考えていく。

学習観と学習環境デザイン

a. 教授主義的学習観

従来の学校教育は，教師が知識や技能を教え，学習者がそれらを獲得することを重視するという教授主義（instructionism）に基づいてデザインされていた。その典型は，近代学校のデザインに依拠した教室（図10-2）において，教壇に立つ教師が多数の児童・生徒に一斉方式授業を行うことであった。ここでは，教師は知識をもち，学習者に教えることが仕事である（図10-4（1）の左）。そして，学習者が知識（事実知識）や技能（手続的知識）を獲得することが学習である（図10-4（1）の中）。そのために教師は，賞罰の担い手となり，学習者の示した良い成績や行動には，ほめるなどの賞を与え，その行動の頻度が高まるようにし，悪い成績や行動には，しかるなどの罰を与えたり無視したりすることで，望ましくない行動頻度が低下するようにした。これは学習者の内的過程を仮定しない行動主義（S-R説）的な学習理論でも，内的過程を仮定する新行動主義（S-O-R説）的学習理論でも見られた。ここでは，生徒は受動的な存在で，知識は白紙であることを想定していた（図10-4（1）の右）。たとえば，スキナー（B. F. Skinner, 1904-1990）のプログラム学習の背景にある学習のデザイン原理には，学習教材におけるスモールステップで難易度が増していくような提示順序と反復，各ステップを通過するためのテスト，テストに反応したときにともなう即時フィードバック（ほめる，ポイントを与える，正解を示す）などがある。こうした学習の原理は，学習の個別化に結びつき，算数・数学などの段階的に確実な習得を目指すドリル型のティーチングマシンや教材，学習塾などでも取り入れられている。

b. 認知主義的学習観

認知主義的学習理論では，学習者が能動的な存在であるととらえ，外界を整合的に理解しようとする内発的動機づけを重視する。これはピアジェ

(Jean Piaget, 1896-1980）の発生的認識論や認知心理学の考え方に基づく。学習とは，主体的学習者が新しく入ってくる情報を既有の知識に照らして，知識や技能を能動的に獲得・構成することによって，認知システムを変容することとしてとらえる（図 10-4（2）の右と中)。知識の主体的な構成過程においては，学習者のもつ生得的・認知的な制約と既有知識の制約が，学習容易性に影響している。たとえば，第二言語（外国語）の修得では第一言語が影響を及ぼしている（例：日本人学習者にとって，苦手な発音がある)。また，自分自身の認知過程をコントロールするメタ認知というメカニズムが，知識が未知か既知か，理解できているかどうかなどをモニター，省察することを支えている（図 10-4（2）の右)。

教師は，学習者の知的好奇心を高めるように，発見学習，探究学習，問題解決学習などの能動的な学習（active learning）を取り入れた授業やカリキュラム，教材をデザインすることが求められる。

c. 状況論的学習観

状況論的学習理論では，学習者が，学校，コミュニティ，職場，趣味のグループなどにおける共同体の社会的実践に参加することを通して，その共同体の成員としてアイデンティティを確立していく過程として学習がとらえられる。その元になる考え方は，ヴィゴツキー（L. S. Vygotsky, 1896-1934）の影響を受けた社会構成主義の観点であり，他者との社会的相互作用によって，知識や技能が構成されることを重視する。そして，学習とは，近代学校のデザインで主流であった，教授主義的教育観に基づく「教える－学ぶ」といった個人の営みではなく，共同体への参加による学びあい（協働的学習）を重視している。これは社会人類学者レイブ（J. Lave）の考え方に基づいている[6]。ここでは，学習を支える認知活動は，個人の頭の中だけで働いているのではなく，状況において，他者や道具との間のインタラクションにおいて分散的に起こっている。すなわち，他者，道具などのリソースを利用しつつ，知識や技能を獲得する（図 10-4（3）の右)。近年，認知心理学，認知科学，学習科学の分野では，教師は教授者というよりもむしろ学習環境のデザイナーとして，学習空間，コミュニティ，人工物，そし

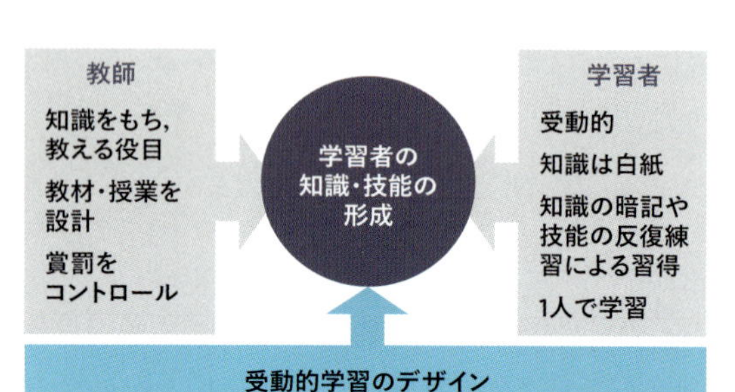

（1）教授主義的学習観

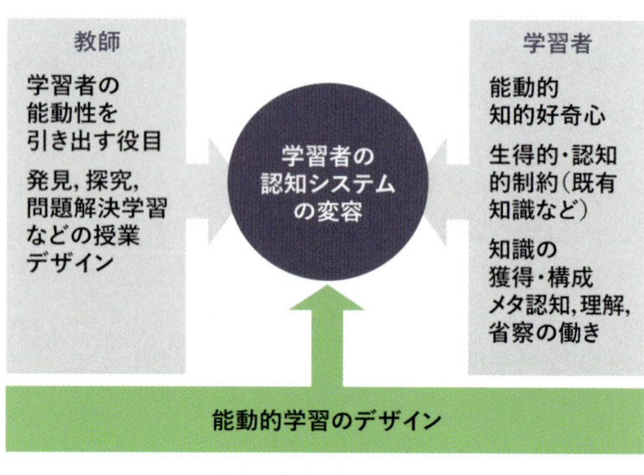

（2）認知主義的学習観

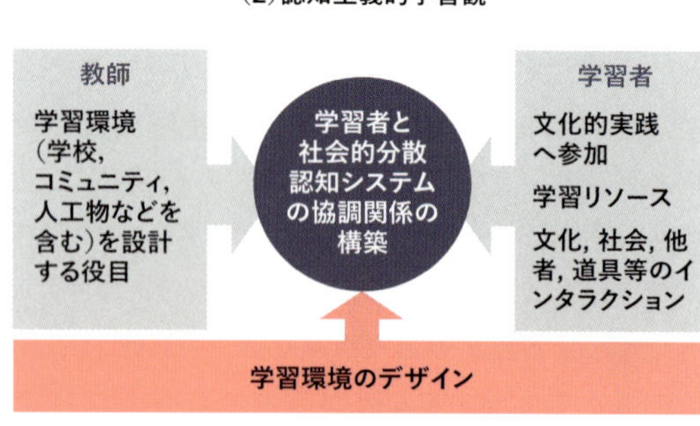

（3）状況論的学習観

図 10-4　学習観と学習環境デザイン

て ICT（Information and Communication Technology）を活用した学習リソースなどを用意することが求められている（図 10-4（3）の左）。そして，学習者の省察，能動的活動や学習者間のインタラクションを促進し，学習者が深い理解と学習を進め，他者や道具と協調的な関係を構築して，高い能力を発揮することが目的である（図 10-4（3）の中）。ここには真正性の高い課題を扱うプロジェクトベース学習，仕事や社会奉仕活動などの体験学習やサービスラーニング等が含まれる。こうした学習は，専門的知識や技能を現実社会に活用する機会になり，市民リテラシー（市民として必要な資質・能力）を育成する機会になる。

ICT を活用した学習環境のデザイン

a. ICT を活用した学習環境デザインにおける学習促進要因

学習環境においては，メディアは人に伝える内容を媒介する情報伝達の媒体である。学習教材のためのメディアは，書籍，図版の掛け軸から始まって，テレビやコンピュータ，インターネットなどを介した文字・映像情報などに進化してきた。コンピュータや携帯情報機器を活用した学習ソフトは数多くあり，放送やインターネットによる遠隔教育，eラーニングは生涯教育において重要な役割を果たしている。メディアあるいは教材を ICT を活用してデザインすることによって，学習者の学習を促進する主な要因には，以下の 4 つがある。

(1) 多様な情報の提供：多様な情報（文字，絵，動画，音声など）をデジタル技術で統合して，迫真性を高めて，学習者の動機づけを向上させ，現実生活への転移を容易にできる。たとえば，プロジェクタで映像を大きく映してクラス全員で共有できるようにして，学習課題への興味関心を高める。さらに，グラフを拡大提示したり，シミュレーションやアニメーションで変化を示して，学習内容をわかりやすく説明したりすることができる。ここでは，学習者の好奇心や理解を重視する認知主義的な学習観が基盤になっている。

そのための教材として，デジタル教科書が急速に普及している。デジタル教科書とは，電子黒板やタブレット端末向けの教材のうち，「既存の教科の内容とそれを閲覧するソフトウェアに加え，編集，移動，追加，削除などの基本機能を備えるもの」である[8]。デジタル教科書の利点には，多様な情報呈示のほかに，障害をもつ学習者に対して，文字の拡大表示や読み上げなどによって学習をサポートできることがある。一方，デジタル教科書の欠点としては，情報の一覧性や俯瞰性が欠けること，学習者の認知的負荷を高め，注意やワーキングメモリの限界を超え記憶の学習を低下させる可能性などがある[2]。

(2) 学習の個別化：学習者のレヴェル，興味，関心に適合するように，内容やペースを最適化して，1.3 項で述べた適性複線型のコースウェアに基づく学習者中心のデザインを実現できる。ここでは，ICT の技術だけではなく，教材自体についての知識と図 10-3 の適性－処遇交互作用（ATI）に基づく最適化や，学習者のメンタルモデルやエラーの原因となるバグ（bug）を同定すること，学習者の特別なニーズに配慮することなどが重要である。これらの基盤には，教授主義的な学習観に基づくティーチングマシン，その展開である CAI（Computer Assisted Instruction）がある。

また，学習者自身が，コースを選択，編集できるようにして，学習を個別化し，学習履歴や成果（たとえば，レポート，作品，成績など）を保存し，電子学習ポートフォリオに基づいて検索や省察，評価，次の目標設定を容易にする。一方で，教師が指導の改善に役立てることができる。

(3) 動機づけ：学習者に対して，即時的フィードバックを行い，動機づけを高めることができる。たとえば，チューター役のアバター（avatar；分身）などを使って，対話型で教材を提示することがある。ここでは，コンピュータの側が，学習者に対して適切な足場掛け（scaffolding）をするなどの支援を行ったり，学習者が結果の知識（Knowledge of Results; KR）に基づいて，学習行動を自己調整できるようにしたりすることが重要である。ここで，学習者が主体として，学習をうまくコントロールできているという信念を自己効力感と呼ぶ。学習や熟達による成功経験は効力感を高め，次の挑戦的な目標設定や意思決定に影響する。(2) と (3) は，主に認知主義的な学習観に基づく個別学習において，学習を促進する。

(4) 相互作用やリソースの活用：他者との相互作用が活発になるように，電子黒板，電子掲示板，コメント機能，チャットシステムなどを使った討論や協働学習を可能にする。たとえば，各学習者がタブレット端末に電子ペンで入力することによって，電子黒板において，各学習者の考えを同時に表示して比較をする協働学習を行うことができる。また，バーチャルリアリティのシステムを使うことにより，現実感の高い仮想空間の中で外国語学習や，各種のプレゼンテーション，面接，カウンセリングなどのトレーニングを行うことができる。さらに，学校外の児童生徒や協力者との相互作用もしやすい。たとえば，インターネットを通して，保護者，地域住民，ネットコミュニティにおいて専門家などの協力を得ることができる。このように，インターネットを活用することによって，学習者は，学校から自由に情報を発信したり受信して，物理的距離，年齢，身体的制約から解放されることになる。また，インターネット上のオープンスクール，バーチャルキャンパスの利用が可能である。これらのことは，リソースとなる情報の多さ，多様さ，得やすさに結びつく。ただし，ネットにおける情報は玉石混淆であり，ネットやメディアに対するリテラシー，批判的思考力の育成も必要である。こうした学習環境における相互作用やリソースをいかにデザインするかは状況論的な学習観が重要である。

b. ICT を活用した教材のデザイン

ICT を活用した教材のデザインは，大きく 4 つに分けることができる。

第 1 は，教示型教材であり，ITS（Intelligent Tutoring System）で代表される前述のプログラム学習や CAI に基づく技能別ドリルがある。教授主義的学習観に基づいている。

第 2 は，ナビゲーション型教材（ILE: Interactive Learning Environment）であり，a. で述べた電子ブックで代表されるハイパーリンク構造によって，複数の文書間に相互参照リンクが張られた，写真や動画付きの事典や教科書などである。

第 3 は，エデュテインメント（edutainment）型教材であり，映画などの動画，ゲーム，ロールプレイを通して学ぶ教材である。第 2 と第 3 は，主に，学習者の好奇心に注目した認知主義的学習観に基づいている。

第 4 は，発見支援型教材であり，ドラマ仕立ての現実を模擬したマイクロワールドにおいて，日常生活の問題を提示して，解決する過程を通じて，その解法を一般化して学ぶ。この中では，シミュレーション実験をしたり，さまざまなデータや可視化するツールも利用することができる。代表的な教材としては，Jasper Project（バンダービルト大学）や WISE（Web-based Inquiry Science Environment；カリフォルニア大学バークレー校）がある[7]。これらは主に状況論的学習観に基づいている。

小学・中学・高校における学習環境デザイン

a. 小学校・中学校における新しい学習環境デザイン

学習環境デザインのための大事なポイントは，児童生徒の発達段階を踏まえ，前節 a. で述べたように興味・関心を高めるような ICT を活用した学習環境をデザインすることである。そのために重要なことは，ICT によって児童生徒にとって，状況論的学習観が重視する意味のある活動文脈を提供することである。たとえば，インターネットを活用して，外国語の学習では，海外の学校の児童生徒との交流を行ったり，理科や社会の学習では河川の環境問題を解決するために，河川の上流や下流の学校の児童生徒と水質データの交換をするなどの情報を発信することが考えられる。このことは，従来の教室が文脈から切り離された知識伝達であったものを改善する契機になる。また，ICT により，個別学習，協働学習，調べ学習，仮想実験など多様な学習形態がとりやすくなり，インターネットによる多様で膨大な学習リソースが利用できるようになった。

そこで，こうした実践を，児童生徒 1 人 1 台のタブレットを導入して行っている 2 つの教育プロジェクトの事例を見ていくことにする。

(1) 事例 1：学びのイノベーション事業

これは，文部科学省が，全国 20 の小中学校と特別支援学校で 3 年間にわたって実証研究を行ったものである[9]。1 人 1 台のタブレット端末と教室の電子黒板，そして無線 LAN を整備した学習環境を構築している。

こうした学習環境において行われる ICT 活用学習は，学習形態別に見ると次の例がある。第一に，一斉授業では，教員による電子黒板を使った教材の提示やシミュレーションなどのデジタル教材を使った思考を深める学習などが行われた。第二に，個別学習では，学習者の 1 人ひとりの習熟に応じた学び，インターネットを使った調査活動，マルチメディアを使った作品制作，家庭学習などが行われた。第三に，協働学習では，電子黒板を用いた発表や話し合い，遠隔地との交流学習，タブレットを使った意見の整理や共同制作などが行われた。

こうした実践の成果は，児童生徒や教員の意識の状況・変化を把握するアンケートや学力テスト等によって評価されている。主な結果は，(1) 児童生徒，教員は，ICT 活用授業について 8 割が肯定的であった。(2) 教員の ICT 活用指導力は，事業開始当初と比べて向上した。(3) 標準学力検査の結果を，全国の状況と比較すると，得点が向上している傾向が見られた。一方，留意点としては，(1) 観察・実験などの体験的活動や対面でのコミュニケーション活動を合わせて行う必要性，(2) インターネット上の情報活用において，信憑性を判断するスキルの育成の必要性，(3) ICT の活用に集中しすぎたり，直観的に理解できたように錯覚することがあるため，学習内容の定着をはかる必要性などがあげられていた。

(2) 事例 2："教育スクウェア×ICT" フィールドトライアル

これは，日本電信電話株式会社（NTT）が全国 12 の小中学校で 3 年間にわたって実施したものである[10]。図 10-5 に示すように，第一の教育プロジェクト同様，学校では，電子黒板，タブレット端末，そして無線 LAN を整備している。一方，家庭では学校の学びと連携するために，タブレット端末を持ち帰り可能にしている。そして，これらをブロードバンド回線でつないだ教育クラウドによって，授業支援システム（教材作成と配信），学習ポータル（学習者用・教員用），コース管理システム（LMS：Learning Management System, 学習履歴などを管理），デジタル図書館を提供できるようにしている。さらに，教師や生徒を支援する IT 支援員を配置している。

こうした学習環境において，ICT を活用した実践活動の例として，次の 3 つを紹介する。第一に，一斉授業の実践例としては，小学 5 年算数において，平行四辺形の面積の求め方をタブレットの等積変形シミュレーションを活用しながら，全員でアイデアを出し合って結論を導く実践が行われた。第二に，個別学習と協働学習を結びつける例としては，中学 2 年英語において，タブレットの単語の学習，発音練習ツールを，授業だけでなく，放課後や自宅でも活用して英語学力を向上させた。さらに，オーストラリアの中学生とテレビ会議で交流授業が行われた。第三に，協働学習の例としては，小学 5 年社会において，クラスを 2 群に分けて，レジャーランド建設についての賛成・反対の一方の意見だけをタブレット端末で視聴し，議論する。その後，端末を交換して，他方の意見も視聴することで，メディアの影響を体験する。また，テレビ局の制作現場の人とインターネットを介して話を聞く活動が行われた。

こうした 3 年間の実践の成果として，教師や保護者へのアンケートの結果から次の 3 点があげられる[1, 10]。(1) 児童生徒の関心・意欲・態度

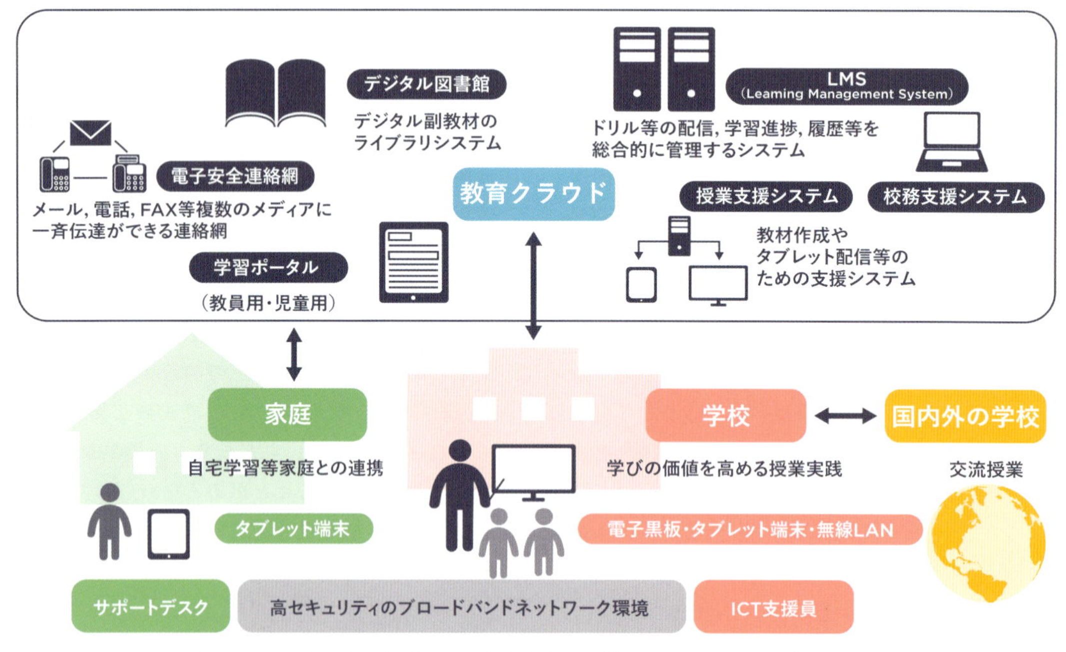

図 10-5　1 人 1 台のタブレットを小中学校に導入した学習環境のデザイン例
家庭と学校における学びを教育クラウドが結びつけている（[10] を改変）。

の向上は初年度から，思考力・表現力の向上は，3年目から見られた。(2) 授業をデザインする能力の高い，経験をもつ教員が，ICTを活用して，児童生徒の思考力・表現力を向上させていた。また，教員は，自身のICT活用能力だけでなく，授業をデザインする能力を向上させていた。(3) タブレットを家庭に持ち帰る児童生徒は，家庭での学習時間が長くなった。また，親子の会話時間が増加した。

一方，問題点としては，(1) 教材のコンテンツの質・量の不足，(2) 他の場所とつなぐ授業は準備の負担が大きいこと，(3) 教科や授業の場面に応じたICTの有効な活用方法に研究の余地があること，(4) ICT環境構築・運用に要する費用負担の問題などがあげられた。

b. 高等学校における学習環境デザイン

高校の各教科における学習のデザインは，前項の小中学校と共通するので，ここでは総合的な学習の時間等で取り上げられる探究学習による情報活用能力の育成について述べる。

探究学習においては，情報を収集し，目的に合わせて整理・取捨選択し，成果をまとめるプロセスがある。情報の収集では，フィールド調査でデジタルカメラやビデオを活用したり，インターネットを利用したりすること，集めた情報の整理・分析に動画編集ソフトや表計算ソフトを使うこと，成果を図表にまとめて，レポートを作成したり，プレゼンテーションソフトを使って発表したりすることは，情報活用能力の育成にかかわる。さらに，インターネットを利用して成果を広く公開し，遠隔地にある他校や海外と交流することは，ICTを用いたコミュニケーション能力の育成につながる。また，インターネットやマスメディアを学習リソースとして利用する場合，情報を批判的にとらえる態度としてのメディアリテラシー，インターネットリテラシーなどをテーマとして取り上げることで，情報社会に参画する態度を育成する学習が可能となる。

探究学習は，能動的な学習を重視する認知主義的学習観に基づいている。そして近年，ICTの活用によってさまざまな学習リソースを活用できるようになり，状況論的学習観に基づく学習環境のデザインが重要になってきている。たとえば，生徒が実経験を通して能動的に行う探究活動と，ICTによって情報を探索する活動をいかに結びつけ，学習環境をデザインするかは今後の課題である。

大学における学習環境のデザイン

a. 大学全体の学習環境のデザイン

大学の学習環境のデザインは，図10-6に示すように，物理世界である教室，図書館，ラーニング・コモンズなどと，紙による教科書・講義資料などの教材，レポートや成績表などの学習成果の提出と学習評価のフィードバックがある。それに対してeポートフォリオシステムは，学生が自分の学習の履歴や成果物を体系的に整理して電子的に蓄積し，閲覧できるようにすることによって，省察をして，主体的な学びを促進するものである。一方，仮想世界に関しては，情報環境にアクセスするための端末，情報空間上の講義資料，オープンコースウェアがある。また，前出のコース管理システム (LMS) は，授業資料の電子的な提供や課題の提出，テスト，電子掲示板，チャットなどができるシステムである。図10-6では，物理世界における教育・学習活動が，仮想世界においても利用できるようにデザインされていることを示している。ここでは，学習者がこの2つの世界において，リソースを利用し，インタラクションする状況論的学習観がデザインに反映されている。

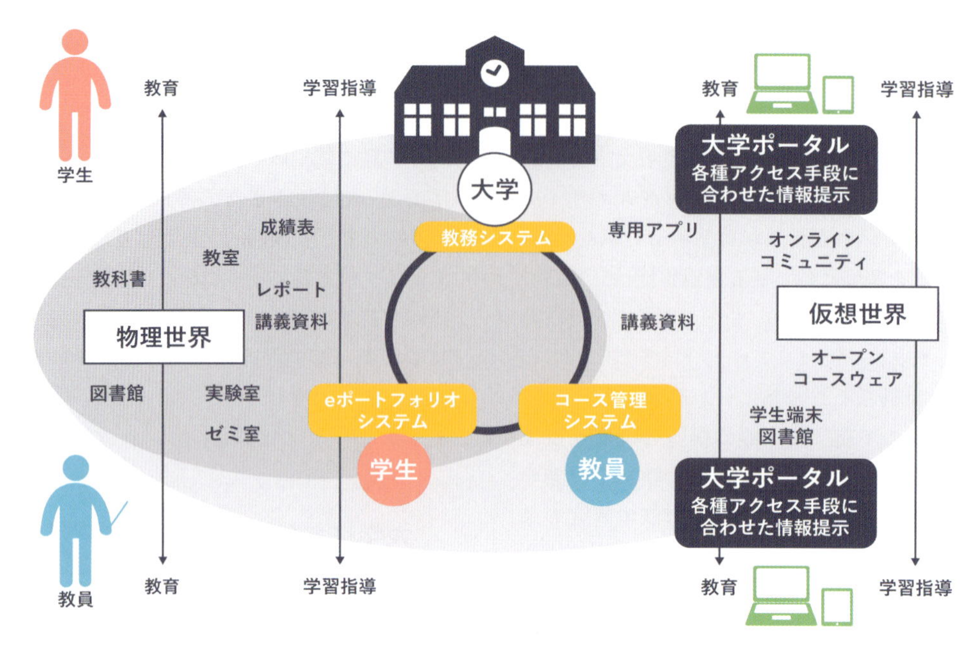

図 10-6　大学における学習環境のデザイン：物理世界の教育・学習活動を包含する仮想世界
（京都大学情報環境機構 梶田将司作成「一般的な教育学習情報環境」）

附属図書館で進めていたラーニングコモンズプロジェクトに対して，2013 年度 FBL/PBL「新し学習環境のデザイン」の受講生が調査や空間設計提案を行ったことがきっかけとなり，FBL/PBL 終了後もプロジェクトチームに入って図書館関係者や施工会社との協働の下，実施設計を続けた。既存の柱を活かしながら京都大学のシンボルであるクスノキの形状の造作を施し，その下に学生たちが，自由に机やいすを動かして，グループワークや議論ができる学習空間となっている。

図 10-7　京都大学附属図書館のラーニング・コモンズ
(http://hdl.handle.net/2433/218094)

b. ラーニング・コモンズ

グループで対話しながら学ぶ大学図書館の新しい学習スペースがラーニング・コモンズである（図 10-7）。ここでは，情報機器を備えた自習と協調学習のための空間，学習支援のスタッフなどが用意されている。学習空間には，組み替え自由な机や，移動式のホワイトボード，プロジェクタ，電子黒板などがあり，グループワークやディスカッション，プレゼンテーションの練習などをすることができる[5, 12]。ラーニング・コモンズのデザインにおいて重視される学習者中心の学習空間の要件としては，柔軟性，快適性，感覚刺激（照明，光，部屋のかたちなど），テクノロジー支援（無線によるネットワーク接続など），脱中心性（伝統的教室からの脱却）がある[3]。ここでは，物理世界やICTなどの人工物のデザインだけでなく，学習者のコミュニティをデザインするための状況論的学習観が反映されている。

（3）MOOCと反転授業：MOOCは，大学による大規模な公開オンライン授業の無償公開である。MOOC（Massive Open Online Course）とOCW（Open Courseware）は，授業資料や映像資料を無償公開する点は共通しているが，MOOCは履修認定を含む点が異なる。MOOCは無料で履修可能であり，現在10万人規模の履修者に対応している。MOOCで行われる授業形態は，反転授業（flip teaching/flipped classroom）である。これは，従来の一斉方式の説明型講義をオンライン教材化して予習課題にし，一方，授業後の宿題であった応用課題を教室で，学習者－教師間あるいは学習者間で対話的に学ぶアクティブラーニングを含む授業形態である[12]。MOOCでは，反転授業を行うことによって，学習者は，教授主義的学習観に基づく受動的な映像視聴だけではなく，認知主義的で状況論的学習観に基づく探究や相互作用を重視した活動に取り組むようになっている。

3

まとめ：教育をどのようにデザインするか，デザインベース研究による改善

近代教育の制度がデザインされて以来，学校において活用されてきた一斉授業型の教室や，紙の教科書と黒板からなる学習環境は，ICT の導入によって大きく変わりつつある。

新しい学習環境のデザインにあたって重要になるのは，従来の紙の教科書と黒板，そして学習者同士，学習者－教師間の対面相互作用を用いた授業方式と，ICT を用いた学習環境とのデータに基づく比較である。しかし，学校における教育効果のデータに基づく比較は，適切な効果指標の設定，条件の統制や長期的な効果の難しさなどがあり容易ではない。たとえば，デジタル教科書と従来の紙や黒板を用いた授業方式との学習効果の実証的な比較研究は，デジタル教科書の優位性を必ずしも示してはいない。大切なことは，児童生徒の学習活動と教材内容の質であり，ICT の活用は 1 つの手段である。「ICT を活用した学習環境のデザイン」の項で述べたメディアの特質を踏まえて，従来の紙や黒板を用いた授業方法と併用する形でICTの活用教育を図ることが重要である[1, 2]。

こうした限界を越える試みが，新たな学習環境をデザインし，教室で実践する際のデザインベース研究である。

デザインベース研究では，図 10-8 で示すように，これまでの実践研究成果に基づいて，「学習者はこうすると，このように学ぶだろう」という［学習モデル］がある。その［学習モデル］から，どのように授業をデザインするかという方針である［デザイン原則］を引き出す。そのデザイン原則に依拠して［授業デザイン］や学習環境デザインを行う。そして，学習環境に介入する［実践］を行い，その結果（談話，グループワーク，相互作用，さまざまなパフォーマンスなど）を観察・評価する。それを反復し，長期的にモニターすることによって，「学習モデル」を検証し，修正する。そこからより確かで一般性のある［授業デザイン］の原則を導く方法である。こうしたデザイン研究の目的は，複雑な学習環境のなかで実験と実践を結びつけて行い，学習を改善するためのデザイン原則を生み出すことにある。そのために，学習環境を体系的に変化させてデザインすることによって，学びの変化における規則性を発見

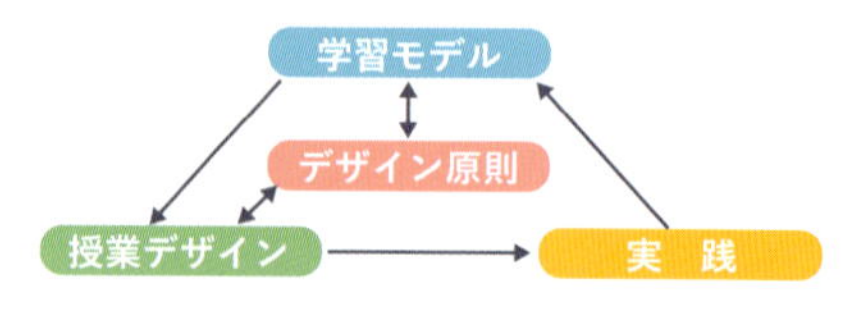

図 10-8　学習環境デザインのための
デザインベース研究[7]
授業を体系的にデザイン・実践して，中央のデザイン原則を導くサイクルを示す。

することである[7, 11]。

より良い学習環境をデザインするためには，学習場面に応じてICTと紙の教材や黒板，実験や対面コミュニケーションなどの活動を，より効果的に組み合わせて行う学習指導方法の開発が不可欠である。そのためには，現場の教員と大学の研究者や企業などが連携して，デザインベース研究によって実証的データを蓄積し，優れた実践事例を共有できるようにすることである。

演習問題

（問1）　学校教育は，人間関係についても新たなデザインを生み出してきたと言える。具体的にどのような事柄があるか，あなたの考えを述べなさい。

（問2）　あなたが受けてきた教育を振り返ってみて，そこに含まれている教育のデザインがどのようなものであったかを分析してまとめなさい。

（問3）　児童生徒が実経験の機会を通して，探究したり，時間をかけて考えたりする活動を，いかにICTによる教育と結びつけるかについて，あなたの考えを述べなさい。

参考文献

[1] 赤堀侃司：『タブレットは紙に勝てるのか：タブレット時代の教育』，ジャムハウス，2014.

[2] 新井紀子：『ほんとうにいいの？　デジタル教科書』，岩波書店，2012.

[3] Chism, N.: Challenging traditional assumptions and rethinking learning spaces, In D. Oblinger (Ed.), *Learning Spaces*, Washington, DC: Educause (http://net.educause.edu/ir/library/pdf/PUB7102b.pdf)

[4] Cronbach, L. J., & Snow, R. E.: *Aptitudes and instructional methods*, Irvington, 1977.

[5] 加藤信哉・小山憲司（編訳）：『ラーニング・コモンズ—大学図書館の新しいかたち』，勁草書房，2012.

[6] Lave, J. & Wenger, E.: *Situated learning : legitimate peripheral participation,* Cambridge University Press, 1991.（佐伯胖（訳）：『状況に埋め込まれた学習：正統的周辺参加』，産業図書，1995.）

[7] 三宅なほみ・白水始：『学習科学とテクノロジ』，放送大学教育振興会，2003.

[8] 文部科学省：「教育の情報化ビジョン：21世紀にふさわしい学びと学校の創造を目指して」，2011. (http://www.mext.go.jp/b_menu/houdou/23/04/__icsFiles/afieldfile/2011/04/28/1305484_01_1.pdf)

[9] 文部科学省：「学びのイノベーション事業　実証研究報告書」，文部科学省，2014. (http://jouhouka.mext.go.jp/school/pdf/manabi_no_innovation_report.pdf)

[10] 日本電信電話株式会社：「“教育スクウェア×ICT”フィールドトライアルレポート：教育ICTの現場から3年間の実践から見えた“使い続ける”ための成果と課題」，日本電信電話株式会社，2014. (http://www.ntt-edu.com/digital_book/pdf/book.pdf)

[11] Sawyer, R. K. (ed.): *The Cambridge handbook of the learning sciences.*, Cambridge University Press, 2006（森敏昭・秋田喜代美（監訳）：『学習科学ハンドブック』，培風館，2009.）

[12] 山内祐平（編）：『学びの空間が大学を変える』，ボイックス，2010.

CHAPTER

11

防災のデザイン

災害が起きるたびに，安全と安心が私たちの生活の基礎であり，その確保がいかに大切かを改めて痛感する。しかし少し時間が経つと，安全と安心の確保は再び当然のこととなり，防災は行政を中心とした一部の専門家だけが対処すべき，自分たちには無関係な事柄であると多くの人が考えているのではないだろうか。しかし，1995 年の阪神・淡路大震災や 2011 年の東日本大震災の惨状は，安全と安心を専門家だけの力で守るには限界があり，最終的には私たち 1 人ひとりが防災に関してもつ責任の大きさを明らかにした。同時に巨大災害は社会のあらゆる分野に影響を及ぼすことも明らかにした。

本章では，まず防災の基本的な考え方を紹介した上で，防災においてデザインがもつ意義，その 5 つの働きについて紹介する。その後，防災のデザインの例として，津波防災ピクトグラムの活用事例と防災マップの活用事例を紹介する。

（林　春男，吉田 英治）

1

防災とは何か—災害の素因と誘因

防災学では，図 11-1 に示すように，災害の発生を「誘因」と「素因」の組合せとしてとらえる。たとえば，2011 年 3 月 11 日に東北地方を襲った地震と津波は多くの人の記憶に残っているに違いない。しかし，その呼び名に「東北地方太平洋沖地震」と「東日本大震災」という 2 つがあることに戸惑われた人もいるだろう。同じ災害に 2 つの名前が付くことが，防災学が災害を「誘因」と「素因」の組合せとしてとらえる証拠なのである。「東北地方太平洋沖地震」とは災害のきっかけとなった「誘因」である地震そのものを指し，「東日本大震災」はその結果発生した巨大な災害の名称なのである。そして被害規模を決めるもう 1 つの重要な要因として災害の「素因」となる社会の防災力がある。

誘因とは災害のきっかけとなる自然の力の大きさであり，外力（hazard）と呼ばれている。一方，素因とは当該社会が災害に対してもつ脆弱性（vulnerability）である。裏返せば，社会の防災力（resilience）の高さである。災害は当該社会がもつ防災力を超える外力に襲われる場合に発生すると定義できる。災害を誘因と素因の組合せとしてとらえると，災害の低減を図る防災には，①誘因である外力についての理解を深めること，②素因である当該社会の防災力を向上させること，の 2 つの方略が存在すると言える[1]。

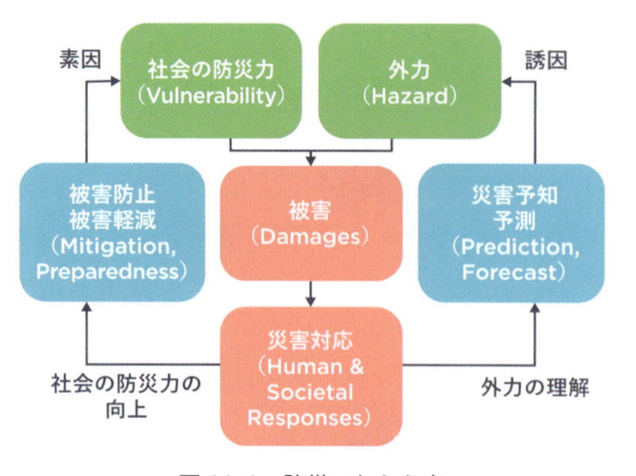

図 11-1　防災のとらえ方

外力についての理解：予測力の向上

外力（hazard）は人間社会の活動を阻害するものすべてを含む概念である。防災とはそのうち自然災害を原因とする天変地異に起因する災害を扱っている。理想的には天変地異の発生を完全に制御できることが望ましい。しかし，それは現時点では不可能である。そこで自然災害の発生メカニズムを正しく理解することによって，いつ，どこで，どのような現象が発生するかを予測することで，杞憂ではない合理的な防災活動を行うことが必要となる。そのために，過去の自然災害の発生履歴の研究や気象や地殻活動の常時観測を実施することによって，起こりうる被害像を正確に予測する「予測力」の向上が求められる。それはまた，外力に対抗できるように社会の防災力を向上させる際の出発点ともなる。

社会の防災力の向上

外力としての天変地異は自然科学的な現象であるが，それによって引き起こされる災害は自然現象であると同時に社会現象でもある。災害が発生すると，被災地の自然環境が破壊されるだけでなく，社会環境まで大きく変化する。なぜならば，災害の発生は個人にとって，さらに社会全体にとっても大きく将来設計を狂わせるものだからである。本来ならば別の目的に使うことができた膨大な資金，時間，労力を災害からの社会の再建のために振り向けざるをえなくなる。しかも，災害が巨大化すればするほど，単に災害前の状態に復旧するのではなく，新しい生き方を見つけるという意味で創造的な復興の実現が求められる。こうした災害の発生をできるだけ予防するとともに，

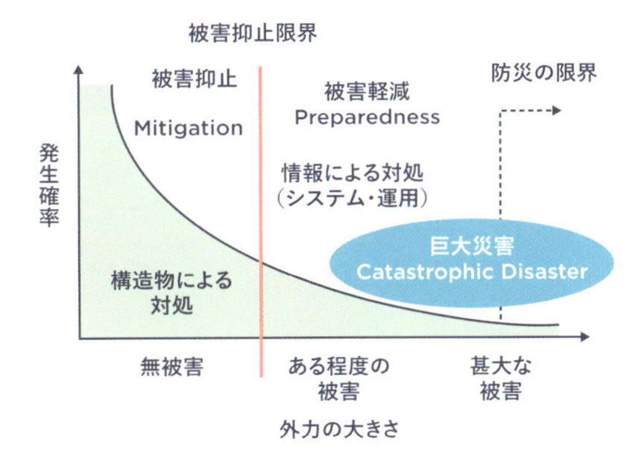

図 11-2　被害抑止と被害軽減の関係

万が一災害が発生した場合の苦労をできるだけ低減することが社会の防災力の向上の目的である。

「災害は弱い立場の人々に狙いをつけては，その生存と繁栄の力を破壊していく」[2] という国際赤十字連盟の指摘を裏づけるように，阪神淡路大震災や東日本大震災では，死者数あるいは仮設住宅の居住者数を見ても，各種の資源が乏しい弱者層に特に被害が集中している。しかし，災害は新しい社会問題を生み出すわけではない。むしろ，災害は当該社会がそれまで潜在的に抱えてきた問題点を一斉に顕在化させ，その後の社会変化を促進させる機会となると言える。したがって，社会の防災力の向上は，単に物理的に災害に強いまちを作ることだけでは実現しない。社会システムそのもの，つまりそこに生活する人々，組織や制度を災害に強いモノにする必要がある。

被害抑止と被害軽減：予防力と対応力の向上

高い防災力をもつ社会の実現を図るためには，図 11-2 に示すように被害抑止（mitigation）と被害軽減（preparedness）の 2 つの方略のベストミックスが必要である。被害抑止とは，災害による被害を予防することを目的とする。被害軽減とは，万一被害が発生した場合にも，被害の拡大を防止し，速やかな復旧・復興を可能にすることを目的としている。図 11-2 に示すように，両者は補完的な関係である。

外力の強さと発生確率の間には反比例の関係がある。地震を例にしてみると，体に感じない微小地震は毎日数多く発生している。しかし被害を生むような地震になると，マグニチュード 6 は 1 年に一度，マグニチュード 7 程度は 10 年一度，マグニチュード 8 程度は 100 年に一度，マグニチュード 9 程度になると 1000 年に一度の発生確

率になると言われている。このように連続的に変化する地震外力に対して，被害抑止は防災対策の基本である。被害抑止は，ある程度以下の地震外力に襲われても無被害で済むことを目的とするからである。阪神淡路大震災や東日本大震災のように度重なる震災の発生は，被害抑止限界の存在を明らかにした。わが国がもつ被害抑止力では予防できない外力が存在し，そのような外力に襲われれば被害が出てしまうという事実である。被害抑止限界を無限に引き上げることは技術的に可能だとしても，そのためには膨大な資金と長い時間を必要とする。防災のデザインという観点からは，被害抑止策だけに頼る策は合理的と言いがたいことも明らかになった。

そこで被害抑止限界をあらかじめ想定し，効果的な災害対応によって現実に発生した被害の拡大を断ち切り，迅速な復旧を可能にする被害軽減対策との組合せが必要となる。被害軽減対策は被害抑止対策のいわばフェイルセーフとして機能するものである。それを実現するためには，災害対応のための具体的な計画と情報処理体制を整備し，それを的確に実行できる組織と人材を育成訓練する必要がある。しかし，これまでのわが国の防災体制は被害抑止対策に過度の信頼を置きすぎ，被害軽減対策が形式的なものにすぎなかったことも否めない。

図 11-2 から明らかなように，巨大災害とは被害抑止限界をはるかに超えた外力によって引き起こされる災害である。地震調査研究推進本部によれば，わが国は 21 世紀前半に国難とも言える南海トラフ地震とそれに伴う津波による巨大な災害の発生が確実視されている[3]。被害抑止水準の向上を短期的に図ることは容易でない以上，社会の防災力を向上させるためには，被害軽減対策を充実させざるを得ない。具体的には，災害情報を的確に処理できるシステムの確立，防災意識や知識の啓発，防災関連組織の強化が必要となる。さらに中長期的には，今後の構造物やシステムの更新時期をとらえて，順次被害抑止水準の向上を図ることが求められる。これらの対策はさまざまなステークホルダーの協力と連携がなければ効果を生むことはできない。それを実現するためには防災のデザインが必要となる。

2
防災のためのデザイン

近年，デザインの世界ではユニバーサルデザインやサステナブルデザインということが叫ばれている。ユニバーサルデザインとは，「障害の有無，年齢，性別，国籍，人種等にかかわらず多様な人々が気持ちよく使えるようにあらかじめ都市や生活環境を計画する」考え方であり，1980年代にメイス（R. Mace）によって提唱された[4]。サステナブルデザインとは，環境と共生しながら今後何世代にもわたって環境と共生できる社会を実現するために，生産と消費の双方を適正規模に是正しつつその質を高めるように，人と人，人と物との関係を考えてものやサービスを作り，新しい価値観を提示することとされている[5]。

こうしたデザインコンセプトの背景として，人々がもつ特別なニーズや環境変化に適応した社会のシステムやアーキテクチャをデザインすることが必要であるとの考え方が存在している。防災のデザインもその中に加えるべきであると考える。なぜならば，どれも人間社会にとって脅威となるハザード特性と人々がもつ脆弱性を考慮したデザインを展開するという点で共通しているからである。サステナブルデザインが扱う地球規模の環境変化は長い時間をかけて発生するハザードの変化であり，防災が扱う地震や風水害は短期間に発生する極端な環境変化である。さまざまなハザードを想定して，それによる障害をできる限り低減するためのデザインという観点からは，防災デザインは広義にはユニバーサルデザイン，サステナブルデザインの一環として位置づけられるのである。

3 防災のためのデザイン領域

防災のためのデザインには5つの領域が存在する。

1. 防災科学技術の成果を可視化する
2. 防災のための多重防御システムを作る（構造化する）
3. 防災について人々を教育・啓発するプログラムを開発する
4. 防災教育・啓発のための場をつくる
5. 予防力・対応力を高める道具をつくる

防災のデザインの第1は「防災科学技術の成果を可視化する」ことである。防災科学技術研究所法によれば，防災科学技術とは災害を未然に防止し，万が一災害が発生しても被害の拡大を防止し，速やかな復旧・復興を可能にするための科学・技術を指す[6]。防災の専門家や研究者によって多くの防災科学技術の成果が生まれている。しかし，わが国の防災研究は災害未然防止に偏り，被害拡大防止や速やかな復旧・復興についての研究が不足している。また，そうした成果は専門家や研究者だけに留まらず，広く一般の人々に共有されて始めて意味をもつ。ところが専門家や研究者の説明は内容的には正確であったとしても，個別具体的すぎて，全体的な位置付けやその意義がわかりにくいことが多い。こうした防災科学技術の現状を踏まえて，誰もが理解できる形で個々の研究成果を位置付け，今後必要となる研究のあり方を防災の枠組みに即してわかりやすく可視化し，今後の研究の方向性を示すことは防災デザインがもつ重要な役割の1つである。

防災デザインの役割の第2は「防災のための多重防御システムを作る」ことである。防災の試みはハザードの予測力を高め，社会が災害に対してもつ予防力と対応力を高める必要がある。予測力，予防力，対応力のどれか1つを高めればよいというものではなく，これらをバランスよく高める必要がある。そのためには可視化された防災の全体像をもとに，複数の対策が組み合わされて，1つのシステムとして連携して実行されることが必要となる。ここにもデザインが必要となる。

第3は「防災について人々を教育・啓発するプログラムを開発する」ことである。防災は構造物を災害に強くするだけでは完成しない。人々が防災について正しく理解し，状況に応じて適切な災害予防や災害対応のための行動をとることが不可欠である。しかし学校教育では，防災については安全教育の一環として防犯や交通安全と並んで教えられるが，その内容は不十分である。したがって予測力，予防力，対応力を高めるために必要となる知識・技術・態度をコミュニケーションデザインという観点から体系化し，有効な教育・啓発方法とそのための資料を設計することも防災デザインにとっては欠かせない役割である。

第4は「防災教育・啓発のための場をつくる」ことである。ここで言う場とは，空間的な場所と教育・啓発の機会の双方を指す。学校教育において防災という教科は存在しないため，総合の時間をはじめとしてさまざまな機会を通して教育・啓発する必要がある。それでも不十分なため，地域や職場においても防災に関する教育・啓発の機会が必要となる。こうした機会を活かすためには，効果的な空間デザインが必要となることは言うまでもない。

そして防災デザインの第5の役割は，予防力と対応力を高めるための「道具を作る」ことである。道具のなかには，「もの」をデザインすることはもちろん，グラフィクスや音のデザインのように人間の五感への刺激もある。災害はまれにしか起こらないという特徴があるため，コンピュータシミュレーションを活用して，さまざまな条件の下で災害を疑似体験することも大変重要となる。

以上が防災のためのデザインの5つの領域である。その特徴は，防災のデザインとはプロダクツデザインやグラフィックデザインなど狭義のデザインを指すのではなく，研究そのもののデザイン，対策のデザイン，コミュニケーションのデザイン，それを実現する機会や空間のデザインなど，社会システムやアークテクチャをデザインすること全体を含んでいる。

理論的には防災デザインは5つの領域に整理できるが，現実にはこれら5つの要素が絡み合って具体的な防災のデザインがなされている。そうした具体例として，東日本大震災を契機に各地で展開される津波防災ピクトグラムを活用した試み，全国の1000以上の市町村で整備が進む防災マップ・ハザードマップの利活用法を紹介する。これら2つの事例を通して，防災のデザインの目指すところを実感してほしい。

図 11-3「津波注意」標識（JIS Z 8210）

4

津波防災ピクトグラムを活用した防災の推進

図 11-3 は現在 ISO8210 で標準化されている津波ピクトグラムである。このピクトグラムは ISO 化もされ，言葉によらないコミュニケーションの道具として世界の津波防災の現場で活用されている。わが国でも，東日本大震災を受けて各地で津波防災ピクトグラムを活用した防災が展開され，このピクトグラムを見たという人も多いと思われる。

ピクトグラムの活用は，1964 年に開催された東京オリンピックで競技をピクトグラム化したことが大きな契機となった。現在では主に鉄道駅や空港などの公共空間でピクトグラムは活用され，その仕様も ISO や JIS によって標準化されている。しかし 1995 年の阪神・淡路大震災を経験したわが国でも，防災関係の図記号はあまり整理されていなかった。1990 年から始まった国連の「防災の旬年」活動の一環として，防災に関するピクトグラムの標準化の試みが日本の貢献として始まった。

その中心となったのが，21 世紀前半に発生が確実視されている南海トラフ地震による津波災害を低減するための津波ピクトグラムを使った避難システムの開発である。まず，国際標準化できるようなピクトグラムを制定した。そして，それを核として避難のあり方を示す防災サインシステムとして整理した。そのシステムを社会実装するために防災教育システムや防災まちづくり提案として展開していった。以下，この経緯を順に追いながら，津波防災のデザインについて紹介する。

防災ピクトグラムの整理

津波ピクトグラムを制定するための第 1 歩は，どのような防災に関するピクトグラムが世界で利用されているかの現状を知ることである。どのようなハザードが扱われているか，どのようなモチーフがデザインされているか，国による違いはあるのか，どのような組織によって制定されているかなどについて整理分類する。図 11-4 に津波と地震に関するピクトグラムの使用例を示す。

また，既存のピクトグラムに関する ISO のルールを理解することも必要である。ISO3864 では，「安全」に関する色と形の使い方が次のように規定されている。色に関しては，赤は禁止，黄色は注意，緑は安全，青は義務的行動を意味する。色の組合せに関しては，赤・緑・青は白と，黄は黒と組み合わせることができる。形に関しては，○は禁止，△は警告，□は情報を意味する。これらを組み合わせて，誰にもなじみのある赤い○に斜

図 11-4 防災ピクトグラムの使用例（http://picto.dpri.kyoto-u.ac.jp）

線を付けた禁止の表示や，△に黄と黒で描く警告の表示となる。また ISO4196 では，矢印の使い方が次のように規定されている。矢印は動き，力，寸法を表す。人の動きを示すときは肉厚の線で，機械の動きは細い線で表す。新しいピクトグラムを制定する際にも，既存のピクトグラムに関する規定と整合する必要があることは当然である。

さらに，防災に関する既存のピクトグラムとの整合性も混乱を避ける意味で重要となる。防災関連のピクトグラムとして図 11-5 に示すように，消防施設法に基づく「非常口」の図記号が 1987 年に ISO6309 に採用されている。また 2002 年の日韓ワールドカップ開催にあわせて「広域避難地」の図記号が JIS Z8201 に採択されている。津波避難に関するピクトグラムの整備にあたっても，これら 2 つの既存のピクトグラムと整合する図柄が望ましい。

図 11-5 「非常口」（ISO6309）と「広域避難地」（JIS Z 8210）の図記号

こうした検討を経て，2009 年に経産省は消防庁とともに，図 11-6 に示す 3 種類の津波避難に

【津波避難場所】

【津波避難ビル】

【津波注意】

図 11-6　津波に関連する図記号（JIS Z8210 追補）

関する図記号を JIS Z 8210 に追加指定している。左側の 2 つは津波からの避難場所と避難ビルの図記号である。非常口や広域避難場所と共通の人が走るモチーフが津波から遠ざかる方向に描かれ，その先に高台あるいはビルがある構図が安全を示す緑と白で表現されている。右は津波注意警告の図記号である。海底の地殻変動で生じる津波は波長が 50 キロメートルに及ぶ段波であるという特徴を踏まえて，大きな波のモチーフが△枠に黒と黄で表現されている。

標識（サイン）開発の取り組み

JIS に制定された津波ピクトグラムを活用して現場での津波防災に展開した例をここで紹介する。高知，徳島，三重，和歌山の各県では，津波ピクトグラムを活用した避難システムの整備が JIS 化に先行して進められていた。南海トラフに面したこれら 4 県では，津波による甚大な被害が過去にも繰り返し発生している。2013 年に国が行った最大級の地震が発生した場合のシミュレーションでも，たとえば高知県黒潮町では地震発生から 8 分後に最高で 25 メートルの津波がやってくると予測されている。地震発生そのものをきっかけとして，海岸や川岸を離れ安全な場所への速やかな避難が必要である。その土地に長年暮す人にとってはこうした知識はあたりまえかもしれない。しかし海岸や川岸には旅行者や来訪者もいるため，津波の危険性と避難の必要性を広く啓発するサインの整備が求められたのである。

図 11-7　三重県の海岸に設置されている津波啓発サイン

図 11-7 は三重県の海岸に実際に設置されている津波啓発サインである。情報の要は JIS の原型となった津波避難のピクトグラムである。それに加えて「地震・津波・避難」と「ゆれ 1 分，高いところへすぐ避難」という日本語と英語のメッセージが表示されている。

この津波啓発サインで使われている「地震・津波・避難」と「ゆれ 1 分，高いところへすぐ避難」というメッセージの根拠となる地震と津波のメカニズムについてここで説明しよう。地震は断層の破壊によって起きる。断層の破壊速度は毎秒 2〜3 キロメートルであることがわかっている。破壊された断層の大きさは地震の規模を表すマグニチュードと関係している。したがって，ゆれの継続時間は地震の規模と関係している。たとえば 1995 年に阪神淡路大震災は，都市直下にあった内陸の活断層が動いたマグニチュード 7.3 の地震であり，断層の長さはおよそ 30 キロメートルで，ゆれは 15 秒続いた。一方，2011 年の東日本大震災を引き起こした断層はプレート境界の断層で，マグニチュード 9.0，断層の長さは 600 キロメートルに及び，地震のゆれも 4 分間継続している。

地震の 99 % はプレート境界で起きると言われる。わが国は 4 つのプレートの合流点に位置しているため，世界の地震エネルギーの 10 %がここで解放される地震多発国である。北日本がある北米プレート，西日本があるユーラシアプレートという 2 つの陸のプレートがぶつかり合い，その下にフィリピン海プレートが沈み込み，さらにその下に太平洋プレートが沈み込むという複雑な構造をしている。そのため北米プレートとユーラシアプレートの境界は陸上にあって日本アルプスを形作っている。それ以外のプレート境界は海底にある。プレート境界で起きる地震は内陸の活断層地震よりもはるかに規模が大きくなりがちである。

地震のゆれが 1 分間継続することは断層の破壊が 100 キロメートルを超える地震であること，つまりマグニチュード 8 以上の地震が発生したことを示している。そして，マグニチュード 8 を超える地震はプレート境界で発生している確率が高い。したがってゆれが 1 分以上継続する地震を感じたら，それに伴う津波の発生を予想するべきである。海岸付近にいる場合はもちろん，津波は河川を遡上するので，川岸にいても，津波到達点よりも高台にある空地あるいはビルへ避難する必要がある。

気象庁では，震源が海底にあってマグニチュードが 6.6 を超える場合に津波注意報を発令し，地震のマグニチュードが大きくなるにつれ，津波警報，大津波警報を地震発生から 3 分以内に発令する仕組みになっている。しかし気象庁からの警報を待って避難行動を起こしたのでは，十分な避難時間を確保できない地域も存在している。また警報が確実に聞こえる状態にいつもいるという保証もない。ならば警報発令を待つのではなく，地震のゆれの長さそのものをきっかけとして避難行動を開始するほうが，確実な安全確保につながるはずである。こうした科学的根拠に基づいて三重県が海岸に設置した津波啓発サインでは，「ゆれ 1 分，高いところへすぐ避難」という標語によって，ゆれが 1 分以上継続するプレート境界地震が起こった場合は，津波来襲の危険性があるので，高い所へすぐに避難しなさい」というメッセージを，だれもが自分で検証できる言葉で強く警告しているのである。

図 11-8　大阪港に設置された津波ピクトグラム

津波避難関連のピクトグラムは，言語によらないコミュニケーションの中核を担うため，ISO あるいは JIS 標準として各地で共通である必要がある。一方で，ピクトグラムとメッセージで構成される教育啓発サインは，それが設置される地域の状況に応じて柔軟にするべきである。その一例として，図 11-8 に大阪府泉大津の岸壁に設置された津波啓発サインを示す。このサインでも基本となる津波ピクトグラムは共通しているが，標語の表現は三重県のものとは大幅に異なっている。大阪湾奥に位置する泉大津は，南海トラフ地震による津波波高は 70cm 程度と予想されており，しかも地震発生から津波第 1 波の到達まで 90 分以上の余裕がある。十分な避難時間を確保できるという状況を踏まえて，あえて避難警告のトーンを落としている。自動車を使ってやってくる人が多いことを踏まえて，地震に慌てて車で逃げた結果事故に遭ってしまう危険性もある。そのため，ここでのメッセージは「落ち着いて対処してください」であり，人々に冷静な状況判断と行動を促すものになっている。

このように，三重県と大阪府での津波ピクトグラムを活用した津波啓発サインの例で明らかなように，啓発サインを展開していく場合には，地域により予想される災害像を正しく理解して，その場に応じた安全確保行動を個別具体的に明示することが求められる。前述したように，サインはその場所をよく知っている人だけを対象とするのではなく，その土地のことをよく知らない旅行者や来訪者のためのものであることをしっかり認識する必要がある。煩雑にならず，なるべく少ない要素で簡潔に表現するというサインの基本を踏まえて，さまざまな要件を勘案して，具体的な表現を決定していくことが必要となる。

津波ピクトグラムを活用した防災教育・啓発の取り組み

津波啓発サインをまちの要所に配置する「待ち」の姿勢の教育・啓発に対して，津波ピクトグラムを活用したより積極的な「攻め」の取り組みとして，ここでは2005年に和歌山県東牟婁郡串本町の中学校で行われた津波の防災啓発のワークショップを紹介する。串本町には南海トラフ地震が発生した場合，地震発生から3分で津波第1波が到達すると予想されており，津波からの避難がきわめて難しい地域である。そこで地元の中学生を対象として，防災ピクトグラムを素材とした防災教育が実施された。まず，津波ピクトグラムの背景，基本的な考え方，それまでの設置経緯などが説明された後，中学生自らが津波ピクトグラムを使った標高表示板を制作し，成果物を道路に表示するという行動を通して，津波に関する防災啓発を促す目的でワークショップが実施された。

標高表示板は，JISに規定された津波ピクトグラムを活用するため，ピクトグラムの制作にあたってはステンシルを使って形を統一する工夫をしながら，中学生自身で作成し，実際に街角に設置した（図11-9）。地震調査研究推進本部の予想では，2020年から40年までの20年間に南海トラフ地震の発生の危険性が最も高いとされている。つまり，そのときに社会を担う中心として最も働いてもらう世代がこのワークショップの対象である中学生たちであり，彼らが津波防災を「わがこと」として実感することが必要なのである。

図11-9　和歌山県串本中学校でのピクトグラムを使った防災啓発の試み

5 災害に強いまちづくりにおいて防災デザインが果たす役割

防災マップ作りを通して

1995 年の阪神淡路大震災の際，阪神地域では地震の強いゆれによって倒壊した建物の下敷きになってたくさんの人が亡くなっている。下敷きになっているとわかっていても助けることができなかった場合もある。あるいは建物の下敷きになっている人がいるのか，いないのかさえわからないことも少なくなかった。一方，淡路島ではたくさんの住民ががれきの中から助け出された。「この部屋におじいさんが寝ているはずだから，ここを掘ればいるはずだ」という住民からの情報をもとに，早期の救出が可能になったという。その背景として強いコミュニティの存在が指摘されている。このことは，社会の防災力を構成する重要な要素として「コミュニティ」の存在があることを示している。それならば，現在コミュニティのつながりが強ければそれを維持し，低下していればそのつながりを活性化する方策を提案することも，防災デザインの大切な役割である。

コミュニティはいろいろな機能を果たしていることが知られている。ウォーレン（R.L. Warren）はコミュニティがもつ代表的な機能として，1）仕事，2）安全確保，3）相互扶助，4）社会参画，5）社会化の 5 つをあげている[7]。社会的動物である人間は群れで暮すことによって生存の確率を高めている。群れの最大の意義は，生産・消費のために共同で仕事をすることである。群れでは個々に仕事する場合に比べてはるかに多くの量を安定的に生産することが可能になる。群れで暮らすことで外敵から襲われにくくなり，安全の確保につながる。また，冠婚葬祭や新築や旅行など一世一代の出来事，あるいは災害などが起きた場合には労働奉仕や金銭的支援で互いに助け合う仕組みがある。こうした共同での活動を通して，自分たちを互いに仲間として認識する「われわれ意識」が醸成される。群れることで生存確率を高めるためのコミュニティの機能をここでは共時的機能と名付ける。一方で，世代を超えてコミュニティを継承するためには先代の知恵を学び，次世代を育成する必要がある。これをコミュニティの経時的機能と呼ぶ。社会参画と社会化はこうしたコミュニティの経時的機能と密接にかかわっている。社会参画は，生産や消費以外の活動で，誰もが行くところがあり，やるべきことがある状態を指す。社会化は新しく群れに加わった人たちへの教育機能を指す。

コミュニティについて考えるときに「われわれ

意識」の醸成と「学び」の実現が重要である。これら2つの要素が防災とどのように関連しているかを検討しよう。災害は滅多に起こらない。そのため，多くの人が直接の経験をもたず，自分とは関係ないと考えがちな現象と言える。言い換えれば当事者意識，すなわち「わがこと意識」をもちにくい現象なのである。その結果，防災は行政がするべきことであるという他力本願，災害が起きたとしても自分だけは大丈夫という根拠のない安心感を抱きがちでもある。

だからこそ，災害をより身近なものとして受け止めること，つまり自分たちも災害に対して決して無関係ではないこと，そしていざ災害が起きた場合には自分1人だけでは対応しきれないという認識をいかに人々にもたせるかが重要となる。人は経験を通しての学びが全体の70％を占めているといわれている[8]。他の人の経験，過去の災害事例に学ぶという代理的な経験を通して，災害の教訓を学ぶことが大切になる。そのため一般的な手法として実践されているのが「防災マップ」づくりである。ここでは，「京都市防災マップ」作りの事例を通して，防災デザインのはたす役割を紹介する。

京都市防災マップ

防災マップは最初地震を想定したものから出発したが，国土交通省の支援もあり，一級河川に面する多くの地方自治体で作成され，その地域の災害について知る代表的な手法として定着した。最近では土砂災害・地震・洪水のどれか1つの外力（ハザード）を取り上げるのではなく，その地域で発生する危険性があるすべてのハザードを対象とした，マルチハザード防災マップが増加している。京都市の防災マップは，日本でも先進的な事例である。

「京都市防災マップ」（全市版2004年9月，各区版・冊子版2005年2月に配布）の作成主体は京都市消防局である。従来の防災マップには，専門の研究者が校閲することもあり，一般人には理解するのが難しい説明が多く，配布されたマップはそのままゴミ箱に棄てられてしまうことが多々あった。そこで，どのようにしたら市民が活用するようになるかをデザインコンセプトとして出発した。そのため作成委員会には，防災の専門家と京都市の各部局だけでなく，利用者側からさまざまな立場の市民代表・防災関連機関の参加を得るとともに，地図そのものの見やすさ，わかりやすさを担保するためデザイナーも参加している。

ハザードマップの作成にあたって検討すべき要素は図11-10に示すように，「何を説明するか」「何を見せるか」「どう届けるか」の3点に大別される[9]。「何を説明するか」では，ハザード情報と防災情報として何を盛るかが検討の対象となる。「何を見せるか」では，「地域性をどのように重視するか」「どのような手段で見せるか」が対象となる。「どう届けるか」はマップの体裁やマップの縮尺が主たる検討対象となる。防災マップのデザインとは，上に述べた3つの要素について決定する過程であり，配布の手順，対象にも工夫や配慮が必要である。

京都市防災マップ作りでは，全市版，各区版，冊子版という，異なるコンセプトと目的をもつ3種類が最終的に作成された。2004年9月に全市版がまず公開された。全市版では京都市がもつ災害危険を喚起することを目的とするタブロイド判の裏表1枚の地図として，市民新聞に折り込んで京都市の全世帯64万戸に配布された。この地図では，京都にはどのような災害ハザードが存在し，市民にとってどのようなリスクがあるかを示すことを目的としている。いわば「ハザードマップ」であり「リスクマップ」である。地図の片面には地震によるゆれの強さと土砂災害の危険箇所

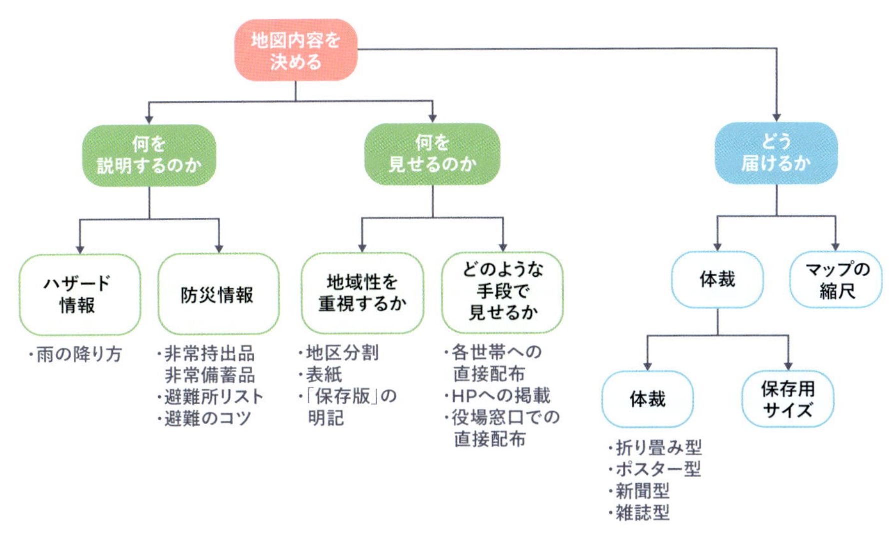

図 11-10　ハザードマップ作成にあたって検討すべき標準的要素

が示され，反対の面には洪水による浸水危険と土砂災害の危険箇所が示されている。土砂災害が両面にある理由は，地震でも，洪水をもたらすような大雨でも土砂災害が発生するからである。全市版は京都市民に防災マップに対する関心を喚起する役割も担っていた。

第 2 弾として，市民にとってより身近な各区版が 2005 年 2 月に全戸配布された。各区版は地震，土砂災害，洪水という 3 種類のハザードを対象として，各区にはどのよう対応資源が備えられているか，それを活用してどのような安全確保行動をとるべきかを市民に示すことを目的としている。いわば各人が安全確保行動をとるための「対応資源マップ」なのである。京都の市街地の構成は，区ごとに異なっている。東山が連なる左京区の面積は，市街地の真ん中である中京区の 10 倍もある。こうした面積の違い以上に重要な問題は，各区によって考慮すべき災害の種類がまったく違うということである。中京区には伝統的な街並があり，地震による火災が最大の脅威である。一方，左京区は急傾斜地が多いため，火災よりも土砂災害の恐れがある。さらに京都市全体としての災害像の俯瞰を可能にするという意味からは，各区のハザードマップの縮尺をどのように決定するかも重要な課題である。地域間にあるハザード特性の違いを理解したうえで，相互に比較可能な形で各区版の表示内容を適切に変える必要がある。

地図を見る住民はその土地についてのこれまでの経験と知識があり，それらが無意識のうちに要求する地図の精度がある。全市版で画一的にハザードを表示するだけでは十分な訴求力をもち得ないのである。地図の精度については防災の研究者側にも強いこだわりがあった。その結果，各区の災害特性を反映しつつ，地図の縮尺や凡例として使用するピクトグラムや危険度表示のデザインでは京都市全体としての共通性をもたせて各区版が作成された。

最終的な成果物として冊子版を 2005 年 2 月にとりまとめている。これは全市版および区別版のすべてを集めて，解説情報を追加した冊子である。冊子版の特徴は配布の対象にある。冊子版は

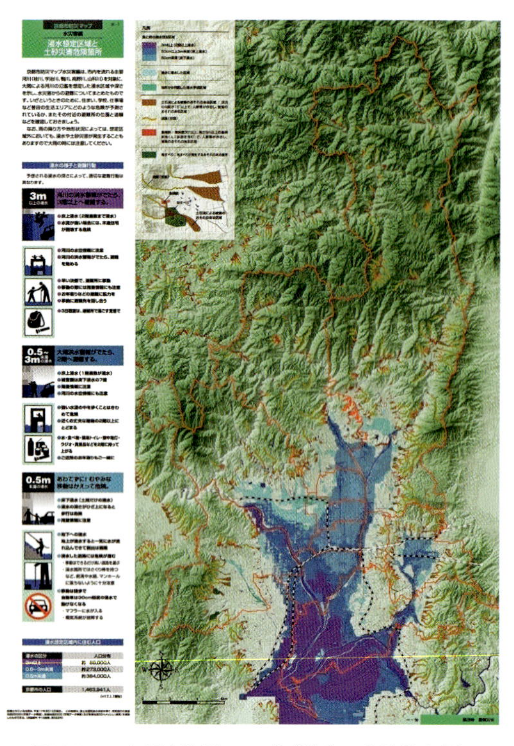

図 11-11 京都市防災マップ（洪水・土砂災害編）

一般に配ることはせず，京都市防災館や各消防署などを通して，京都市の防災を推進するリーダーを対象とする啓発用資料として配布された。もちろん同じ内容が市のホームページで公開され，誰もが情報を共有できるようにされている。

浸水深表示の考え方

京都市防災マップでは洪水の浸水深を表示するにあたって，当時国土交通省が示すガイドラインと異なる方法を意図的に採用している。国土交通省が公開するハザードマップの作成ガイドラインでは，浸水深を 0.5m，1m，2m，5m を区切りにした 5 段階で表示するように定めている。一方京都市防災マップでは，図 11-11 に示すように，浸水深は 50cm，3m を区切りにした 3 段階表示になっている。そこには，浸水深の表示をハザードとしての洪水の強度として見るか，人間の避難行動を基準として見るかの違いがある。国土交通省が推奨する 5 段階表示は，浸水深 50cm を単位にして，浸水深をほぼ倍増させる対数的な表示を採用している。国土交通省の表示で基準となる浸水深 50cm は，床下浸水と床上浸水を区分する洪水においては重要な閾値である。わが国の水害統計でも床上浸水と床下浸水は別々に集計されること，また床上浸水の被害額は床下浸水の被害額の 7 倍となると推定されていることなど，浸水深 50cm は被害の様相を大きく分ける意味をもつ値なのである。国土交通省の表示はいわば工学的な観点からハザードの強度を表示している。

一方，京都市防災マップが採用する 3 段階表示は，2004 年 7 月 13 日に発生した新潟水害を契機に明らかになった人間の災害対応のあり方を根拠としている[10]。浸水深 50cm が重要な値であることは人間行動という観点からも変わらない。しかし人間行動という観点からは浸水深 1m と浸水深 2m を設ける必要はない。50cm 以上になれば，1m でも 2m でも，どちらも床上浸水であり，2 階以上へ避難すれば安全を確保できるという点で，人間の災害対応としては同じである。しかし浸水深が 3m を超えると，氾濫水の流体力によって木造住宅が流出する危険性が高くなる。言い換えれば，浸水深 3m までの浸水ならば，木造住宅の 2 階に避難するだけでも十分安全性を確保できるのである。つまり垂直避難が有効に機能するのである。むしろ，これまで降雨のなか浸水した道路を避難所まで移動する間に多くの命が失われてきた。つまり浸水深 3m 未満の洪水が予想されている地域では，避難所への水平避難は必ずしも適切な避難行動とは言えないのである。

逆に，浸水深が 3m を超える洪水が予想される地域では，住宅そのものが流出する危険性が高いので，住宅の2階への避難は安全確保行動とは言いがたい。こうした地域ではできるだけ早い段階で安全な避難場所へ水平避難すべきなのである。さらに，長期的な視野に立てば，3m以上の浸水が予想される地域に木造住宅を建設すること自体，その地域の脆弱性を拡大することになり，有効な土地利用法とは言いがたい。したがって，適切な土地利用の観点からは，土地のかさ上げや住宅の堅牢化といった抜本的な対策なしには将来の木造住宅の建設の抑制を検討すべきことも示唆している。このことは防災マップの役割がたんに避難対策だけのものではなく，合理的な土地利用に関する有効な情報源となることも示している。

洪水に関してハザードの表示段階を細かくすることよりも，人間がとるべき災害対応行動が異なる浸水深を閾値として浸水段階を設定するほうが，ハザードマップの利用価値を高めるという考え方を京都市防災マップは採用している。この考え方は，平成26年に国土交通省のガイドラインでも採用され，浸水深表示が50cmと3mを区切りとする3段階表示に変更された。

安全確保行動としての避難の考え方

予想される浸水深を示すだけでは，住民の安全が確保できるとは限らない。より積極的な方策として，災害対策基本法には市町村長が住民に対して「避難勧告」「避難指示」を出す権限を付与している。しかし，最終的に避難を決定するのは住民であって，市町村長に強制権はないとされている。法の考え方に従えば，市町村長には市民が安全確保行動をとる判断の根拠となる情報の提供を求めているのだが，この点は必ずしもきちんと理解されているわけではない。京都市防災マップの作成委員会での議論として，洪水からの避難に関して「あわてずに，むやみな避難はかえって危険」という表現を入れた場合，もし悪い結果が生まれると行政の責任になるという議論があった。「逃げろ」と行政が指示しておけば，逃げ遅れた場合の責任は市民にあるが，「むやみな避難はかえって危険」というと行政が責任を背負わざるをえなくなるという考え方である。最終的にはこの表現が「ハザードマップは義務でやっているのではなく，市民を助けようとやっているのだから一番生存の可能性が高い表現をしたほうがいい」として採用された。

気候変動が紛れもない事実となるについて，気象の極端化が進行し，ゲリラ豪雨を始めとして雨の降り方も変化してきている。これまでの洪水に関する情報は河川の水位を中心に規定されてきた。しかしゲリラ豪雨のような短時間に降る強烈な雨の場合には，降雨量が大きな意味をもっている。1時間何mmの降雨量と言われても，一般の人にはわかりにくい。そこで，1時間何mmかではなく，それはどういう状況か，たとえば1時間30mmを超えれば傘がさせなくなる，下水があふれる，といった具体的な表現をしなければ市民には理解されにくいことにも留意する必要がある。

これらの例は防災の主役はあくまでもひとりひとりの人間であり，その能力を最大限に高めることが防災のデザインが果たすべき役割であることを示している。

演習課題

(問 1) 防災という概念は土木からコミュニティ論まで幅広い。あなたが考える防災という概念を 1 枚のポスターで表現しなさい。解答にあたって，以下に留意すること。

- 防災理解度
- 単純明確な表現

(問 2) 自分の住む地域を事例にとり，ハザードマップを作成する。既存ハザードマップを入手し，災害の種類，被害想定，避難行動の 3 点に注力し，地図上に解りやすく，美しく表現しなさい。解答にあたって，以下に留意すること。

- より解りやすい紙面構成
- 美しいデザイン，色づかい
- 手に取る，捨てられない工夫

(問 3) 住民を対象とした，教育啓発のための「防災まちづくりイベント」は住民の防災への関心度を高めることが重要であるが，イベント内容，集客力など，課題も多い。自分の住む地域での「防災まちづくりイベント」を企画からロゴマークまでデザインしなさい。解答にあたって，以下に留意すること。

- 住民を対象とする
- 教育啓発として対象者の興味を引くこと
- 企画内容が科学的根拠と連動していること

参考文献

[1] 林　春男：『いのちを守る地震防災学』，岩波書店，2003.

[2] 国際赤十字・赤新月連盟：「世界災害報告 2010（要約）」，日本赤十字社，2010.

[3] 地震調査研究推進本部：「今までに公表した活断層及び海溝型地震の長期評価結果一覧」，2015. http://jishin.go.jp/main/choukihyoka/ichiran.pdf（2015.11.04）

[4] 日本人間工学会：『ユニバーサルデザイン実践ガイドライン』，共立出版，2003.

[5] 山際康之：『サステナブルデザイン』，丸善，2004.

[6] 国立研究開発法人防災科学技術研究所法，1999.

[7] Roland L. Warren: *Studying Your Community*, Free Press, 1965.

[8] Lombardo, M. M & Eichinger, R. W.: *The Career Architect Development Planner*（1st ed.), Lominger., p.iv, 1996.

[9] 小松瑠実他：「効果的な洪水ハザードマップ作成のための標準的表現手法の検討―兵庫県内の全市町ハザードマップを対象として―」，地域安全学会論文集，No.15，pp.265-274，2011.

[10] 林春男，田村圭子：「2004 年 7 月 13 日新潟水害における人的被害の発生原因の究明」，地域安全学会論文集，No.7, pp.197-206, 2005.

PART

4

デザインスクール

デザインスクールでは，第1部，第2部に示した知識や知見が講義として提供され，第3部に記述された実践的な研究が行われる。この知識と実践を繋ぐのが，ワークショップやプロトタイピングなどの体験型の学習である。デザインワークショップでは，さまざまなメソッドが課題や進行状況に応じて用いられ，参加者の発想や体験に基づくアイデアが引き出される。一方，プロトタイピングは，チームのアイデアを可視化し共有するために行われる。本書では普及し始めたフィジカルプロトタイピングに焦点を当てて説明する。ところで，知識の提供や実践的な研究が他の大学院で行われている場合には，体験型学習のみをさして指してデザインスクールと呼ぶ場合がある。しかし本来，教育の現場で体験型学習のみを切り離して考えることはできない。そこで終章では，デザイン学の体系に立ち戻り，デザインスクールがいかに設計されるべきかを述べる。

CHAPTER

12

デザインワークショップの設計

近年，創造的なアイディアを多主体の協働で生み出す方法として，またデザインの手法や思考法の能動的学習方法として，デザインワークショップが注目を浴びている。本章ではそうしたデザインワークショップの設計方法について，事例に基づいて解説する。
本章の内容は，ワークショップの参加者ではなく，ワークショップを企画・実行する者（本章では「実施者」と呼ぶ）の視点から述べたものである。つまり「デザインワークショップのデザイン論」であり，自らワークショップを実施しようと考えている読者を想定している。もしワークショップの参加経験がなければイメージが掴みづらい恐れがあるので，その場合はまずは参加してみるのもよいだろう。

（十河 卓司，北　雄介）

1
ワークショップの設計の基礎

最初に，デザインワークショップをいかに設計するかという一般論に簡単に触れておく。ワークショップの設計対象は多岐にわたり，議論の前提をどのように設けるかという「フレーム」と，議論をどのように進行させるかという「プロセス」に大別できる。

フレームの設計

ワークショップのフレームを構成する要素として，主に以下のものがある。

1) 目的：ワークショップとして何を目指すのか（成果，教育，交流など）
2) テーマ：ワークショップで何について議論するのか
3) メンバー：フレームやプロセスを設計し実行する「実施者」と，その課題に挑む「参加者」からなるが，それぞれどのような人を集めるか
4) 時間：いつ，どれくらいの時間をかけてワークショップを行うのか
5) 場所：どこで，どのような設備を使ってワークショップを行うのか
6) 準備：ワークショップをうまく進めるためにどのような準備が必要か（ツール，資料，予行演習など）

ワークショップに向けて決定すべきことは数多いが，重要なのは，大きな目的やテーマを見失わないよう，常に意識しながら検討を進めることである。また実際は，ワークショップをイベントや実習の枠内で実施する場合など，メンバーや時間，場所などが与条件として定められていることも多い。それに合わせて無理のないよう，テーマなどを設定することも必要である。

目的に応じたフレームの設計，またそれに対応したプロセスの設計について述べている書籍に，山内ら[1]，堀ら[2]がある（前者がより学術的，後者が実践的）。

プロセスの設計

ワークショップのプロセスを構成する要素として，主に以下のものがある。

1) フロー：どのように思考を展開し，手法をどのような順序で用い，ゴールに向かって進めるのか
2) メソッド：場面ごとにどのようなデザイン手法を用いるのか

3） ファシリテーション：議論が上手く進行するよう，誰が，どのように，取り仕切るか（「ファシリテーター」の役割を，実施者の中で1名設けることが一般的である）
4） アウトプット：最終的に何を求めるか（試作品，口頭プレゼンなど）

ここでもやはり，全体の目的やテーマの性質にマッチするようプロセスを決める必要がある。デザインのフローは，「まず課題を分析し，それをもとにアイディアを創出し，最後に検証して提案をまとめる」「最初に多くのアイディアを生み出し（発散），その後に精査・統合する（収束）」などが一般的な「型」と言われる。このような大まかな流れを頭に描きつつ，限られた時間の中にメソッドを配置していく。メソッドは近年さまざまなものが提唱されており，詳しくはクーマー[3]や前掲の堀らなどを参照されたい。ファシリテーションもワークショップの成功のために昨今重視されている技術であり，堀[4]などに詳しい。

以上がごく簡単ではあるが，ワークショップ設計に際し決定すべき要素である。ただし要素とは言っても，それらは相互に関連しあっており，一個一個を独立のものとして設計できるわけではない。目的に応じてアウトプットを決める，テーマとメソッドとフローは同時にイメージを固めるなど，全体のバランスを考えながら設計を進める必要がある。

2

ワークショップの設計のポイント

近年,「比較的複雑でスケールの大きな社会課題について，その解決策を多様なメンバーの協働でデザインする」という形式のワークショップが注目されている。研修や交流，身近な課題の解決を目的とする一般的なワークショップとは異なり，その設計と実施には独特の難しさがある。以降ではこのようなワークショップに絞って，また京都大学デザインスクールでの実施事例を参照しながら解説する。

本節ではまず，こうしたワークショップにおけるフレームとプロセスそれぞれの設計において慎重に考えるべきポイントについて説明する。その際に論点を明確にするため，ワークショップ設計の際の実施者の葛藤に焦点を当て，対立する2つの概念を用いて論述する。ただしいずれの項目においても,「AもBも一長一短だ」という書き方をとっている。すぐれたワークショップのデザインを行うには，こうした対立概念の一方を選択するのではなく，その間をうまく調停したり，「ときにはA，ときにはB」というように使い分けたり，あるいは弁証法的に対立を乗り越える仕組みを考えるなど，さまざまな工夫が必要である。

フレームの設計

1）プロセス重視－成果重視

ワークショップは，何かを生み出すことを目指すのか，それとも学ぶことを目指すのか。言い換えるならば，最終的な成果と途中のプロセスのいずれを重視すべきか。大学などで行われるワークショップでは，短い期間で大きな成果を得ることよりも，メソッドや考え方の習得に重きをおくことが多い。実施者としてはそのことに留意し，最終的なゴールとして高いレベルを求めすぎず，プロセスをきちんと設計しなければならない。一方で，実際の製品のリリース，組織の改善などを最終目標としたプロジェクトの中に組み込まれるワークショップは，成果重視のものとなりやすい。

プロセスと成果は複雑な関係にある。たとえば教育目的のワークショップにおいても良い成果を出すことは重要な経験であり，参加者のモチベーションにもなるから，成果を意識したワークショップ設計も必要となる。そのために，実施者には教育と実践という複眼的思考が求められる。山内ら（前掲書）はこの問題に対し,「○○を創る（活動目標）ことで，○○を学ぶ（学習目標）」としてワークショップの目的を定式化し，活動目標と学習目標の関係や設計方法について詳しく論じている。

2）大きなテーマ－小さなテーマ

社会課題を扱うワークショップでは，あまりに大きなテーマを設定すると議論の焦点がぼやけ，時間の制約から検討しきれずに終わることも多い。しかしテーマが小さすぎても，果たして自分たちの考えていることが社会とどう関連するのかという疑念が生じてくる。

肝要なのは，複雑な課題全体の中から適度なスケールのテーマを切り出すことである。また小さく切り出したとしても，問題全体の中における位置付けを明確にする，つまり今回の部分課題がより大きな文脈においてどのような意味をもっているかを示しておくことである。

事例① 既存サービス批判を見据えた具体的デザイン

ファストフードチェーンを展開する企業の協力の下，その企業の店舗内で実際にサービスを提供することを想定し，新しいサービスを考案する半期の実習課題を行った（表 12-1）。毎回企業担当者からの情報提供やフィードバックを受け，店舗内でのビデオ映像の観察も行うなど，現実性に即してプロセスが展開された。メソッドとしてもモックアップ（プロトタイプの中でも特に原寸大のものを指す）を用い，多くの人が身体性を伴って提案されたサービスを体験でき，その場でのコミュニケーションも生まれた（図 12-1）。

一方で，現実や身体性にフォーカスすると，より大きなレベルでの社会性とのリンクが見えにくくなってしまう。この事例では実施者から，店舗のデザインを社会批判の一環

表 12-1　事例①の概要

テーマ名称	FBL/PBL：「ファストフード」のサービスの体験をデザインする
メンバー	実施者：教員 7 名，協力企業社員 2 名 参加者：学生 6 名
プロセス	①店舗での接客風景のビデオ映像のエスノグラフィ ②各自の体験（ファストフード店に限らず）をもとにカスタマージャーニーマップを作成，共有 ③ 3 グループに分かれてアイディア生成（レゴブロックを用いて） ④モックアップ作成とテスト ⑤最終発表

図 12-1　立ち飲みバーのモックアップでの議論

としてとらえるようレクチャーを行った。つまり，小さなテーマを大きなテーマの一部として位置づけ，その店舗への提案を一般化し，サービスの在り方を変えることまで視野に入れて考えるよう促したのである。

結果として，たとえば 3 つのグループのうちの 1 つでは，ファストフード店をはじめとした現代のさまざまなサービスに蔓延するマニュアル的な接客を乗り越えるために，立ち飲み屋スタイルのフランクな接客を行う小空間をデザインした。単に立ち飲み屋のデザインを真似るのではなく，通常のファストフードの店員や店舗でも対応できる範囲でありながら，既存のサービスを越え出ることを可能にするような「実験場」のデザインである。

3）専門性－俯瞰性

参加者や実施者の専門性を活かすワークショップ設計とはどのようなものだろうか。テーマやメソッドが1つの専門分野のものに偏りすぎると，他分野の参加者の力を活かすのが難しくなる。また参加者同士が初対面である場合は特に，互いに打ち解けるのにも時間がかかるため，おのおのの専門性を発揮できない場合も多い。自己紹介の方法を工夫することや，後に事例⑥において紹介するような専門性を引き出す強制発想法を用いるなどの対策が考えられる。

一方で，参加者が専門性だけでなく，より広い俯瞰性を発揮できる／身につけられるようなフレームの設計が必要である。先述のテーマのスケールの問題と同様に，議論を一歩引いてとらえる視点を提供するべきである。そのようなフレームの設計には，何より実施者自身に，専門的知識だけでなく俯瞰的に全体をデザインする力が求められている。

専門性の問題は，次節において再び詳述する。

事例②　チーム制によりおのおのの専門性を活かす

世の中に役立つ新しいロボットを，その社会受容のされ方も含めてデザインする実習（表12-2）。ロボットの具現化（ハードウェアやソフトウェア）を追求する「アドバンストデザイン」チームと，コンセプトや社会への普及方法を考える「ソーシャルデザイン」チームに分かれ，チーム制によるデザインが明示的に行われた。異なる専門性をもつ参加者がただ顔を突き合わせて議論するだけでは，彼らの力が発揮されない場合も多いが，専門や興味の重なるメンバーでチームをつくり，各チームで別の側面から課題にアプローチすることは，それを解決するための仕掛けの1つである。

表12-2　事例②，⑤の概要

テーマ名称	FBL/PBL：ロボットと社会のデザイン
メンバー	実施者：教員4名 参加者：学生3名（情報系1名，建築系2名）
プロセス	①二足歩行ロボットの製作体験 ②ロボットやビジネスデザインに関する講義シリーズ ③全員でアイディア生成 ④「アドバンストデザイン」「ソーシャルデザイン」のチームに分かれて作業 ⑤すり合わせ，最終発表

最初に全員の議論で「地域の見守り」や「複数ロボットの同時制御」といったラフコンセプトが考案された後，チームに分かれた。「アドバンスト」は情報系の学生1名であったが，そのプログラミング能力を活かし，ロボットがセンサーで不審者を察知しそちらに向かって動くようなマイコンプログラムのプロトタイプを作成することで，提案するロボットに求められる仕様を検討した（図12-2）。一方「ソーシャル」は建築系2名で，コンセプトデザインや意匠デザインといった建築設計で培われた強みを活かし，提案するロボットが生活の中でどのように受け入れられ，役に立つかを示した（図12-3）。

結果的に，3名という少ない参加者ながらおのおのの専門性を活かし，具体的なレベルとコンセプチュアルなレベルの検証を同時に進行させることができた。ただし，この方法にはチーム間を乖離させるリスクも孕む。チーム横断で検討状況を共有し，俯瞰的な視野でアイディアを見直すことも必要である。

4）実施者－参加者

実施者は，デザイン思考の習得などを目的としたワークショップにおいては進行役を務めるファ

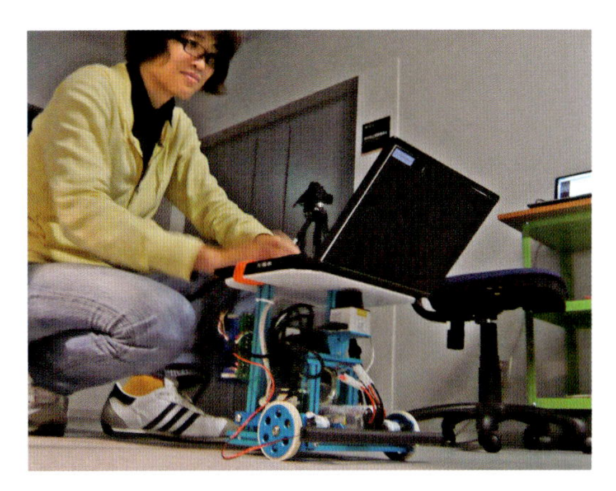

図 12-2　ロボットの動きのプロトタイプ作成

図 12-3　ロボットの意匠イメージ

シリテーター1人だけというような場合もあるが，複雑な課題設定のためには複数人の協働が必要となる。進行役のほか，課題に関するレクチャーを行える知識ある専門家，場合によっては技術的サポーターなどがチームを組んでワークショップを実施するべきである。進行役にも，決まったプログラムを時間どおりに回す力だけではなく，適切なプロセス設計や柔軟な軌道修正が求められる。

しかし実施者があまりに介入しすぎると参加者同士のインタラクションが減少し，実施者主導のデザインとなってしまう。特に，実施者と参加者の間には，知識，デザインスキル，社会的地位などの点でギャップがある場合も多い（教員と学生の関係がその典型である）。実施者は，参加者を萎縮させてしまうことなく，うまく彼らをリードする必要がある。参加者が，知識として与えられるものよりも，自らつくりだすもの／つくりだす過程から多くを学ぶのが，ワークショップであるべきだ。

プロセスの設計

1）発散－収束／楽観的思考－批判的思考

実際に社会で動いているデザインプロセスは，ごく短期のものもあれば数十年間に渡るものまでさまざまであるのに対し，ワークショップは通常，数時間〜数日間に時間が制限されている。また最後にプレゼンテーションの機会が設けられるのが一般的で，ある程度の成果をまとめることが求められる。最初に問題点やアイディアをどんどんと列挙し（発散），しかる後に1つのまとまった提案を導く（収束）という過程はデザインプロセス一般に見られるが，ワークショップにおいて特に顕著である。

発散過程では，とにかく数をたくさん出すのが重要である。個々人でアイディアをどんどんと出していくブレインストーミングという手法がよく用いられる。そこでは1つひとつのアイディアに対して批判的に吟味するのではなく，むしろ発展的にアイディアを付け加えていくことで，最終的なアイディアの射程を大きく拡げることができる。

収束の過程では少し様相が変わり，たくさんのアイディアを絞り込み，洗練する作業が必要になる。したがって，アイディアを楽観的に積み上げるだけでなく，批判的思考も必要となる。ただしワークショップでは時間の制限があり，またチームの和を重んじようとするために，現実離れした楽観的アイディアでそのまま走ってしまったり，複雑な事象の多くを切り落としてしまったりすることも多い。特にペルソナ手法でのデザインや，演劇スタイルの発表形式などでは，都合のよいストーリーだけを採用してしまう傾向が顕著である。複雑な社会課題を考える場合には，楽観的すぎる思考法には弊害も少なくない。

したがって実施者には，発散－収束という大きな流れを踏まえながら，ときにはアイディアを伸ばし，またときには批判的検証を促すような，柔軟な介入が求められる。

2）具体的思考－抽象的思考

テーマ設定のスケールの問題と同様に，どのようなレベルで思考を展開するかは重要である。具体的なフィールドに身を置き，観察し，人と話し，ニーズを探ることは，デザインの課題を身体的に理解するためにも必要なプロセスである。しかしそれに埋没してしまい，大きな文脈を見失ってしまうケースも少なくない。フィールドベースのデザインに限らず，具体的なモノを製作する場合にも同様のことが言える。そのような場合には，現場からいったん離れ，起きている現象をどう理解するべきか，少し抽象的に考えることが有効となる。

これには逆のことも言えて，議論があまりに抽象化して詰まってしまった場合は，具体的なケースを分析したり，ペルソナを設定したりすることで状況を打開することができる。議論のレベルの柔軟なコントロールは，議論に熱中している参加者ではなく，やはり実施者が一歩引いた立ち位置から行うべきものであろう。

事例③ フィールドワークと概念整理

香港の国際空港が位置する「ランタウ島」の未来を，日本と香港の学生の協働でデザインした（表 12–3）。

まずデザインの対象地であるランタウ島と，香港中心部の両方においてフィールドワークを行った。地図と赤ペンとをもって歩き，歩いたルートと，感じたこと，考えたこと，見つけたことなどをその場で地図上に自由に記入するという「Walk & Write Method」を用いた（図 12–4）。具体のフィールドの中へ，徹底的に自らを没入させる手法である。特にランタウ島，香港中心部のそれぞれについて資源（resource）と足りないもの（lack）を探すよう実施者が指示した。

次にフィールドでの発見を「ランタウ島／香港」×「resource ／ lack」という 2×2 のマトリクス上で整理した。その過程で，たとえば香港の資源として，「屋台，看板，急斜面，人の流れ」など具体的要素から始まり，「エネルギー，カオス，密度，変化」というレベル，さらに「香港らしさ（Hong Kong–ness）」へと，概念が統合されていった。一方の「ランタウ島らしさ（Lantau–ness）」は「自然，ゆったり」などを含む。そしてデザインの方向性が「ランタウ島らしさを守り，伝えながら，いかに香港らしさのいい点をランタウ島に持ち込むか」というよ

表 12–3　事例③，④の概要

テーマ名称	Workshop on Design for Sustainability (D4S): Mobility and Healthcare Group 4 : Fieldwork Approach
メンバー	実施者：教員 2 名 参加者：学生 4 名（京大，香港バプティスト大学　各 2 名）
プロセス	①ランタウ島と香港主要部のフィールドワーク ②見出した resource と lack を 2×2 マトリクスにより整理 ③アイディア生成 ④アイディアの精査と統合 ⑤最終発表

図 12-4 「Walk & Write Method」を用いたフィールドワーク

うに整理された。

フィールドの具体性を肌で感じ，かつその細部に囚われすぎず，抽象的にも思考する。この両端を行き来することが，特に大きな課題の解決のためには重要であると考えられる。

3）積み上げ－ジャンプ

演繹的，帰納的な推論を着実に積み上げることは論理的思考の基本であり，説明力も高い。デザインにおいてもむやみにアイディアを生み出すのではなく，まず実際に起こっている事象の分析から入る姿勢は重要である。しかし，デザインにはすでにある現象の分析に留まらず，未来を構想することが必要である。特に複雑なデザイン対象を扱う場合，問題は厳密には定義しづらい悪構造なものであり，積み上げ的に解くことは難しい。田浦[5]は良構造問題に対しては「分析的方法」でよいが，悪構造問題に対しては分析と総合とが合わさった「構成的方法」が必要だと述べる。そのためには，構成された姿をまず思い描くこと，つまり積み上げてきた理論からいったん離れてアイディアを飛躍させる「ジャンプ」が必要となる。ジャンプは，演繹，帰納に次ぐ第三の推論プロセスであるアブダクションと深く関連している。

このジャンプや仮説生成の方法は，これまでアカデミズムの世界ではあまり明示的に扱われてこなかったものであるが，デザインをアカデミズムの世界で展開する際には重要な論点となる。これらは「創造性」の問題として現在研究が活発に進められており，解明が待たれる。

事例④　分析からアイディアへのジャンプ

（ワークショップの概要は表 12-3（前掲））

前述の分析プロセスで，抽象的概念の導出や課題の整理はできた。しかし，それが直接的に建設的なアイディアを生み出すわけではないのがデザインの難しいところである。本事例の学生もアイディア生成の段階ではたと手が止まった。話を聞くと，日頃の研究活動において演繹・帰納の思考法に慣れすぎて，ジャンプというものがいかにも無根拠で，後ろめたいことのように感じてしまうようだ。自らの想像力を働かせ，思考を飛躍させることがデザインには必要であることを実施者から説明し，実際に彼らの前でジャンプによる思考法を実演して見せることで，ようやく前に進むことができた。

ジャンプにより得られるアイディアは，確かに分析から直接かつ明晰に推論されるものではない。しかしそこには，デザイナーの背景知識や過去の経験などが，分析の「外」にあるものではあるが，必ず反映しているはずである。ジャンプは決して無根拠なプロセスではないと考えるべきではないだろうか。

4）計画どおりの進行－柔軟な進行

実施者はワークショップを前にプロセスを設計し，それによって議論がどのように進むかを頭の中でシミュレーションする。落としどころとなるおおよその結論までをもあらかじめ計画することさえある。プロセスの計画やそれに沿った準備は，ワークショップをスムーズに進めるために大変重要である。

しかし実際のワークショップは計画どおりに動くとは限らない。むしろ予定外のことが起こるところに，多様な人の参画する協働的デザインのおもしろさがある。そのような場合，無理に計画したプロセスを踏襲せず，臨機応変に対応する柔軟性も必要である。ショーンが熟練デザイナーのデザインプロセスの中に「行為の中の省察（reflection-in-action）」[6]を見出したように，優れたファシリテーターは修正能力にも秀でている。プロセスは進行しながらも，同時にデザインされ続ける。

5）ワークショップの時間－その前後の時間

参加者はワークショップにおいて集中的に議論を展開するが，一歩引いて眺めてみると，ワークショップの前後には彼らのいつもどおりの日常生活がある。ワークショップの学習効果を最大化するには，ワークショップに向けて前もって準備し，またワークショップから普段の仕事や勉学へと活かせる知見を引き出す必要がある。

たとえばワークショップ開始に先駆けて，参加者に事前課題や資料の読み込みを課すことが，ワークショップに向けたモチベーション向上につながる。またワークショップ終了後には「燃え尽き症候群」になりがちである。学んだことをしっかり消化するために，プロセスの最後にリフレクション（省察）の時間を設けたり，実施者から参加者にレポートを課したりすることが有効である。実施者もそれにより，参加者の意見を聞いて次につなげることができる。さらに数週間～数ヶ月間継続して同じ課題に取り組む場合などは，顔を突き合わせて議論する日々の間にも情報共有や意見交換を進められるような仕組みを考えたい。

事例⑤ Webツールを用いたディスカッションの継続

（ワークショップの概要は表12-2（前掲））

この実習は約2ヶ月に渡って行われ，メンバーの所属キャンパスも異なることから，集まって話せる機会は限られていた。また前述のとおり「アドバンストデザイン」「ソーシャルデザイン」のチーム制であるため，チーム間の乖離の恐れがあった。そこで学生自らがWeb上の情報共有ツール[注1]を見つけ，集まれない期間にも議論を継続していった（図12-5）。広いキャンバスに連想・発想した言葉やアイディアを次々に連ねて書いていく形式のツールで，3人がそれぞれの専門分野や興味を起点としながら，講義での気づきを反映したり，Web上の参考になる事例を集めたり，他のメンバーのアイディアに新たなアイディアを付け加えたりと，ダイナミックなプロセスが実現した。昨今ではメールやSNS，情報共有サイトなどが多数利用でき，協働的デザインにおいて大きな役割を果たしている。

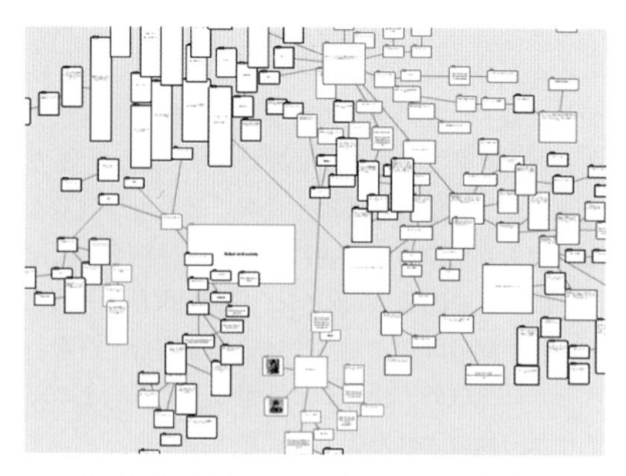

図12-5　Webツールにおける議論の広がり

3
デザインプロセスと専門性

地球温暖化，災害，エネルギー，食糧，人口など，複合的で複雑な諸問題を抱える現代社会においては，多様な領域の専門家の協働による解決策のデザインが求められている。異領域の専門家が参加するデザインワークショップは，そのような専門家の協働の実現形態の 1 つである。

ワークショップにおいて求められる専門性にはさまざまな程度がある。優れた解決策のデザインのために，問題発見や問題解決において各メンバーの深い専門性が発揮されることが望ましいのは言うまでもない。一方で，必ずしもそのような深い専門性ばかりが求められるわけではない。たとえば，専門領域に特有のデザイン方法が，使いやすいツールとして利用可能であれば，深い専門知識をもたない専門領域外のメンバーでも活用できるであろう。また，デザインプロセスの初期の段階でさまざまな視点から問題をとらえるためには，各メンバーの専門領域でのジェネラルな知識，あるいは個々人の研究・実践活動を通して得られた経験的知見など，比較的浅い専門性に基づく意見が加えられるだけでも大きな意義がある。

ここでは，専門性を積極的に活用するデザインプロセスについて，専門家の役割，および専門家の知見の活用という観点から考察する。

デザインプロセスでの専門家の役割

特定の専門領域において蓄積されてきたデザイン方法やデザイン理論の中には，前述のような社会の諸問題を解決するためのデザイン活動において活用できるものがある。その際，適切な手法を適切に用いるために，一般的には専門家の支援が必要である。ここでは，デザイン活動の中で専門家が担うべき役割について，事例を交えて考察する。

事例⑥　数理的手法を用いた集団的意思決定

複数の要因が絡む複雑な問題を題材として，チームとして合理的な意思決定を行うための手法を用いて問題の解決を試みる（表 12-4）。ここではオフィスにおける業務上のさまざまな「気づき」を支援するためのフロアプランのデザインが題材として用いられた。

まずオフィスでの「気づき」を支援すると思われる要素を参加者が自由に書き出し，「インターネットによる情報共有」「相談しやすい職場環境」といった要素が抽出された。

これらの要素は主観的で互いに因果関係があり，そのままでは本質的に何が重要なのか見えづらい。そこで，システム工学分野の手法であるISM（Interpretive Structural Modeling）法によって全体構造の明確化を試みた。ISM法は，任意の2要素に着目して一対比較により要素間の関係性をチームで決定したのち，多階層の有向グラフとして表現された全体構造をグラフ理論に基づき決定する手法である。最終的に「相手の欲しい情報を与える」「チームの進捗に関する情報を共有する」といった基本要素を抽出した（図12-6）。

さらに，どのようなオフィスのレイアウトが「気づき」を支援する良いレイアウトなのかという意思決定をAHP（Analytic Hierarchy Process）法により行った。AHP法（階層分析法とも呼ばれる）は，曖昧で多様な価値基準の下で，最終目標，評価基準，代替案の3つの階層で問題をとらえ，最適な代替案を選択する手法である（図12-7）。ここではISM法により抽出した基本要素を評価基準として，あらかじめ与えられた複数のフロアプランを評価し，オフィスでの「気づき」を支援するのに最も適した代替案（解決策）を1つ選択した。

このように，デザイン対象が内包する要素の関係，あるいは解決策の評価基準など，複雑な要因が絡んでおり一見容易には理解できない対象について，ISM法とAHP法によりその構造を明確化し，理解することを通して，課題をチームで合理的に解決することができた。ISM法やAHP法の活用の際に専門家が支援を行うことで，メンバーはアイディ

表12-4　事例⑥の概要

テーマ名称	FBL/PBL：参加型システムズ・アプローチによる戦略的意思決定実践
メンバー	実施者：教員4名，協力企業社員2名 参加者：学生3名
プロセス	①「オフィスにおける気づきの支援」と関係のある要因を付箋に書き出し，グルーピング ②アイディア間の因果関係をISM法により抽出 ③抽出した項目について，AHP法により「気づきの支援」のための評価基準を決め，与えられた複数のフロアプランを評価

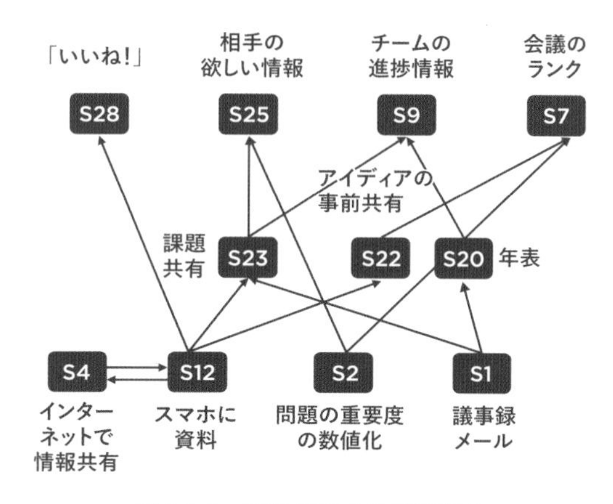

図12-6　ISM法による構造決定

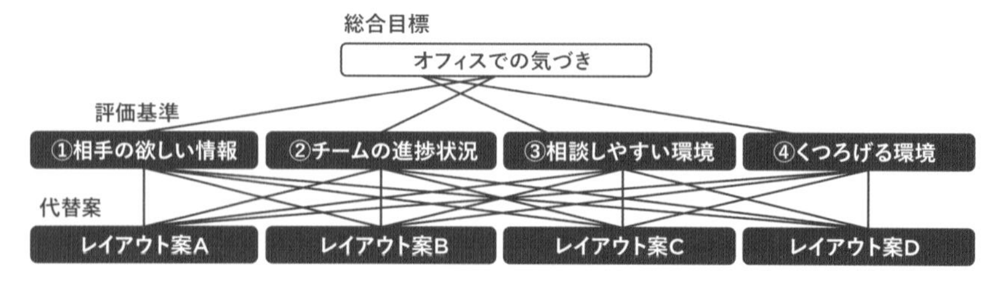

図12-7　AHP法による代替案の評価

ア出しや一対比較における要素間の関係性の議論に集中できた。

この事例で用いられている ISM 法や AHP 法は，背後にある詳細な理論に立ち入らずとも，汎用性の高い「ツール」として活用できるデザイン手法である。デザインプロセスの初期の段階では，デザイン対象に応じた手法を適切に選択し，正しく用いるために専門家の支援が必要であるが，メンバーが十分に慣れてしまえば，必ずしも専門家の関与は必要ない。

一方，深い専門知識を必要とするデザイン手法もあり，その場合は，その領域の専門家が常にワークショップに加わる必要がある。そのような事例を次に示す。

事例⑦　街並み記号論による問題発見

近年の開発により，京都の都心部では伝統的な町家の連なる美しい街並みが失われつつある。住民，行政，デベロッパーなどがそれぞれ異なる目的をもって活動している地域社会における問題は重層的で複雑であり，問題を一気に解決できるような突破口はなかなか存在しない。そのような状況下で，美しい街並みを維持，再生するため，特に地域住民のコミュニティに着目したデザイン活動が展開された（表 12-5）。

フィールドワークで実際の街の様子を観察した後，特徴的，あるいは問題と感じた点をメンバーが挙げていき，次にそれを建築学分野のデザイン理論である「街並み記号論」によって理論的に分析，理解した（図 12-8）。初期の気づきはあくまでも観察者の主観的なものであるが，理論を持ち込むことで，たとえば，地域に点在する車や駐車場は，街並み記号論において伝統家屋を構成する要素記号（たとえば平入り屋根，格子な

表 12-5　事例⑦の概要

テーマ名称	FBL/PBL：コミュニティ・ガバナンスに基づく街並み景観のデザイン
メンバー	実施者：教員 2 名，協力者 若干名（自治連合会など，街づくりにかかわる地域のステークホルダー）　参加者：学生 5 名
プロセス	①デザインの方法論，デザイン対象とする地域（京都市内）についての講義 ②対象地域を歩いて観察 ③気づきの整理 ④街並み記号論などによる問題の理解 ⑤改善案のアイディア出しと整理

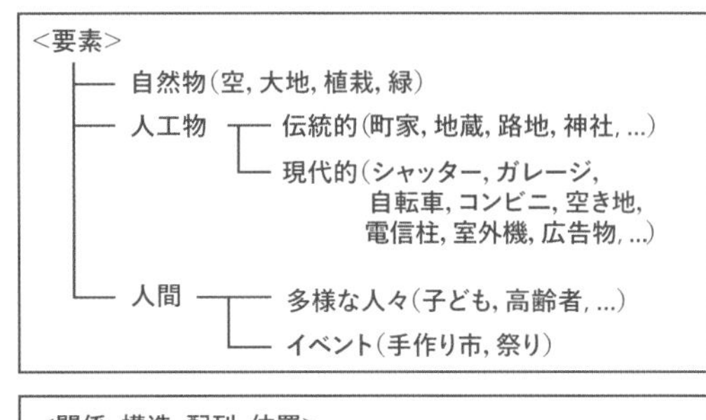

図 12-8 「街並み記号論」に基づく街並みの分析

ど）の間の「類似と差異のネットワーク」を分断しており，これが街並みの破壊の大きな要因となっている，といった課題認識に至った。このように，デザイン理論によってメンバー自身の理解が進み，のちに地域住民に解決策を提案する際にも説得力が増す。

さらに，地域コミュニティの再生につながる駐車場の新しい活用方法のアイディアを検討し，地域住民に提案した。この際，アイディアを絞り込み，ブラッシュアップして提

案するのではなく，むしろ敢えて絞り込みすぎない形で提案するとともに，アイディア導出の過程で行われた議論を紹介することで，地域住民の間での議論を喚起し，住民をデザイン活動に巻き込んでいくというアプローチが採られた。これは地域というフィールドで研究・実践活動を行っている専門家の経験に基づくデザイン方法と言える。

一般的に，専門家の支援の下で適切なデザイン手法やデザイン理論を用いることで，問題発見の段階においては，デザイン対象のもつ課題やその構造をより的確かつ鮮明に浮かび上がらせることができる。また，問題の解決策の立案の段階においては，アイディアの実現可能性を高めたり，アイディアを選択する際に客観性をもたせたりすることができる。

専門家の知見の活用

前項では，専門家の支援の下でデザイン手法やデザイン理論をワークショップの中で用いる事例を紹介した。ここでは，専門家が参画するワークショップにおいて，専門領域に特有の視点や，専門家の知見を引き出し，活用する方法について，事例を交えて考察する。

事例⑧　強制発想によりおのおのの専門性を活かす

少子高齢化に伴う人口やその構成比率の変化，電気自動車の普及，都市のコンパクトシティ化などは，未来の都市の交通量に影響を与える。このような都市交通の未来をコンピュータシミュレーションによって予測しつつ，専門領域の異なるチームメンバーが協働し，多様な視点から解決策を立案する（表12-6）。なお，本事例では参加者である学生や社会人を，ある程度の専門知識や業務経験をもつ専門家とみなし，彼らの視点を活かすことを考える。

本事例では，解決策のアイディア出しにおいて，メンバーが個人ワークで各自の専門分野の視点を意識してアイディアを出したのち，アイディアの背後にある各専門分野に特有の「視点」（情報学，あるいは工学的発想の「所有の効率化」（最適化），心理学的発想の「協調行動を促す」など）を全員で議論しながら引き出した。次に，これらの「視点」と，解決の方向性を２軸とするマトリクスに初期のアイディアを配置し（図12-9の水色のアイディア。一部のみ示している），「視点」を意識しつつ更なるアイディア出しを行った（同図黄色のアイディア）。さらに，得られたアイディアに別の「視点」を掛け合わせ，更なるアイディアを創出した（同図ピンク色のアイディア。矢印はもとのアイディアを示す。たとえば「2階建てバスにする」

表12-6　事例⑧の概要

テーマ名称	サマーデザインスクール 2014: 2050年の京都の交通をシミュレーションで予測する
メンバー	実施者：教員4名 参加者：学生5名（心理学2名／経営学1名／情報学1名／生命科学1名），社会人1名（情報学）
プロセス	①京都の交通の問題点と対策についてアイディア出し ②実際にパークアンドライドを体験。市役所の担当者と観光客にインタビュー ③気づきを書き出して整理 ④各自の専門知識を活かして解決策のアイディア出し ⑤背後にある知識，経験，価値観等を対話により引き出し，強制発想で更なるアイディア出し

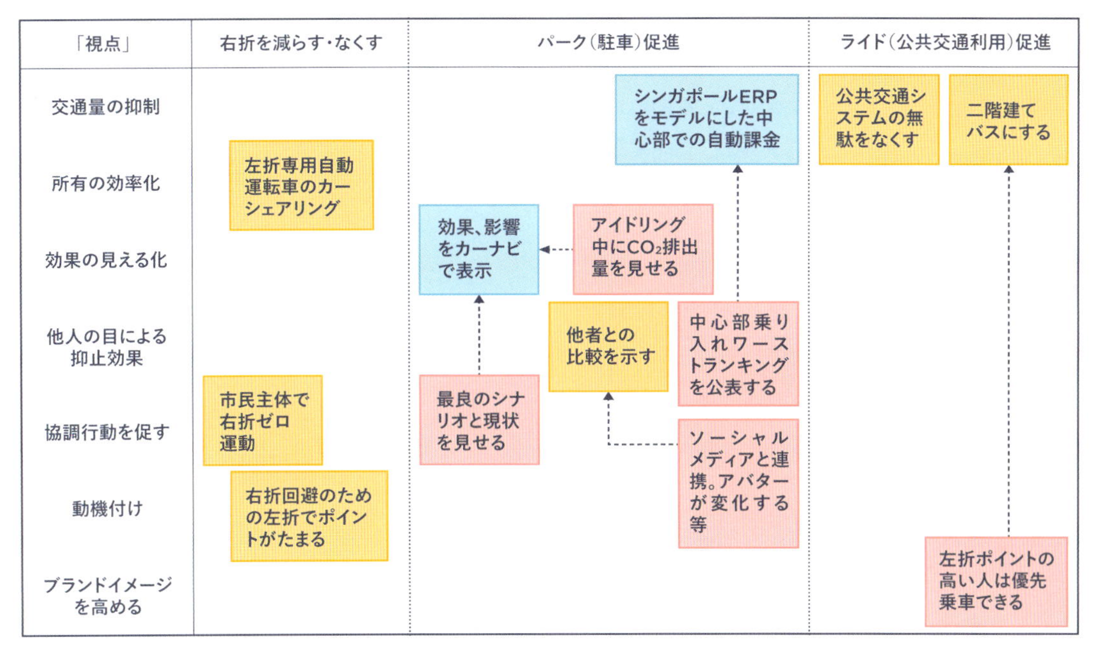

図 12-9　専門分野の視点を活かすためのマトリクスによるアイディア創出

に「ブランドイメージを高める」という視点を掛け合わせ，「左折ポイントの高い人は優先乗車できる」というアイディアを得たことを示している。このようにして，専門分野に特有の視点を活かした解決策の立案を試みた。

この事例では，解決策のアイディア出しの際，各自の専門分野の知識を活かしたものにするようメンバーに求め，さらにマトリクスを用いて強制発想を行った。これらの方法により，一般的なブレインストーミングと比較して，メンバーの専門分野の視点が反映されたアイディアが得られたと考えられる。一方で，強制発想はアイディアを発散させる手法であり，途中の段階で一見無価値な，あるいは馬鹿げたアイディアが数多く生成される。そのため，チームメンバーが経験の深い専門家であれば，このような手法に抵抗を感じる可能性もある。

次の事例では，強制発想ではなく，対話によって専門家の知見を引き出していく方法を示す。

事例⑨　専門家との対話による解決策のデザイン

専門家やステークホルダーなどからなるチームを構成し，ワークショップを連続的に実施することで社会の実問題を解決するデザイン活動を，ここでは「オープンイノベーション」と呼ぶ。ここで扱う課題の多くは，どの領域の専門家に依頼すべきかが明確でなく，専門家のチーム編成も，良い解決策を得るための鍵となる。

本事例（表 12-7）では，「未来の都市生活・空間を変革するエレベータのデザイン」をテーマとして，「探索型デザイン」を担う学生委員会（さまざまな分野にまたがって広く解決策のアイディアを探索する学生主体のワークショップ）と，「深耕型デザイン」を担う専門委員会（特定の分野の中で専門的知見を活かして解決策のアイディアを深めていく専門家主体のワークショップ）を開催した（図 12-10）。後者の専門委員会では，建築，防災といった相互に関連する領域で複数の専門家を招集し，非構造化インタビューの形式で議論を進めた。具体的には，初めに自己紹介を兼ねて研究や実践活動についての紹介を依頼し，続いて，建築設計，防災，システム設計などの観点から，現在のエレベータの課題や要望を聞き出していった。さらに，学生委員会で創出された解決策のアイディアを紹介した後，技術的，あるいは法的な制約を排除して，将来の都市におけるエレベータ，その他の「移動手段」について自由な議論を促し，解決策のヒントを引き出していった。

表 12-7　事例⑨の概要

テーマ名称	オープンイノベーション実習：将来の都市生活・空間を変革するエレベータのデザイン
メンバー	実施者：学生 2 名，教員 1 名 参加者（専門委員会）：6 名（建築学 1 名／防災 1 名／機械工学 1 名，協力企業社員 3 名） 参加者（学生委員会）：12 名
プロセス	①第 1 回学生委員会：「未来のエレベータ」について，主に強制発想によるアイディア出し（1 日） ②第 2 回学生委員会：2050 年の社会イメージを記述した参考資料を参照しながら，前回のアイディアを具体化（1 日） ③専門委員会：「建築」「防災」「機械」の各領域に関係する専門家 3 名が，研究内容やフィールドでの経験等を踏まえて，テーマに沿ってアイディアを述べた（3 時間）

専門家との対話という方法は，専門家の深い経験や知識を比較的引き出しやすく，良質なアイディアにたどり着く可能性が高まると考えられる。必要であれば，その場で実現可能性の高いアイディアに絞り込み，ブラッシュアップすることもできるであろう。ただし，ブレインストーミングなどと比較すると対話によるアイディアの探索範囲は狭くなる傾向がある。さまざまな観点から幅広く解決策を検討するためには，本事例のように幅広くアイディアを探索するためのワークショップを別途開催したり，メンバーやテーマを変えて何度もワークショップを開催したりする必要があるだろう。

◆

本章ではデザインワークショップの設計の基本と，設計の際に特に留意すべきポイントについて解説した。さらに，ワークショップにおける専門性の活かし方について踏み込んで述べた。ワークショップの設計においては考えるべき点が多く，

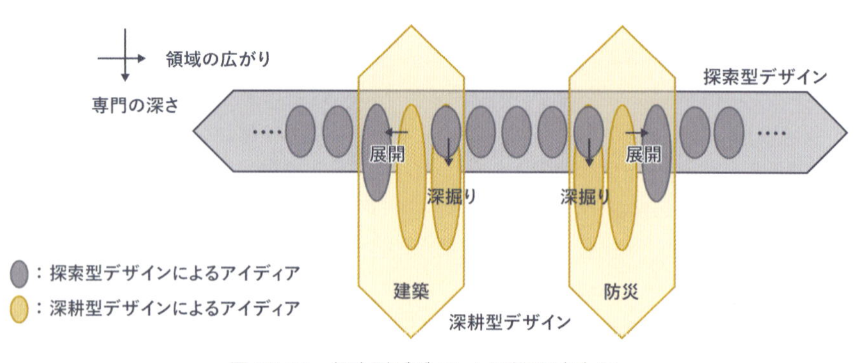

図 12-10　探索型デザインと深耕型デザイン

それらが複雑に絡み合っており，またこうすれば必ずうまくいくというような正解も存在しない。ワークショップのデザインは典型的な悪構造問題であり，社会デザインの縮図であるとも言えるだろう。

ワークショップに参加者として参加して学ぶことも多いが，実施者として良いワークショップを設計・実施するには，それらとはまた異なる知識や経験が必要である。読者には機会を見つけてワークショップの実践に挑戦することをお勧めしたい。

演習問題

（問 1） これまでに参加したデザインワークショップのリフレクション（省察）を行ってみよ。その際に，1.「ワークショップの設計の基礎」で挙げた合計 10 の要素と，2.「ワークショップの設計のポイント」に挙げた合計 9 の軸について，そのワークショップがどのように設計されており，そのことがワークショップの実際の進行とどう関係したかを考察せよ。

（問 2） 実施者（企画・運営者）の立場で，参加したワークショップを批判し，改善策を考えてみよ。

（問 3） 自分の専門領域における典型的な社会課題を 1 つ選び，他分野の学生とともに，ワークショップを設計してみよ。

参考文献

[1] 山内祐平，森玲奈，安斎勇樹：『ワークショップデザイン論―創ることで学ぶ』，慶應義塾大学出版会，2013.
[2] 堀公俊，加藤彰：『ワークショップデザイン―知をつむぐ対話の場づくり』，日本経済新聞出版社，2008.
[3] V. クーマー（著），渡部典子（訳）：『101 デザインメソッド―革新的な製品・サービスを生む「アイデアの道具箱」』，英治出版，2015.
[4] 堀公俊：『ファシリテーション入門』，日本経済新聞出版社，2004.
[5] 田浦俊春：『創造デザイン工学』，東京大学出版会，2014.
[6] D. A. ショーン（著），柳沢昌一（他訳）：『省察的実践とは何か―プロフェッショナルの行為と思考』，鳳書房，2007.

注

1 popplet（http://popplet.com/）

CHAPTER

13

フィジカルプロトタイピング

デザインプロセスにおいては，多くのデザイン案からより良いデザイン案を選別することが必要である。正しい選別を行うためには，デザイン案が机上の案であるよりも，より完成に近い形式で表現されることが望ましい。そこで本章では，触れられるプロトタイプを作成するフィジカルプロトタイピングについて述べる。コンピュータ制御の機器を利用したものづくりであるデジタルファブリケーションや，マイクロコンピュータなどを用いたフィジカルコンピューティングを利用することにより，効率よく精度の高いフィジカルプロトタイピングが可能となる。

（大島 裕明，南　裕樹）

1 フィジカルプロトタイピングの役割

デザインプロセスでは，多くのデザイン案が生み出されるが，より良いデザイン案を選別するためには，そのデザインが実現された場合の価値を可能な限り正しく評価しなくてはならない。しかし，デザイン案が無形のままでは，正しく評価することが難しい場合が多い。そこで，完成品を模したプロトタイプの作成が行われる。プロトタイプには，アイデアを単に視覚化しただけのものから，手で触れられるようにしたものや，実際にある程度動作するものまで存在する。本章では，プロトタイピングの中でも実際に触れられる形のプロトタイプを作成すること，すなわち，フィジカルプロトタイピングについて述べる。フィジカルプロトタイピングによってアイデアを具現化・可触化し，形状や機能・性能を実際に体験して確認することで，デザイン案に対する評価がより正確に行えるようになるとともに，改良のためのフィードバックを受けられるようになる。

フィジカルプロトタイピングにはさまざまな手法が存在しており，各手法によって作られるプロトタイプは，低精度なものから高精度なものまで多岐にわたる[1]。その違いによって完成品レベルでの評価の推定がどの程度正確に行えるかが変わってくる。

低精度なフィジカルプロトタイピングの手法の代表例としては，ペーパープロトタイプがあげられる。ペーパープロトタイプとは，元来はインタフェースデザインにおいて，紙芝居のようにして動作を表現したプロトタイプのことである。インタフェースの動作を作るには非常に時間がかかってしまうが，紙芝居として表現すれば短時間でそのデザインの体験が可能となる。動作する部分を付箋紙などを用いて入れ替えられるようにするなど，簡単な工夫で，複雑な動作を表現することも可能である。昨今では，紙を主体として作成されるプロトタイプのことも，ペーパープロトタイプと呼ばれることがある。紙をはさみで切ったり，セロファンテープなどを使って形を作ったり，ペンで色や部品などを表現したりすることで，非常に短時間でプロトタイプの作成が可能である。

手で触ることができる低精度なプロトタイプ作成のためには，粘土が用いられることも多い。油粘土や紙粘土も用いられるが，カラフルな小麦粘土が用いられることも多い。ほかには，はさみ，セロファンテープ，ホッチキス，ビニールテープ，のり，クリップ，グルーガン，割りピン，端切れ布，折り紙，フェルト，スチレンボード，アルミホイル，リボン，各種シール，モール，輪ゴム，糸，割りばし，カラーペーパー，ペンなどをあらかじめ用意しておくと，低精度ではあるがさまざまなもののプロトタイプを 10 分から 30 分程度で作成することが可能である。いずれの手法においても，低精度のプロトタイプにおいては，手で触れたり目で見たりといった体験が可能となるものを，とりあえず作ってみることが重要である。

もう少し精度の高いプロトタイプを作成する場合は，ポリスチレンフォームや木材を利用して，模型を作成することが行われる。彩色や，動作部分についての簡易的な実装も行われることがある。

広告や印刷のようなグラフィックデザインの分野においては，comprehensive layout，通称「カンプ」と呼ばれるプロトタイプが用いられる。実際に印刷が行われた完成形をイメージするための見本であり，手書きのイラストとして作られるものもあれば，電子化されてほとんど完成品のデータとなったものまである。

建築の分野においては，比較的精巧な建築模型が作られることがある。デザインの対象の大きさによって適切な尺度が設定され，ミニチュア模型としてデザインが作成される。スチレンボードというポリスチレンの板に紙が貼られたものや厚紙を用いて，手作業で作成することが一般的である。小さな建築模型から少しずつ大きな模型を作成していきながら，次第にデザインの詳細を決定していき，最終的には，実物大の模型を作成することもしばしば行われる。

システムデザインのプロトタイプにおいては，動作がわかることを重視する場合，インタフェースの見た目を重視する場合，そのようなシステムが実現された場合の体験を重視する場合などがある。目的に応じたプロトタイプが作成され，それぞれの観点に対するフィードバックを得ることになる。

いずれの分野においても，高精度なプロトタイプは最終的な機能がほとんど実現され，実際に稼働するものとなる。実物としては実現されずに，CAD ソフトウェアを用いて，仮想空間における詳細なモデルが作られることもある。

さまざまなプロトタイピング手法は，目的に応じて選択される。アイデアをより正確に評価するためには，より高精度なプロトタイプを作ることが望ましいことは明らかである。高精度なプロトタイプを比較的容易に作成するためのツールとして，近年，デジタルファブリケーションが注目されている。デジタルファブリケーションを積極的に利用することで，従来のプロトタイプの域を超えた完成品に近いものを短時間で作ることが可能となる。

2
デジタルファブリケーション

デジタル化された
フィジカルプロトタイピング

本節では，デジタルファブリケーションを用いて行われる，デジタル化されたフィジカルプロトタイピングについて解説する。フィジカルプロトタイピングにおいて，精度の重要性は非常に高いと言える。デジタルファブリケーションを用いることで，デザイン案が高い精度で視覚化・可触化され，より質の良いフィードバックを得ることができるプロトタイプの作成が可能となる。

デジタルファブリケーションとは，3D プリンタ，レーザーカッター，ペーパーカッターのようなコンピュータ制御の機器を利用したものづくりのことである。これらの機器は，コンピュータ上で作成されたモデリングデータを基にして正確に動作するため，モデリングデータさえ用意できれば，だれにでも非常に精密で迅速な工作が可能となる。

デジタル化されたフィジカルプロトタイピングにおいて最も重要なことは，デザイン案から，外形をデジタルデータとして表現することである。たとえば，ラフスケッチによる表現から大きさなどを決定し，モデリングソフトウェアを用いてデジタルデータにする。そのデジタルデータを基にして，適切なデジタルファブリケーション機器を動作させ，素材の加工を行うことで，データに忠実な実物が作り上げられる。デジタルデータとして表現された外形は，コンピュータ上で変形することが可能である。そのため，何らかの不都合や不具合があった場合にも，容易に作り直すことが可能である。このようなプロセスは短期間に繰り返すことが可能であり，かつ，出力されるもののプロトタイプとしての精度が高いため，多くのデザイン案をより正しく評価することができるようになる。

このような，コンピュータの力を借りて，容易にものをつくることができる環境が整ってきていることは，従前からのデザインプロセスのあり方にも影響を与えると考えられる。

デジタルファブリケーション機器

まず，素材を切断するデジタルファブリケーション機器として，ペーパーカッターとレーザーカッターを紹介する。

ペーパーカッターは，カッティングマシンやカッティングプロッタとも呼ばれる機器で，主に紙やビニールフィルムを切断することに用いられる。可動式のアームに取り付けられたヘッドには刃物が付いており，紙やフィルムを前後に送りながらヘッドが動くことによって，与えられたデータどおりに切断が行われる。機器によっては，ヘッドを変更したり，設定を変更したりすることによって，完全に切断するのではなく，折り目を付けたり，厚みの半分程度だけを切ることができる。また，薄い銅板などを切断できる強力なものも存在する。

レーザーカッターは，物理的な刃物を用いる代わりに，レーザーを用いて素材を切断する機器である。加工できる素材は幅広く，厚紙，布，木材，MDF（中密度繊維板），アクリル板などがよく用いられる。図 13-1 は，レーザーカッターを用いてアクリル板を切断している様子である。レーザーの出力とスピードを変更することによって，さまざまな素材や厚さに合わせた切断が可能となる。設定は，機器やその状態によって変化するため，ある程度試行錯誤しながら適切な設定を見つける作業が必要となる。適切な設定でなかった場合，素材を切断しきれなかったり，素材が燃えてしまったりするので，使用時には注意しなくてはならない。基本的な加工はペーパーカッターと同様に，素材を 2 次元的に切断加工するが，機器によっては素材を完全に切断してしまうのではなく，素材の面に対して彫刻加工することができる場合もある。ただし，切削工具を用いているわけではないため，彫刻の深さなどを精密に制御することは難しい。

レーザーの発生には，二酸化炭素ガスレーザー発振器が用いられることが多い。レーザーを発生させることによって発振器は高温になるため，空冷装置や，チラーと呼ばれる水冷装置が必要となる。発振器から出力されたレーザーは，ミラーなどを経由して，ヘッダまで到達する。ヘッダには

図 13-1　レーザーカッターを用いてアクリル板を切断している様子

レンズが取り付けられており，そこでレーザーが集光され，素材の非常に小さな面積の部分に集中して照射される。そのときに，強力なエネルギーが与えられ，照射部分が焼かれることによって切断が行われる。焼かれることによって発生する，煙やにおいをともなった空気は，強制的に機器の中から排気され，集塵脱臭装置を通す処理が行われる。素材が焼き切られるため，燃えることによって有害な物質が生成されるような素材は加工すべきでない。たとえば，ポリ塩化ビニルのように塩素を含む物質は，微量のダイオキシンを発生させる可能性があるとされており，レーザーカッターでは加工しない。

次に，素材を切削する機器として，CNC フライス盤や CNC ミリングマシンと呼ばれる機器を紹介する。CNC（Computer Numerical Control）とは，すなわちコンピュータによる数値制御という意味である。いずれも，主としてエンドミルと呼ばれる切削工具を回転させるためのヘッドがあり，ヘッドと素材を設置した台が動くことで，与えられたデータのとおりに素材が切削される。機器によって，素材を設置した台とヘッドの動きは異なる。3 次元加工のためには，素材に対してヘッドが前後左右上下に動く必要があるが，台が前後左右に動きヘッドが上下に動くものや，台は前後にしか動かずヘッドが左右上下に動くもの，台は固定されていてヘッドが前後左右上下に動く

図 13-2　CNC ミリングマシンと加工されたバルサ材

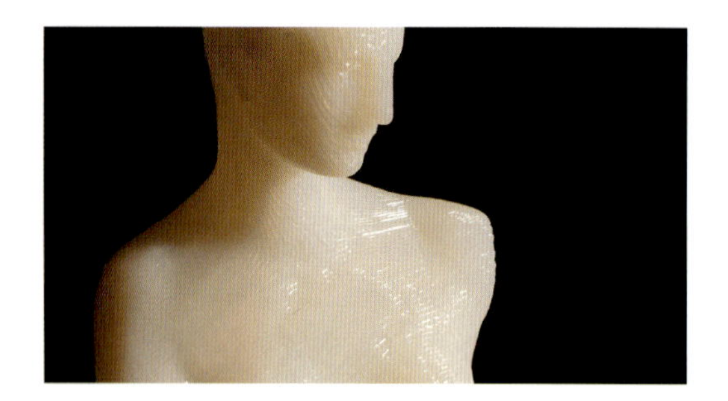

図 13-3　熱溶解積層方式の 3D プリンタで出力したモデル

ものなどがある。3 次元に加えて，回転軸機構をもち，素材を回転させながら加工することができる機器もある。

切削工具には，主としてエンドミルと呼ばれる下方向と横方向を切削することができる刃が用いられる。エンドミルは加工精度や目的に応じて適宜変更する。はじめに行う粗加工には太い刃径のエンドミルが用いられ，仕上げ加工のためには細い刃径のエンドミルが用いられる。また，切削したい面の形状に合わせて刃の先端形状を適宜選択する。曲面の場合にはボールエンドミルやラジアスエンドミルなどが用いられる。また，底面を平面に切削したい場合などにはフラットエンドミルが用いられる。

工作に適する素材は機器によるが，プロトタイピングのためには，ケミカルウッドやバルサ材のような比較的軽量で切削が容易な，加工に時間がかかりにくいものが用いられることが多い。図 13-2 は，CNC ミリングマシンと，それを用いて加工されたバルサ材の様子である。強力な機器では，金属の加工も可能である。

ここまで，素材を切断したり切削したりする機器について説明してきた。それに対して，3D プリンタは素材を積み重ねることによってものを作る機器である。3D プリンタにはさまざまな種類が存在する。

熱溶解積層方式の 3D プリンタは，樹脂を熱で溶かして少しずつヘッドから出力し，何層にも積み重ねていくことでモデルを形作るものである。10 万円以下の比較的安価な製品も存在しており，現在，このタイプの 3D プリンタの普及が進んでいる。ただし，精度や動作の安定性については，高価な製品の方がよい場合が多い。使える樹脂は機器によって異なるが，ABS 樹脂や PLA 樹脂が使われる。それぞれ特徴があるが，PLA 樹脂は微生物によって分解されるプラスチックとして，好んで使われる場合がある。ヘッドが複数あり，複数の色を用いたモデルを出力することができる製品も存在している。上層で横に伸ばした部分があるようなモデルの場合，その部分を出力する際に土台となるサポートを最下層から積み上げて出力しなくてはならない。サポートを本体と同じ素材で出力する機器もあるが，サポート剤としてアクリル系樹脂のような異なる素材が使われることもある。出力がすべて終わった後には，サポート剤を除去する必要がある。通常は，本体から折り取るように除去するが，アクリル系樹脂のようなサポート剤の場合，薬液を用いて溶かす方法もある。薬液を用いた場合，非常に複雑な形状のモデルを出力することも可能である。

図 13-3 は，熱溶解積層方式の 3D プリンタで出力したモデルの写真である。よく見ると，表面に樹脂の層が作られていることがわかる。出力されたモデルに力をかけた場合，層と層の間がはが

れるようにして壊れてしまうことがある。そのため，力がかかるモデルを出力する際には，どの方向に積層させるかということを考慮する必要がある。

光造形方式は，紫外線で硬化する樹脂液のプールに紫外線を照射して，モデルを一層ごとに形作るものである。素材として用いられる樹脂は，エポキシ系樹脂やアクリル系樹脂である。土台を樹脂のプールに沈めていく方式の機器が古くから存在している。近年では，最下層にプロジェクターで紫外線を面照射し，土台を引き上げていく方式の機器にも比較的安価な製品が現れている。積層ピッチは熱溶解積層方式よりもさらに精細であるため，細かい造形のモデルを作成することが可能である。

粉末固着式積層法は，石膏やプラスチックなどの粉末を，接着剤となる樹脂で一層ずつ固めていくことでモデルを形作るものである。まず，土台に一層分の素材の粉末を敷き詰め，そこにインクジェット方式によって接着剤を噴射して固める。次に，さらに一層分の素材の粉末を敷き詰め，次々と固めていく。接着剤に着色することによって，フルカラーのモデルを作成できることが大きな特徴である。

これまでに紹介した機器は，主に木材やアクリル板などの固い素材を対象としたものであった。柔らかい素材である布に対しても，デジタルデータを基にしたさまざまな加工ができる機器が存在している。

まず，布の切断については，上記で紹介したレーザーカッターを用いることが可能である。レーザーカッターの性質上，素材は焼き切られることになる。それによる弊害も存在するが，人手では不可能なほどの精巧な切断加工が容易に可能である。

布に対する印刷技術も近年目覚ましい発達を見せており，テキスタイルプリンタと呼ばれる布を対象としたプリンタが販売されるようになっている。なかでも，大判のインクジェットプリンタによる製品では，前処理した布ロールに小ロットで印刷することができ，プロトタイピングには非常に便利であると言える。紙に対する印刷と異なり，布に対する印刷においては，素材に対してインクが定着することが非常に重要なポイントとなる。印刷に用いられるインクは，染料インクと顔料インクに大別される。染料インクは素材と化学的に結合することで定着する。そのため，素材に対して適切な染料インクを用いなくてはならない。さらに，素材に染料インクをのせた後の処理として，熱や圧力を加える工程や，結合せずに残ったインクを洗い流す工程が必要であるなど，加工に手間がかかると言える。一方，顔料インクは素材とインクに含まれる接着剤によって結合する。そのため，同じ顔料インクがさまざまな素材に利用できる。素材に顔料インクをのせた後には，一般には熱や圧力を加える工程が必要となる。通常は熱と圧力を加えるプレス機が用いられるが，アイロンによる熱処理でもある程度は定着するため，プロトタイピングを目的としている場合にはそれで十分であることも多い。顔料インクの欠点としては，発色が悪いことと，手触りが悪くなってしまうことがあげられる。しかし，近年の技術開発によって，発色・手触りともに改善してきており，すぐに形にするというプロトタイピングのためには，顔料インクを用いるインクジェットプリンタが便利であろう。

裁縫については，電子データによる制御を行える機器は一般的ではなく，ミシンやロックミシンを用いて手作業で加工する。しかし，刺しゅうについては，刺しゅうミシンに電子データを与えて加工することで，誰にでも非常に高精度な刺しゅうを行うことが可能である。

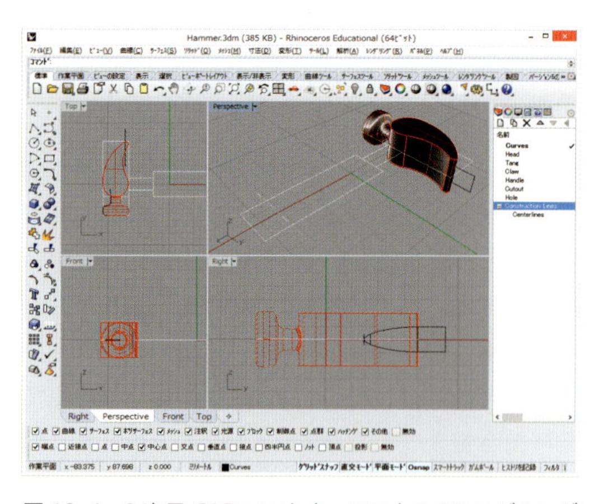

図 13-4　3 次元 CAD ソフトウェアによる 3D モデリング

モデリングソフトウェア

デジタルファブリケーション機器は，電子データによって制御されるため，その電子データを作成する必要がある。そのために利用されるのがモデリングソフトウェアである。

ペーパーカッターやレーザーカッターでは 2 次元的な切断加工が行われる。そのため，制御のためのデータは，2 次元の CAD（Computer Aided Design）ソフトウェアやグラフィックデザインソフトウェアを用いて作成する。2 次元 CAD ソフトウェアには，製品として売られているソフトウェアはもちろんのこと，フリーソフトウェアも存在する。グラフィックデザインソフトウェアとしては，ベクターグラフィクスを作成できる必要がある。また，3 次元 CAD ソフトウェアを 2 次元のデータ作成に用いることも可能である。

CNC フライス盤や CNC ミリングマシン，3D プリンタを利用するためには，まず 3 次元の CAD ソフトウェアやグラフィックデザインソフトウェアを用いて完成品の 3 次元データを作成する。3 次元データを作成するソフトウェアとしては，多くの高価な製品が存在しているが，フリーソフトとして提供されているものもある。図 13-4 は，3 次元 CAD ソフトウェアを用いて 3D モデリングを行っている様子を表している。

CAD ソフトウェアなどを用いて作成されたデータは，最終的に作られるものを表すデータである。一方，機器が動作するためには，機器がどのように動かされるべきかというデータが必要である。その変換を行うソフトウェアが CAM（Computer Aided Manufacturing）ソフトウェアであり，与えられた CAD データを基にして，どのように動かされるべきかを表すデータが作成される。プロトタイピングのためのデジタルファブリケーションという観点からは，CAM ソフトウェアは機器のドライバとしてとらえ，利用者はあまり意識する必要はないと考えられる。

テキスタイルプリンタや刺しゅうミシンでは，モデリングソフトウェアとしてそれぞれの機器に専用のソフトウェアが用意されていることが多い。それらのソフトウェアに対しては，多くの場合汎用的なグラフィックデザインソフトウェアで作成したデータを読み込ませることが可能となっている。

これらのソフトウェアを用いたモデリングでは，何もない状態からコンピュータ上でデータを作成していくことになる。それに対して，粘土などを用いて作成されたものや既製品などの実物をスキャンすることによって，データを作成することも可能である。1 つの手法は，3D スキャナを用いる方法である。比較的高価な機材が多いが，数万円程度で購入可能な安価な 3D スキャナも販売されるようになってきている。また，普通のカメラで実物をさまざまな角度から撮影し，それらの写真を基にして 3D モデリングデータを作成するソフトウェアも存在する。

3
フィジカルコンピューティング

機能をもつデザインは，その機能が体験できるようになると評価をより正しく行うことが可能となる。そこで役に立つのがフィジカルコンピューティングによる機能のプロトタイピングである。フィジカルコンピューティングとは，センサ，アクチュエータ，マイクロコンピュータ，ネットワーク通信などを用いて，実世界とのインタラクションを可能にすることである。ものの動作をコンピュータで制御したり，ものに対する人間の動作をセンシングしたりすることを，プログラミング言語を用いて行う。想定される動作の状態を考え，何がどのようになったときに，どのように動作するのかを記述する。近年のフィジカルコンピューティングの開発環境は，煩雑な準備はあまり必要ではなく，すぐにそのようなプログラミングを行えるようになっている。電子回路やプログラミングの高度なスキルを身につけなくても，多少のスキルを身につけるだけで使い始めることが可能である。

紙や粘土，さらには3Dプリンタなどのデジタルファブリケーション機器を用いたプロトタイピングでは，基本的に静的なもの（動きのないもの）が生み出される。一方，環境の変化や人間の動作に反応して動作するような動的なもの（動きのあるもの）を製作することは，インタラクティブなデザインにおいて重要である。そこでここでは，動的なものを比較的短時間で製作するためのフィジカルコンピューティングデバイスと開発環境について紹介する。

図13-5は，さまざまなフィジカルコンピューティングデバイスである。まず，手軽に電子工作ができる代表的な3つのデバイスを紹介する。1つめは，Arduinoである。これは，AVRマイコンとデジタル／アナログ入出力ピンを備えた基板と，C言語ライクのプログラミング開発環境から構成されている。Arduinoはスタンドアロンで動かすだけでなく，コンピュータ上のソフトウェア（Processingなど）から制御することもできる。

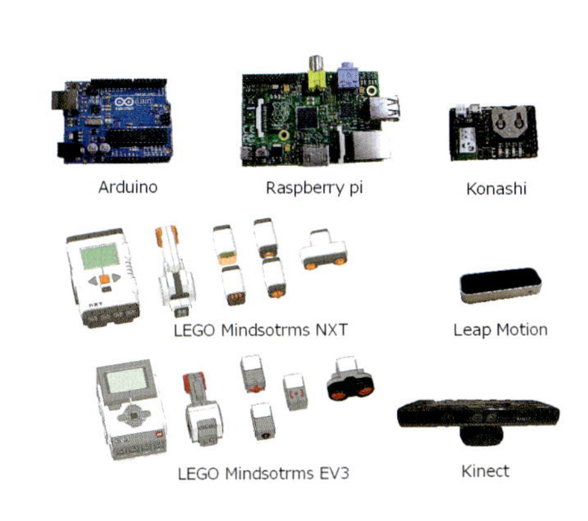

図13-5　フィジカルコンピューティングデバイスの例

LED を点滅させる，スイッチのオンオフ状態を検出するといったことは，Arduino を用いれば比較的容易に実現することができる。Arduino を用いたプロトタイピングについては，優れた教科書も出版されており[2]，初学者にも学びやすい。2 つめは，Raspberry Pi である。これは，小型のコンピュータである。Ethernet ポートや USB ポートが備えられており，インターネットを利用する，Web カメラを用いて画像処理を実行する，といったことが可能である。また，Python などのプログラム言語を用いることで，汎用入出力ピン（GPIO）を制御することも可能である。3 つめは，konashi である。これは，Bluetooth を内蔵した I/O ボードである。JavaScript を用いることで，iPhone や iPad で，センサ情報の取得やアクチュエータの制御などを行うことが可能である。このほかにも，Beagle Bone，mbed，Gainer といったデバイスがある。

次に，手軽に使えるセンサデバイスをいくつか紹介する。これらのセンサデバイスはコンピュータに USB で接続して利用し，プログラミング言語を用いて制御することが可能である。1 つめは，RGB カメラ，深度センサ，マイクロフォンを備えた Kinect である。これは，体のポーズや音声認識によって操作ができるデバイスである。2 つめは，Leap Motion である。Kinect は体全体のポーズを認識するものであるが，Leap Motion は両手の指の動きを検出するデバイスである。また Wii リモコンや iPhone，Android 端末などもセンサデバイス（ジャイロセンサ，加速度センサ）として利用することができる。

さらに，動きのあるものをプロトタイピングするための有用なツールとして，LEGO Mindstorms があげられる。LEGO Mindstorms には，マイコンやサーボモータ，各種センサ（タッチセンサ，超音波センサ，光センサ，ジャイロセンサ）が用意されている。一般的な LEGO ブロックはもちろんのこと，歯車やタイヤなどのパーツも数多く用意されているため，それらをうまく組み合わせることで，さまざまな機能を実現することができる。

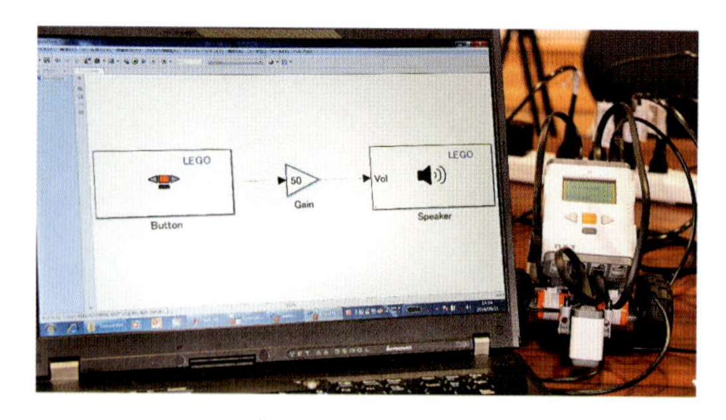

図 13-6　Simulink を用いた LEGO Mindstorms の制御

また，動きを作って制御するために有用なソフトウェアとしては，MATLAB/Simulink がある。これは数値計算ソフトであるが，上述した Arduino や Raspberry Pi，LEGO Mindstorms などは，MATLAB/Simulink からも操作することができるようになっている。とくに Simulink では，ビジュアルインタフェースを用いて制御方法を記述することが可能となっており，さまざまな制御方法を試行することができる。図 13-6 は，Simulink から LEGO Mindstorms を制御している様子である。その他のツールキットとして，画像処理のための OpenCV，拡張現実感のための ARToolkit などが知られている。

4 フィジカルプロトタイピングの手法

フィジカルプロトタイピングによってアイデアを具現化する際，最適化理論や制御理論を知っていると，作業効率を改善できたり，高度な機能を付加したりすることができる。

最適化問題としてのデザイン

第1節ではフィジカルプロトタイピングの役割を説明したが，ここではデザインを最適化問題としての視座でとらえた上で，フィジカルプロトタイピングの効用を述べる。デザインとは，与えられた制約条件の中で，与えられた目的を達成する解の中から最も良い解を選択するという「最適化問題」であるととらえることができる。

いま，図13-7のように，目的を達成するために選択する量を x，満たすべき制約条件を $g_i(x) \leq 0,\ i = 1, 2, \cdots, s$，目的の達成度を表す指標を $P(x)$ と書く。このとき，最適化問題は数理的に，「すべての $g_i(x) \leq 0$ を満足し，$P(x)$ を最小化（あるいは最大化）するような x を見つけよ」と記述される（この例では，2次元の x を考えているが，一般に n 次元と考えてよい）。デザインプロセスにおいては，個別のデザイン案が x の値，そのデザインが実現された際にどの程度の効用をもたらすかということが $P(x)$ であり，さらに，課せられた制約条件が $g_i(x) \leq 0$ であると言える。与えられる制約条件としては，たとえば，満たすべきサイズや製造コストのような数式で表現できる制約もあれば，ユーザが心地よく感じるといったような数式では表現しづらい制約もあると考えられるが，ここではすべて数式で表現できるものとする。それらをすべて満足し $P(x)$ を最小化する x を求めることが，デザインプロセスの

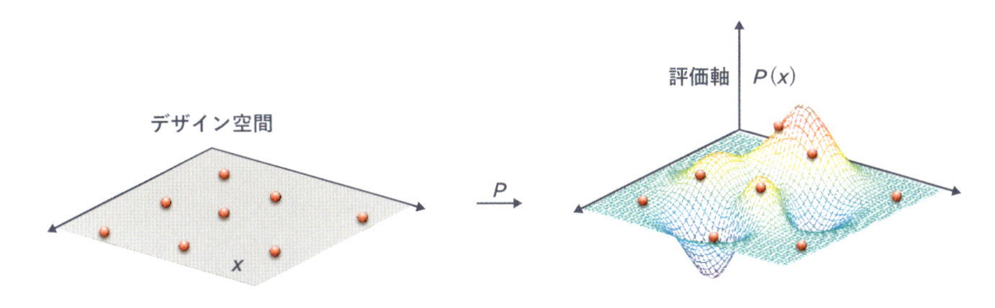

図13-7　最適化問題の視座から見たデザインの評価

目的となる。

実際に最適化問題を解くためには，関数 $P(x)$ の設定が重要となるが，デザインプロセスにおいても，多数のアイデア案（x）の中から良い案を選択するためには，何らかの意味での評価（$P(x)$）が必要である。適切な指標で評価することができれば，客観的にアイデアの良し悪しが明らかになり，また問題点も見えてくる。多くのデザイン問題において，アイデア案は具現化することで，その形状や色彩，機能・性能，使用感などをより適切に評価することが可能となる。つまり，アイデア案を具現化するプロセスが図 13-7 の関数 P に対応している。

デザインプロセスにおける具体的な P の 1 つが，アイデア案を正確に具現化し完成品を作り上げる作業である。その場合，$P(x)$ の値はアイデア案の完成品レベルでの評価（真の評価値）を与えることになる。しかしながら，完成品を作り上げることは，時間と製造コストがかかりすぎる可能性がある。そのため，短時間かつ低コストで試作品を作るプロトタイピングが重要な作業となる。

プロトタイピングにはさまざまな手法があるが，ここでは例として，3 つの手法 $\tilde{P}_1(x)$，$\tilde{P}_2(x)$，$\tilde{P}_3(x)$ が利用できるとする。たとえば，$\tilde{P}_1(x)$ はアイデア案を文字やイラストで表すこと，$\tilde{P}_2(x)$ は粘土などを用いてアイデア案に触れるようにすること，$\tilde{P}_3(x)$ は工作機械を用いて完成品に近いものを作ることに，それぞれ対応している。また，アイデアの具現化の精度に注目すると，プロトタイピングの手法ごとに試作品の完成度は異なる。そのため，$\tilde{P}_1(x)$ では，完成品レベルでの評価 $P(x)$ が得られにくいが，$\tilde{P}_3(x)$ では $P(x)$ が得られやすいといったように，プロトタイピング手法に応じて，評価値のばらつき度合いが変わる。このことを表したものが図 13-8 である。これは，$\tilde{P}_1(x)$，$\tilde{P}_2(x)$，$\tilde{P}_3(x)$ の順に評価値のばらつきが小さくなり，良い評価ができることを意味している。以上のように考えれば，時間と製造コストを考慮しつつ，完成品レベルの評価が得られるようなプロトタイピング手法を適切に選択する必要があることがわかる。

デジタルファブリケーションやフィジカルコンピューティングの発達により，アイデア案の評価は比較的容易かつ格段に向上できる。従来のプロトタイピングでは，評価値のばらつきが大きく，アイデアの真の評価値からはずれた評価値が得られる可能性が高くなる。その一方で，デジタルファブリケーションやフィジカルコンピューティングを利用すれば，プロトタイピングによる評価値が，真の評価値に近くなることが期待できる。この意味において，フィジカルプロトタイピングの意義は今後ますます大きくなると考えられる。

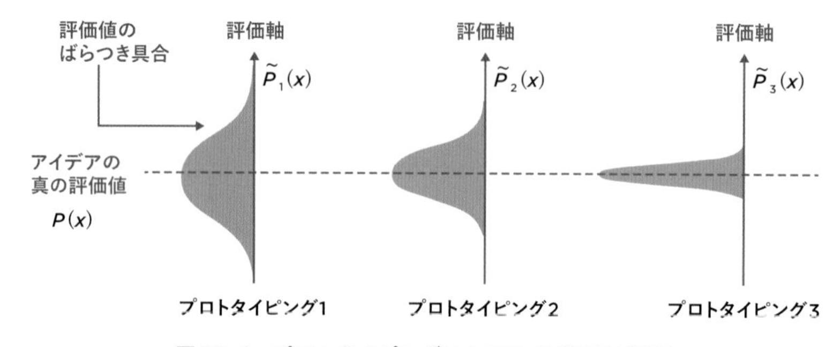

図 13-8　プロトタイピングによるアイデア案の評価

最適化理論の応用

前節では，デザインがある種の最適化問題であり，その解であるデザイン案を適切に選ぶ際に，フィジカルプロトタイピングが役に立つことを述べた。ここではもう一歩進んで，フィジカルプロトタイピングに最適化理論[3]や制御理論[4]といった工学的なツールを応用することで，デザイン案の評価・選択がより高精度かつ高効率にできるようになることを述べる。

何らかの静的なものを作る際，強度を強くしつつ軽量化や低コスト化を達成することが要求されることがある。そのような場合，設計仕様やものの状態をうまく数学的に定式化できれば，最適化理論[3]を利用することにより，ものの形をシステマティックに決定することができる。たとえば，梁の形をある仕様の下で決定するという問題では，梁の長さや高さ，また，外形形状や穴の形状を最適化によって適切に決めることができる。さらに，次のように，最適化理論を援用することで，高度なプロトタイピングが可能となる。一般に，3次元のジオメトリデータを3Dプリンタに入力することでオブジェクトが作成される。しかし，ジオメトリデータは現実の物理法則を考慮せずに生成されていることがほとんどである。そのため，絶妙なバランスで倒立するフィギュアや，安定した回転を達成するコマを作りたい場合，試行錯誤的にジオメトリデータを修正する必要がある。これに対して，物理法則を考慮した最適化により，重心が所望の位置になるようにジオメトリを修正することも可能である。別の例として，レーザーカッターを用いて材料を加工して紙飛行機を作ることを考えてみよう。紙飛行機の形状を何も考えずに自由に決めてしまうと，安定した飛行が実現できない可能性がある。これに対して，航空力学に基づいて最適化を行い，形状を修正すれば，安定した飛行を実現する紙飛行機が製作できるだろう。このように，最適化理論を利用することで，正確なプロトタイピングを短い時間で行うことができる。

一方，動的なものをプロトタイピングする際，制御理論[4]が役に立つ。たとえば，周囲の明るさに応じてスピーカの音量が変わる，衝撃を検知したらLEDが点灯する，障害物との距離に応じてLEDの点滅スピードが変わる，モータの角度を指定した位置に制御する，といったように，「入力デバイス（センサ）の情報を基に出力デバイス（LEDやモータなど）を動かす」機能を有したものを作りたいとする。多くの場合，入力デバイスの情報をある基準値と比較し，その結果に応じて出力デバイスを駆動させることになるが，その具体的な方法を与えるものが，PID制御をはじめとするフィードバック制御理論である。つまり，制御理論によって動的なもののプロトタイピングの高効率化が期待できる。

また，制御理論を利用すれば，制御しやすいものをデザインすることが可能となる。これは，オブジェクトの形状を決定する際に，それを「制御のしやすさ」を指標として最適化するということである。いま，手の平の上に剛体棒を立たせてバランスをとるという状況を考えてみよう。このとき，バランスがとりやすい剛体棒はどのような形状であろうか。直感的に，棒を長くすれば棒がゆっくり動くため，バランスがとりやすくなる。さらに，材質を変えて棒を軽くすることで制御しやすくなる。このことは，制御理論を知っていると数学的に説明することができる。つまり，制御理論を駆使することで，制御しやすいもの（動かしやすいもの）をデザインすることが可能となる。

5 ファブラボの発展

デジタルファブリケーションの発展において，非常に重要な役割を果たしているのがファブラボである[5]。マサチューセッツ工科大学メディアラボに端を発するファブラボの活動は，現在，全世界に広がっている。ファブラボとは，さまざまなものづくりを個人で行うことができる施設のことであり，また，全世界的に連携する，そのような個人のものづくりを支援する活動のネットワークそのもののことである。そこで中心的な役割を果たすのが，デジタルファブリケーションである。ファブラボには所有しておくことが望ましい標準的な機器のリストがあり，多くのファブラボで同種のデジタルファブリケーション機器が使えるようになっている。日本におけるファブラボの活動は，FabLab Japan（http://fablabjapan.org/）が中心となって行われており，2015 年 10 月時点では東北から九州まで 15 のファブラボが存在している。

ファブラボは一般市民に開かれた活動であり，ものづくりに対する意欲をもつ個人にとって，デジタルファブリケーション機器を含むさまざまな工作機械を利用できる非常に良い場となっていると言えるだろう。

演習問題

フィジカルプロトタイピングを行い，その効用を体験する。ここでは「健康のための個人情報デバイス」を課題とする。

(問 1) まず，デザイン案をあげ，視覚による評価を行う。

- ブレーンストーミングなどを行い，デザイン案を 10 個以上あげよ。
- 思いついたすべてのデザイン案を評価し，より良いと考えるものを 5 個選択せよ。
- 選択された 5 個のデザイン案をそれぞれ絵で表現せよ。制限時間は 10 分とする。
- 5 個のデザイン案を評価し，より良いと考えるものを 2 個選択せよ。

(問 2) 次に，低精度のプロトタイピングを行い，デザイン案を絞り込む。

- 2 個のデザイン案をそれぞれ紙，セロファンテープ，粘土，ペンなどを用いて，ものとして表現せよ。制限時間は 20 分とする。
- 2 個のデザイン案を評価し，より良いと考える方を選択せよ。

(問 3) 最後に，高精度のプロトタイピングを行い，デザイン案を決定する。

- 最終的に残ったデザイン案について，ポリスチレンフォームを用いたり，デジタルファブリケーション機器を用いたりして，より高精度なプロトタイプを作成し，最終評価を行え。
- 各段階におけるデザイン案の評価結果をふまえ，フィジカルプロトタイピングの効用について考察せよ。

参考文献

[1] Bella Martin，Bruce Hanington（著），小野健太（監修），郷司陽子（訳）：『Research & Design Method Index ―リサーチデザイン，新・100 の法則』，ビー・エヌ・エヌ新社，2013.

[2] 小林茂：『Prototyping Lab―「作りながら考える」ための Arduino 実践レシピ』，オライリージャパン，2010.

[3] 穴井宏和：『数理最適化の実践ガイド』，KS 理工学専門書，講談社，2013.

[4] 杉江俊治，藤田政之：『フィードバック制御入門』，コロナ社，1999.

[5] Neil Gershenfeld（著），田中浩也（監修），糸川洋（訳）：『Fab―パーソナルコンピュータからパーソナルファブリケーションへ』，オライリージャパン，2012.

CHAPTER

14

デザインスクールの設計

本章では，デザイン学教育の背景や動向と，カリキュラムの設計理念について述べる。デザイン学は，情報学，機械工学，建築学，経営学，心理学など，すでに確立された多くの専門領域にかかわる。このため，専門を同じくする教員が集まり学部や研究科を構成している大学にとって，デザイン学の教育研究の実装は容易ではなく，海外でもさまざまに試みられている段階である。そこで本章では，デザイン学の教育研究活動を総称してデザインスクールと呼び，一般論を述べた上で，京都大学デザインスクールを詳述する。本章は，教員にとってはデザインスクールを設立・運用する際に，学生にとってはデザインスクールで学ぶ意義を考える際に役立つことを意図している。

（石田　亨，椹木 哲夫，門内 輝行）

1
デザインスクールの背景

デザインスクールの動機

国際社会はいま，温暖化，災害，エネルギー，食糧など複合的な問題の解決を求めている。また，わが国では2011年の東日本大震災を機に，被災地のみならず，将来被災する可能性のある地域を含め，都市やコミュニティの再設計の必要性が認識されている。こうした複合的な問題は，1つの専門領域で解くことはできない。今後，専門家が地域や国際社会に貢献するためには，異なる領域の専門家と協働し，社会のシステムやアーキテクチャをデザインすることが必要である。

異領域の専門家の協働が大切である理由を説明しよう。図14-1は，交通事故の衝撃に人も犬も驚いている様子を表している。このとき，人は事故を問題だと感じるが，犬は驚くだけで問題とは感じない。つまり，問題は自然に存在するのではなく，人の脳が作り出す人工的なものである。そのため，専門が違えば問題のとらえ方も異なる。機械工学の専門家は，エンジンに問題があったと思うだろう。情報学の専門家はコンピュータ制御に，建築学の専門家は都市の構造に，心理学の専門家は運転者の疲労に，経営学の専門家は労働条件に問題を見いだすかもしれない。異なる専門が異なる問題を発見するとすれば，交通事故を防ぐ方法も多様である。ある専門から見れば解決困難な問題も，他の専門から見れば容易に解くことができる。このように，問題の発見と解決には，領域横断的な協働が有効である。

図14-1　現象と問題

では，どうして専門領域を超えた協働は難しいのだろう。上記の例に限れば，交通事故という現象は，専門を超えて容易に共有できる。しかし，社会が直面する複雑な問題は，温暖化であれ，災害であれ，専門によってどの現象に着目するかが異なってくる。見えているものが違い，かつ問題のとらえ方が違えば協働は難しくなる。協働を実現するには，専門家が，自らの専門だけでなく，さまざまな専門の視点を理解できる必要がある。

わが国では，過去10年ほどの間に，専門領域に特化したデザイン専攻（機械システムデザイン専攻，環境デザイン専攻など）が多数生まれている。それぞれの専門領域が地域や国際社会に貢献し，イノベーションを起こすという意思の表れである。これに対し本章で議論するデザインスクールは，多くの専門領域に横断的なデザイン学の教育研究を目指すものである。領域依存のデザイン教育と，領域独立のデザイン教育はどのように接続されるべきだろうか。

デザインの定義

多様な専門領域に跨がるデザインスクールには，領域間で合意できるデザイン（design）の定義が必要である。デザインの定義はさまざまに議論されているが，専門領域の協働を前提とすると，文献[1]の定義がよいと思われる。

(noun)
a specification of an object, manifested by an agent, intended to accomplish goals, in a particular environment, using a set of primitive components, satisfying a set of requirements, subject to constraints

(verb, transitive)
to create a design, in an environment (where the designer operates)

この定義は，「与えられた環境（environment）で目標（goal）を達成するために，さまざまな制約（constraint）の下で利用可能な要素（component）を組み合わせて，要求（requirement）を満足する人工物（object）を生み出すこと」がデザインであると述べている。この定義は十分抽象的で，専門が異なると，それぞれに解釈することができる。たとえば情報学の専門家にとっては，上記の定義は，制約充足問題や最適化問題のように聞こえるだろう。もし，目標，制約，要求などが形式的に定義できれば，制約最適化のアルゴリズムと超並列の計算資源を用いて複雑なデザイン問題を解くことができる。

しかし，今後のデザインの対象は，グローバル化した社会のシステムやアーキテクチャである。組織やコミュニティなど，人が作り出す社会が対象となると，そのデザインを単純に制約最適化問題ととらえることができなくなる。目標，制約，要求などが形式化しにくいからである。たとえば，都市のデザインを考える場合には，コミュニティがもつ制約条件を知るために，ステークホルダーが一堂に会するワークショップを組織する必要があるだろう。問題が形式化できるという前提が崩れると，情報学にはそうした対象を扱う理論や手法の蓄積に乏しいことに気付く。

デザイン学を先導してきた建築学や機械工学はどうだろう。2003 年の日本学術会議のデザインビジョン提言[2, 3]は，「いかにつくるかということと共に，何をつくるかが問われる」と述べている。社会をデザインの対象とすれば，問題解決（いかにデザインするか）のプロセスは必然的に問題発見（何をデザインするか）のプロセスを含む。社会はさまざまなレベルで抽象化が可能であるため，問題を表すモデルは幾重にも重なる。その結果，問題を解く過程で，モデルの階層を上へ下へと行き来することになる。たとえば，都市の交通網の整備には住宅地のバス路線の変更が必要となり，そのために住民合意という新たな問題解決が必要となる。そして，住民合意のためには，都市の将来像の共有が求められるというように，抽象度の違う問題を定義し解かなければならない。ところで，将来生じる問題の発見は，人々の期待の発見と言い換えてもよい。したがってデザイン学は，すでに表出した問題の解決だけではなく，将来の社会をいかに構成するかという問題をも対象とする。

デザインビジョン提言はまた，「デザインプロセスは，つくることから育てることへと大きく拡張していく必要がある」と述べている。つまり，デザインの対象は，製品や構造物から，関係性や環境へと変化していくと指摘している。この提言は今日でも新鮮で，社会が取り組むべき課題を先取りしているように思える。都市のデザインは，建物をつくることだけではない。周囲の建物や景観との関係性のデザインが重要で，時には建物を壊すことも考えなければならない。機械工学においても，デザインの対象は構造物から環境へ，そして人々の体験へと変化している。たとえば，「つくる設計論から育てる設計論へ」という研究活動が展開されてきた[4]。人工関節を研究する富田直秀は，「人工関節は人体の環境として働かなければならない，生体の機能は人為的に作るものではなく，細胞や組織の本質（nature）に基づき育てられる（nurture）べきもの」と述べている。

建築学や機械工学におけるデザイン概念の進化に，情報学も期を一にしてきたと言えなくはない。情報学におけるデザインは，従来，ソフトウェア設計や回路設計など複雑な論理をどのように実装するかが中心であった。しかし近年では，社会とのかかわりがより重要になってきている[5]。Webの創始者であるバーナーズリー（T. Berners-Lee）はニューヨークタイムズのインタビューに答え，「コンピュータの中で何が起こるかを研究するコンピュータサイエンスでは，人々の活動を映し出すWebを理解することはできない」と述べている。同じ頃，オライリー（T. O'Reilly）は，「情報発信のメディアであったWeb 1.0の時代は，多くの人々の集合知を利用（harness）するWeb 2.0の時代へと移行する」と述べている。GoogleやFacebookなど，集合知に寄り添うIT企業の動向は，「育てる設計論」と通じるところがある。

本節の冒頭で示したデザインの定義を「十分抽象的である」と述べたのは，この定義を出発点として，異なる専門領域のデザイン理論や手法を接続できるからである。たとえば，建築学や機械工学で議論される「育てる設計論」は，デザインの定義を介することで，情報学でのWebの潮流を理解することに役立つ。

このようにデザインの対象は，製品や構造物から，人と社会の関係性へと広がってきた。情報学が都市の問題解決に蓄積がないのと同様に，機械工学や建築学には世界規模の問題解決に蓄積がない。グローバル化し複雑に関わり合う社会のシステムやアーキテクチャをデザイン対象とするとき，専門領域を超えた協働は必要不可欠なのである。

デザイン学の起点

デザイン概念の進化はいつ始まったのだろう。デザインを問題発見や問題解決ととらえ始めたのは，1970年頃ではないかと思われる。経済学，意思決定論，人工知能に大きな業績を残したサイモン（H.A. Simon）は，次のように述べている[6]。

> 人類固有の研究課題は，人間そのものであるといわれてきた。しかし私は，人間というもの，少なくとも人間の知的側面が比較的単純であること，および人間の行動の複雑さの大部分は，環境からあるいは優れたデザインを探索する努力から生じてくることを述べてきた。もしも私の主張が正しいとするならば，技術教育に関する専門的な一分野としてのみならず，全ての教養人の中心的な学問の一つとして，人間の固有の研究領域はデザインの科学にほかならない。

人間の複雑な振る舞いを理解しようとすれば，複雑な環境の中で，人間が行う探索的な活動を理解しなければならない。デザインを新たな科学ととらえたこの文章は，問題解決を扱ってきた研究者にはわかりやすい。同じころ，京都大学の梅棹忠夫は「情報産業社会におけるデザイナー」と題する講演で以下のように述べている[7]。

> 物質，材料そのものを開発する手段は非常に発展した。エネルギーも十分満ち足りるほどでてきた。ただ，一番の問題は，それをどう組みあわせるかというデザインの問題だ。そうすると，情報産業時代ということは，いわばそれは設計の時代であり，あるいはデザイン産業の時代だ。情報産業時代における設計人あるいはデザイナーという存在は，産業の肝心のところを全部にぎっているものである，そういうことになるのではないでしょうか。

大学に大型計算機センターが設置された頃に，情報産業の向かう先にデザイン産業があると指摘した先見性に驚かされる。それから40年の間，情報学の研究者はデザインを論じてきただろうか。情報学を支える技術性能は，ムーアの法則に従って倍々に向上した。研究者たちは新規技術の開発に夢中になった。ケイ（A. Kay）の有名な言葉，「未来を予測する最善の方法は，それを発明することだ（The best way to predict the future is to invent it）」は，当時の研究者の気分をよく表している。

しかしその間に，地球規模の制約と，技術・文化・経済・政治の連関が強まり，最適な解を求めるのはもちろん，問題を定義することすら容易でなくなった。たとえば，原子力発電を止めれば化石燃料の消費が増える。バイオエタノールが増産されれば穀物が高騰する。社会のシステムやアーキテクチャのデザインは，複雑に関係し合うネットワークの制御問題となり，単純な最適化問題ではなくなった。このようにデザイン学には，科学技術の最新の理論やシミュレーションを適用する余地が十分にある。

デザインという用語

ところで「デザイン」という用語は誤解を招きやすい。先に，デザインの定義を紹介したが，わが国では，「デザイン」は意匠を表すものと解されやすい。日本機械学会のWebに以下のような記述があった。

> 「設計」と「デザイン」には共通する部分も多いが，企業における「設計者」と「デザイナー」は異なる職種であり，その採用プロセスや大学などにおける教育プロセスも異なることが示すように，「設計」と「デザイン」には異なる部分も少なくない。

英語の「デザイン」の邦訳は「設計」だが，日本では両者の使われ方が違う。では，社会を対象とするデザインを何と呼べばよいだろう。上記のWebは，文献[8]を引用して，以下のように述べている。

> 設計とデザインの実務，方法，方法論，理論は，共通する部分と異なる部分がある。設計とデザインの相違は具体的な実務になるほど大きく，抽象的な理論になるほど小さい。

この知見に基づけば，教育研究を論じるのであれば，「デザイン学」という用語に大きな誤解は生じないと思われる。科学研究費の分科に「デザイン学」という名称が用いられたのも頷ける。

2
デザインスクールの動向

デザインスクールの試み

異なる専門領域に跨がるデザインスクールを，専門を単位として構成される大学にどう位置付けるかは難しい問題である。デザイン学が確立途上であるからだけではない。各専門領域にはデザイン理論や手法の蓄積があり，それらは領域横断的なデザイン理論や手法と独立ではないからである。つまり，デザインスクールは領域横断的であると同時に，さまざまな専門領域に根ざすものとして設計する必要がある。以下ではまず，海外における取り組みについて概観する。

スタンフォード大学では，2004 年にハッソプラットナー・デザイン研究所（Hasso Plattner Institute of Design）が設立され，機械工学と情報学を中心に d.school の運営が開始された（図 14-2）。d.school は，実践に焦点を当てた多くのワークショップやコースワークを提供している。ところで d.school は研究科でも専攻でもなく，所属する学生はいない。したがって，学位も出していない。しかしながら，既存の専門領域から浮いているわけでもない。たとえば，機械工学専攻の教員が d.school に参画し，d.school を目指す学生が機械工学専攻に入学するなど，専門領域との協力関係が維持されている。

シリコンバレーに立地するデザインファーム

図 14-2　スタンフォード大学 d.school

IDEOはデザイン思考（design thinking）をビジネスに展開し注目されている。d.schoolとは独立の組織だが，指導的立場のメンバーには重複がある。IDEOには.comと.orgがある。前者はプロダクトデザインや組織デザインなどを手がける企業であり，後者は途上国支援のデザイン活動を展開する非営利団体である。両者は立場は異なるが，その間の人的交流は活発だ。このような，大学，企業，非営利団体が連携するシリコンバレーのデザイン活動は文献[9]に詳しい。

ハーバード大学では，デザイン大学院（Graduate School of Design）が1936年に誕生している（図14-3）。建築学，都市計画学，造園学などを統合したもので，近年，注目を集めるデザインスクールとは成り立ちが異なる。むしろ，デザイン大学院と理工学大学院（John A. Paulson School of Engineering and Applied Sciences）が2016年から共同で開設するデザイン工学の修士課程（a collaborative Master in Design Engineering）が本章で扱うデザインスクールに近い。このコースでは，デザインを，技術，社会，環境の接点に位置するものとし，領域横断的な教育研究を進めようとしている。

オランダのデルフト工科大学（Delft University of Technology）は1969年に工業デザイン学部（Faculty of Industrial Design Engineering）を創設している（図14-4）。この歴史ある学部は，広々とした魅力的なキャンパスに立地している。近年は領域横断的な教育研究が活発で，心理学，機械工学，情報学を含め，さまざまな分野の教員が所属している。領域依存のデザインと領域独立のデザインのバランスが図られ，社会の期待（desirability），技術の実現性（feasibility），ビジネスの実効性（viability）を結びつけるデザイン手法の確立が図られている。

フィンランドのアールト大学（Aalto University）は，2010年に工学，芸術，経済の異なる3つの単科大学を統合して生まれ，領域横断的な教育研究を指向している。デザインの対象は，ヘルスケア，高齢化社会，地球温暖化などの複合的な課題である。またこれらの課題は，大学のみでは解決できないとの認識から，産業界との結びつきを重視している。分散したキャンパスに設置されたデザイン工房（Design Factory），メディア工房（Media Factory），サービス工房（Service Factory）は充実した設備を誇っている。

関連する取り組みとして，英国のトランスファラブル・スキルズ・プログラムがある。博士人材・若手研究者が社会で広く活躍するための能力開発プログラムで，2002年より国の施策として推進されている。トランスファラブル・スキルは「1つの文脈で学び，研究やビジネスなど多様な

図14-3　ハーバード大学デザイン大学院

図14-4　デルフト大学工業デザイン学部

職業に活用できるスキル」と定義されている。さらにそのスキルを，「知識と学術的能力」「個人の効率性」「資金・財政面の管理能力」「研究のインパクトを理解でき社会と関わりがもてる能力」の4つに分類し，詳細に定義している。こうしたスキルを備えれば，各自の専門を効果的に社会に適用できるという考えである。

このようにデザインスクールは，情報学，建築学や機械工学などの専門領域から出発し，領域横断的な教育研究へ移行しようとしている。

デザインスクールのカリキュラム

デザインスクールのカリキュラムは，さまざまに模索されているが，おおむね図14-5のように理解することができる。白地の部分は，領域依存のデザイン理論・手法・実践科目群を表している。情報学を例にとると，領域デザイン理論は「計算理論」，領域デザイン手法は「ソフトウェア工学」，領域デザイン実践は「プログラミング実習」といった具合である。

しかし，デザイン課題は1つの専門領域に閉じない。そこで，青地に示す領域独立の講義や実習が必要となる。ここでの領域独立には2つの意味がある。1つは広領域を意味し，人工物，情報，組織などの社会の構成要素をデザイン対象とする科目群である。もう1つは，抽象度の高いデザイン方法論を意味し，デザインの思想や歴史を講述する科目群である。以上を総合した図14-5は，領域依存と領域独立を接続するデザイン学の体系を表している。

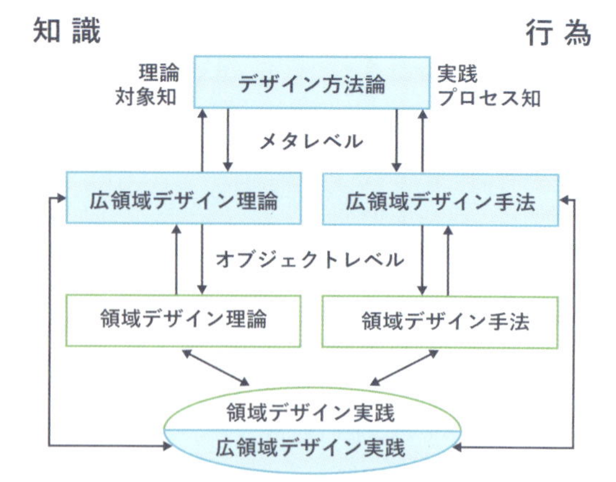

図14-5　デザイン学のカリキュラム

このようなカリキュラムに対する素朴な疑問は，こうした体系を認めたとしても，専門領域を学ぶ大学院生が，なぜデザインを学ぶべきなのかということだろう。社会の実問題が複合的なのであれば，必要な専門家を集めたプロジェクトチームを組めばよく，学ぶべきはプロジェクトマネジメントであって，かつそれは学位取得後でも十分間に合うではないか。この疑問に対する答えは2つある。第一に，社会に大きな影響を与える研究成果は，異なる専門領域の接点で生じることが多い。情報学や機械工学などでは，他領域との接点でイノベーションが生じた事例が多くある。デザインを学ぶことは，学位取得後のプロジェクトに役立つばかりでなく，学位研究そのものにも広がりを与える。第二に，異なる専門を学ぶことは，その専門が生み出した研究成果を学ぶことに留まらない。むしろ研究成果を生む方法論やそれに基づく研究プロセスを学ぶことが重要である。たとえば，情報学と心理学の専門家が共同研究を行うためには，互いに相手の研究プロセスを理解しなければならない。しかし，学位取得後の就職先で，諸学の方法論に接する機会は少ない。大学はさまざまな専門領域の方法論を学ぶに適した環境である。

デザインスクールの産学官連携

デザイン課題が社会に広がるとき，大学と産業界，行政との連携が必要となる。わが国の大学では，これまで，共同研究，受託研究などにより産官との連携が図られてきた。1995年には科学技術基本法が制定された。1998年には大学等技術移転促進法が制定され，承認TLO（Technology Licensing Organization）が設置された。1999年には産業活力再生特別措置法により，日本版バイ・ドール制度が整備され，2001年には大学発ベンチャー1000社計画が策定されるなど，産学官連携に向けて制度が整備された。

しかし，わが国の産学官連携は転機を迎えている。共同研究による民間企業からの受入額はほぼ横ばいで，1件当たりの受入額はむしろ減少傾向にある。大学発ベンチャーは，2005年をピークに新規設立数が減少傾向にある。また，シリコンバレーでのスピンアウト企業の華々しい成功と比べ，わが国ではニッチな事業に留まっているとの報告がある。わが国経済の再興に向けて期待された産学官連携は，その期待からはほど遠い状況にある。

産学官連携のモデルは，諸外国の先進事例を参考とすることが多いが，すべてのモデルにはその理由があり，モデル国と導入国の社会文化的な環境の差異を考慮しなければならない。近年，わが国が導入した産学官連携モデルは，米国のスピンアウト・技術移転型のモデルである。ベンチャー指向が強い米国の環境に根ざした制度を，起業率や人的流動性が低いわが国に導入しても，同様の成果は見込めない。

こうしたことから，社会のシステムやアーキテクチャのデザインを目標とすれば，わが国の風土や文化に根ざした産学官連携モデルの構築が求められる。大学の成果を企業が実用化するという技術移転型のモデルから，異なる立場・領域の融合による共創型のモデルへと転換を図る必要がある。

3
京都大学デザインスクール

人材育成の目標

京都大学では，5年一貫の博士課程「デザイン学大学院連携プログラム」を2013年4月に開始した。このプログラムは，異なる分野の専門家と協働して，社会のシステムやアーキテクチャをデザインできる人材の育成を目標としている。要するに専門家の共通言語としてデザイン学を教育し，社会を変革する専門家を育成する。こうした人材を，ジェネラリストを意味する「T字型人材(T Shaped People)」と対比させ，専門領域を超えて協働できる，突出した実践力をもつ専門家という意味を込めて「十字型人材（+Shaped People)」と呼び，プログラムが養成すべき人材像としている。

デザイン学をどうとらえ，どのように教育するべきか。京都大学デザインスクールは，それ自体がデザイン課題であった。図14-6にデザインスクールの位置付けを示す。まず，教育プログラムであるデザイン学大学院連携プログラムを，情報学，機械工学，建築学，経営学，心理学の5領域で構成した。しかし，デザインの対象はこの5領域に留まらない。環境，医療，防災などさまざまな課題がある。そこで，多くの領域に跨がるデザイン活動をデザインスクールと呼ぶこととした。さらに，デザインの主体は大学に留まらない。企業，行政との連携，国内外の大学，研究機関との連携が不可欠である。こうした連携を可能とするため，デザインイノベーションコンソーシアムを設立している。

カリキュラム

京都大学デザインスクールのカリキュラムは，先に述べた理念に基づいて設計されている。カリキュラムはコースワークと学位研究からなる（図14-7)。

コースワークは，博士前期課程におけるデザイン学共通科目とデザイン学領域科目（主領域)，博士後期課程におけるデザイン学領域科目（副領域）と海外やフィールドにおけるインターンシップなどから構成される。

デザイン学共通科目は，①デザインとは何かを論じる「デザイン方法論」，②人工物，情報，組織・コミュニティのデザインのための「広領域デザイン理論」，③フィールドを分析するためのエスノグラフィ，データ解析，シミュレーション

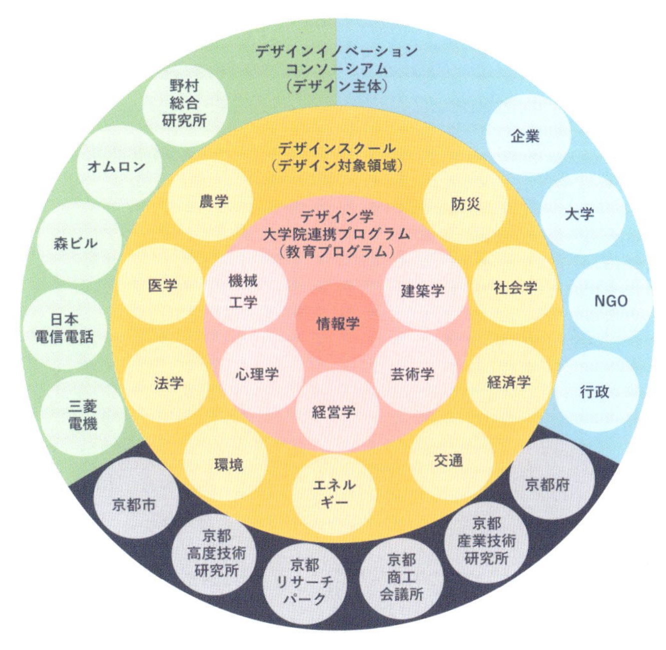

図 14-6　デザインスクールの位置付け

や，デザインプロセスの構成法などを学ぶ「広領域デザイン手法」からなる。

一方，デザイン学領域科目は，情報学，機械工学，建築学，経営学，心理学の 5 領域の科目からなる。ところで，領域依存の講義や実習科目は，おのおのの専門領域で確立しているが，各領域を俯瞰した科目が用意されているとは限らない。そこで，異領域の学生が副領域としても履修可能なよう，各領域を俯瞰する概論科目と，プログラミングや心理学実験などを訓練するスキル科目を新設している。

学位研究では，「広領域デザイン実践」のラインナップが設けられている。訓練の目的は，国内外のどのような環境に置かれても，他の専門家と協働し，自らの専門性を発揮できる人材を育成することである。具体的には，サマーデザインスクール，問題発見型 / 解決型学習，デザインスクール in 沖縄，デザインスクール in 香港，オープンイノベーション実習，フィールドインターンシップが用意され，学年とともに難度が上がっていく。そして，複合的な課題に挑戦するプロジェクトに参加し，複数のアドバイザの指導の下で博士論文をまとめる。以下，このラインナップを詳しく説明する。

京都大学サマーデザインスクールは，2011 年の東日本震災直後に開始されたものである。オープンな 3 日間のイベントに 200 余名が参加し，産学官，大学間の交流が行われる（図 14-8）。学生にとっては，教員，企業との協働を通じてデザイン学を体験する機会となっている。

サマーデザインスクールでは，教える側（教員）と学ぶ側（学生）という既存の枠組に囚われない活動が展開される。参加する教員数と学生数の比が 1 対 1 に近く，教員を中心とするテーマの設定（問題発見）と学生によるテーマの解決（問題解決）の相互学習の場となっている。さら

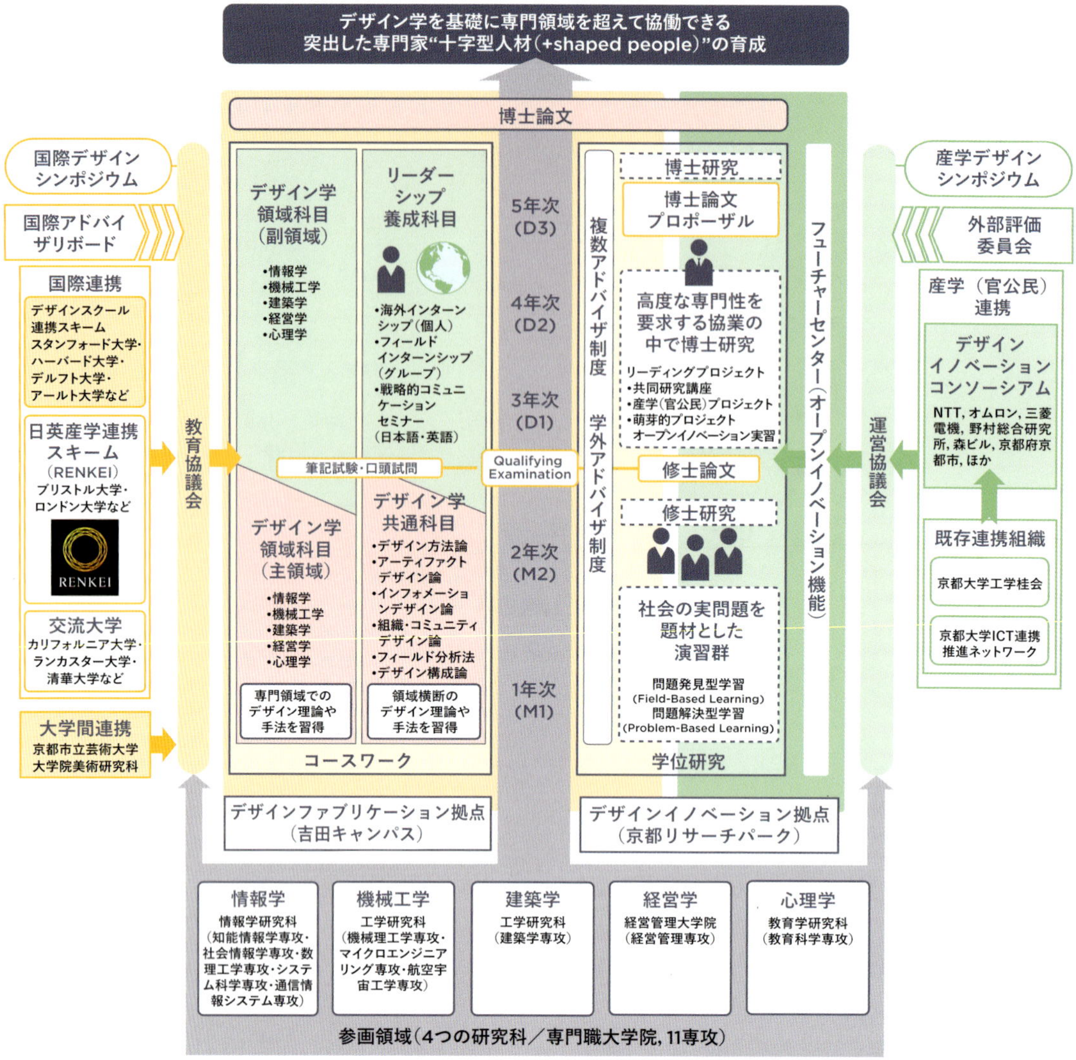

図 14-7　デザイン学大学院連携プログラムのカリキュラム

に，コンソーシアム会員企業からのテーマ提案が1/3 を占め，大学と企業の垣根を越えた教育が実現されている。

博士前期課程では，実社会から問題を抽出する問題発見型学習（FBL: Field-Based Learning）と，実社会の問題に対して解を見出す問題解決型学習（PBL: Problem-Based Learning）を経験する。実習テーマは，教員が取り組む実問題を実習化したもので，「再生可能エネルギーの普及」や「都市エリアのデザイン」など本格的なものである。学生は異分野の教員や，企業，自治体の協力を得て，課題に取り組む。

また，通常の科目とは別に，異なる環境，文化の中で，問題解決に取り組む学習機会を設けている。デザインスクール in 沖縄は，琉球大学と合同で行う 3 日間のワークショップである。デザイン

図 14-8　京都大学サマーデザインスクール

スクールの学生は，各テーブルに分かれファシリテータの役割を担う。一方，デザインスクール in 香港は，香港バプティスト大学と合同で行っている。学生は香港が抱える実問題に挑戦する。英語による討論という点においてもハードルが高い。これらの活動に単位は与えられないが，多くの学生が参加している。

博士後期課程では，領域を異にする専門家とともに本格的なデザイン実践に取り組む科目群が用意されている。オープンイノベーション実習は，企業から持ち込まれる実問題の解決を図る実習科目である。ここでの学生の役割は，専門家の卵ではなく，専門家チームをマネジメントするファシリテータである。フィールドインターンシップは最も難度が高い。ハーバードビジネススクールにフィールド（field）という科目が生まれているが，「現場の教育力」を活用することが共通している。学生がチームを組んで国内外の課題現場に滞在し問題解決を図る。デザインスクールの場合には，専門領域の異なる学生がチームを構成する。実際に，インドネシアのフィールドに滞在した学生の感想から，これまでに述べた実践型訓練のラインアップの効果が読み取れる。

コンソーシアム

産学官連携のプラットフォームとして，大学，企業，行政を繋ぐ中間組織体を，デザインイノベーションコンソーシアムとして学外に設立した。従来の産学官連携は，企業や行政と研究室とのピンポイントの共同研究が中心であった。どのような技術を必要とするかが明確であれば，従来の共同研究の枠組みは機能する。しかしながら，方向性を模索する研究開発の初期段階（forword research）では，多くの専門家が参加して議論を重ねる必要がある。このような取り組みは，大学内でも試みられているが，研究室のインセンティブが働かず機能しない場合が多い。

海外に目を転じると，ドイツのアンインスティテュート（An-Institut）は大きな成功を収めている。これは，大学の構内に，あるいは隣接して立地し，多くの教員と学生が参加しながらも，大学とは独立に運営されている中間組織体である。企業と大学がアンインスティテュートのシェアホルダーとなり，産学連携に適した組織体が作り出されている。ドイツ人工知能研究所（DFKI:

Deutsches Forschungszentrum für Künstliche Intelligenz）などがその例である。考えてみれば，大学，企業，行政は，その目的も仕組みも異なる。異なる組織が効率よく連携するためには，合意が形成されなければならない。そうであれば，課題ごとに組織間で交渉を行うより，包括的な合意の下に，産学官連携の組織を学外に作る方が効率的である。学外の組織であれば，産学官連携への貢献に応じて，教員，学生に対する報酬なども適切に定めることができる。

2014年3月に発足したデザインイノベーションコンソーシアムは，京都大学デザインスクールを核に，産学官による人材育成を目的とした組織である。大学院生の育成が主な目的であるが，企業の人材育成も視野に入れている。京都高度技術研究所が管理法人となり，京都リサーチパークが事務局を務める。2015年には，約50組織が会員となり活発に活動している。

このコンソーシアムの特徴は，大学がもつデザイン理論・手法と，企業，行政がもつ実問題や実践力が交わる場となっていることである。コンソーシアムが機能するためには，後述のデザインイノベーション拠点の存在が欠かせない。会員各社から，デザイン活動に携わる意欲ある専門家がフェローとして参画し，教員や学生とともにデザイン活動を展開している。フェローは学生に対するメンターとして，企業の研究活動の紹介や研究成果の社会実装を助言する。フェローの幅広い知識や経験に触れることで，学生は多様なキャリアパスを理解することができる。

デザインイノベーション拠点

産学官連携を進めるために，数百社が集積する京都リサーチパークにデザインイノベーション拠点を設立した。本拠点は，大学，企業，自治体が，日本の風土や文化に根差した連携モデルを，既存の組織から離れ，さまざまに試みることを目的としている。

デザインイノベーション拠点は，異領域の人々の対話から，気付きやひらめきが生まれ，イノベーションが創出される場である。広々としたワンフロアのエントランスを入ると，都市のメインストリートのように長いコリドールが続き，その両側にセミナースペースや教員ブースが並び，さらにその奥にフレキシブルスペースやプロジェクトブースが配置されている。テーブルや椅子を自由にレイアウトできるフレキシブルスペースは，

図14-9　デザインイノベーション拠点

さまざまなワークショップの開催に適した空間である（図 14-9）。

これらの空間を回遊することによって，利用者の間に自然なインタラクションやコミュニケーションが生まれる。また，窓の外には遠く三山の山並みや伝統的な街並みを見晴らすことができ，大きなスケールでデザイン思考を展開できる環境となっている。

4

デザインスクールの確立

大学に領域横断的なデザインスクールを位置付けるためには，デザイン学を学問として確立することと，デザインスクールを組織として確立することが必要である。

学問としてのデザイン学の確立のためには，①領域依存のデザイン理論と手法を抽象化し他領域に伝播させることと，②抽象化されたデザイン方法論を具体化し領域独立のデザイン理論と手法を生み出すこと，さらにそのために，③デザイン学を構成する基本概念を整理し領域横断的な語彙を形成することが必要である。こうした活動は，1人の研究者，1つの大学で成しえるものではない。国内外のデザイン学に携わる研究者の協働が必要である。

組織としてのデザインスクールの確立のためには，専門分化された組織構造に横断的な組織を加える必要がある。すなわち，縦を専門領域，横をデザイン学を含む横断的教育とするマトリクス型組織を形成する必要がある。マトリクス型組織はその交点での人的資源の管理にコストがかかる。具体的には，専門領域に所属する教員のエフォートを，どのように横断的教育に割り当てるかの調整を継続的に行わなければならない。コペンハーゲン商科大学（The Copenhagen Business School）は，マトリクス型組織を本格的に取り入れて成功した例である。15の専攻が20の学部プログラムと21の大学院プログラムを提供している。その結果，マトリクス型組織に移行する以前は2,000名程度であった学生数が，現在では10倍に増加している。マトリクスを維持するために多数の専門スタッフが配置され，新しい横断型の教育プログラムを作る専門のスタッフもいる。簡単に輸入できるモデルではないが，参考にすべき点が多い。

わが国では，大学の研究が社会に役立つという素朴な感覚が失われつつあるように思う。実際，多くの工学研究者が基礎科学へと向かい，工学に分類される学術論文のシェアは大きく減少した[10]。基礎と応用という工学でよく用いられる表現は，基礎研究の成果が社会に役立つことを前提としている。しかし，扱う問題が複雑化すれば，研究成果が単独で役立つことは難しくなる。そうであれば，工学は，基礎研究の応用ではなく，基礎研究の成果を統合し複合的な課題を解決するデザインへと向かうべきだろう。つまり工学は，「基礎と応用」から「基礎とデザイン」へと舵を切るべきである。

科学と工学は対比して語られる用語である。科学は現象の本質を理解することを目的とし，工学は社会に有用な技術を生み出すことを目指しているとされる。しかし，工学系の研究者が行ってきたことは，後者のみではない。むしろ，科学と工学の循環を創ることであったと言ってよい。またデザインは，社会に有用な技術を生み出すために，工学系研究に必然的に含まれると考えられてきた。しかし，問題が複雑に連関し合う今日では，デザインを単純に工学の応用段階ととらえるべきではない。デザイン学を確立し，科学，工学，デザインの循環（Science, Engineering and Design）を創り出すことは，第一線の研究者が挑戦すべき学術的課題である。

演習問題

（問 1） 自らの専門領域のデザイン理論と手法を概観する講義科目を設計せよ。

（問 2） 多くの専門領域を横断するデザイン学の実習科目を設計せよ。

（問 3） 専門領域で学位を取得しつつデザイン学を学ぶ意義を述べよ。

参考文献

[1] P. Ralph and Y. Wand: A Proposal for a Formal Definition of the Design Concept, In K. Lyytinen, P. Loucopoulos, J. Mylopoulos and B. Robinson Eds.: *Design Requirements Engineering: A Ten–Year Perspective,* 14, 103-136, Springer, 2009.

[2] 日本学術会議人工物設計・生産研究連絡委員会 設計工学専門委員会報告：21 世紀における人工物設計・生産のためのデザインビジョン提言，2003.7.15.

[3] 門内輝行：関係性のデザイン―つくることから育てることへ，設計工学シンポジウム「関係性のデザイン：つくることから育てることへ」講演論文集，日本学術会議，1-8, 2004.

[4] 椹木哲夫：記号過程を内包した動的適応システムの設計論―つくる設計論から育てる設計論へ，システム / 制御 / 情報，54, 11, 399-404, 2010.

[5] T. Winograd: *Bringing Design to Software*, ACM Press, 1996.（瀧口範子（訳）：『ソフトウェアの達人たち―認知科学からのアプローチ』，ピアソンエデュケーション，2002.）

[6] H. A. Simon: *Sciences of the Artificial Third Edition*, The MIT Press, 1996.（稲葉元吉 , 吉原英樹（訳）：『システムの科学』，パーソナルメディア，1999.）

[7] 梅棹忠夫：情報産業社会におけるデザイナー，梅棹忠夫著作集第 14 巻『情報と文明』，中央公論社，1970.

[8] 松岡由幸，宮田悟志：『デザインサイエンス―未来創造の六つの視点』，丸善，2008.

[9] Barry M. Katz: *Make It New –The History of Silicon Valley Design–*, The MIT Press, 2015.

[10] 阪彩香，桑原輝隆：科学研究のベンチマーキング 2010―論文分析でみる世界の研究活動の変化と日本の状況―，文部科学省 科学技術政策研究所，2010.

索　引

【英数字】

【あ】

【か】

【さ】

【た】

【な】

【は】

【ま】

【や】

【ら】

【わ】

MEMO

MEMO

MEMO

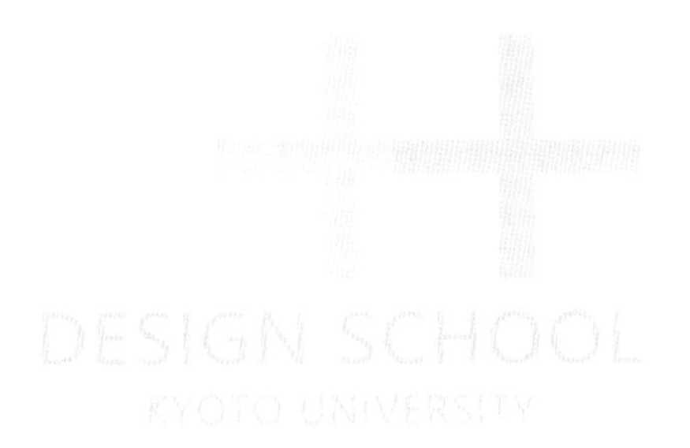

執筆者一覧（50 音順）

荒牧 英治	奈良先端科学技術大学院大学 研究推進機構 特任准教授
石田 亨	京都大学 情報学研究科 社会情報学専攻 教授
大島 裕明	兵庫県立大学 大学院応用情報科学研究科 准教授
岡本 和也	京都大学 医学部附属病院 医療情報企画部 准教授
加藤 源太	京都大学 医学部附属病院 診療報酬センター 准教授
川上 浩司	京都大学 横断教育プログラム推進センター デザイン学リーディング大学院 特定教授
北 雄介	京都大学 横断教育プログラム推進センター デザイン学リーディング大学院 特定講師
楠見 孝	京都大学 教育学研究科 教育学環専攻 教授
粂 直人	京都大学 医学研究科 EHR 共同研究講座 特定准教授
黒田 知宏	京都大学 医学部附属病院 医療情報企画部 教授
黒橋 禎夫	京都大学 情報学研究科 知能情報学専攻 教授
小林 慎治	京都大学 医学研究科 EHR 共同研究講座 特定准教授
子安 増生	甲南大学 文学部 特任教授，京都大学 名誉教授
椹木 哲夫	京都大学 工学研究科 機械理工学専攻 教授
杉万 俊夫	京都大学 名誉教授
十河 卓司	京都大学 横断教育プログラム推進センター デザイン学リーディング大学院 特定准教授
田中 克己	京都大学 名誉教授
田村 寛	京都大学 国際高等教育院 付属データ科学イノベーション教育研究センター 特定教授
中小路 久美代	京都大学 横断教育プログラム推進センター デザイン学リーディング大学院 特定教授
林 春男	国立研究開発法人 防災科学技術研究所 理事長，京都大学 名誉教授，特定非営利活動法人防災デザイン研究会 副理事長
平本 毅	京都大学 経営管理研究部附属経営研究センター 特定講師
堀口 由貴男	京都大学 工学研究科 機械理工学専攻 助教
松井 啓之	京都大学 経営管理研究部 教授
松原 厚	京都大学 工学研究科 マイクロエンジニアリング専攻 教授
南 裕樹	大阪大学 工学研究科 機械工学専攻 講師
村上 陽平	立命館大学 情報理工学部 准教授
守屋 和幸	京都大学 情報学研究科 社会情報学専攻 教授
門内 輝行	大阪芸術大学 芸術学部 建築学科 教授，京都大学 名誉教授
山内 裕	京都大学 経営管理研究部 准教授
山本 岳洋	京都大学 情報学研究科 社会情報学専攻 助教
吉田 治英	特定非営利活動法人防災デザイン研究会 副理事長

【編者紹介】

石田　亨（いしだ とおる）

1976年　京都大学工学部情報工学科卒業
1978年　同大学院修士課程修了．同年日本電信電話公社電気通信研究所入所
1993年　京都大学工学部情報工学科教授
現　在　京都大学大学院情報学研究科社会情報学専攻教授．工学博士

京都大学デザインスクール
テキストシリーズ 1
デザイン学概論

Kyoto University Design School
Text Series Vol.1
Introduction to Design Studies

2016年4月10日　初版　第1刷発行
2018年9月10日　初版　第2刷発行

編　者　石田　亨　© 2016

発行者　**共立出版株式会社**/南條光章
東京都文京区小日向 4-6-19
電話 東京(03)3947 局 2511 番
〒 112-0006/振替 00110-2-57035 番
www.kyoritsu-pub.co.jp/

印　刷
製　本　藤原印刷

検印廃止
NDC 500
ISBN978-4-320-00600-3

一般社団法人
自然科学書協会
会員

Printed in Japan